DATZ-Terrarienbücher

Gunther Köhler

Krankheiten der Reptilien und Amphibien

Gunther Köhler

Krankheiten der Reptilien und Amphibien

134 Farbfotos
57 Schwarzweißabbildungen
13 Tabellen

VERLAG
EUGEN
ULMER

Dr. Gunther Köhler ist Kustos für Herpetologie am Forschungsinstitut und Naturmuseum Senckenberg in Frankfurt/Main. Als Tiermediziner hat er sich schwerpunktmäßig mit den Erkrankungen von Amphibien und Reptilien befaßt.

Titelfoto: Grüner Leguan, *Iguana iguana* (Foto: G. Köhler).
Einbandrückseite: Laubfrosch der Gattung *Smilisca* (Foto: G. Köhler).
Foto S. 2: Erwachsenes Männchen des Schwarzleguans, *Ctenosaura pectinata* (Foto: G. Köhler).
Foto S. 7: *Triprion petasatus* lebt in den Trockengebieten Mexikos (Foto: G. Köhler).

Die Namen von Medikamenten, die zugleich eingetragene Warenzeichen sind, wurden als solche nicht besonders kenntlich gemacht. Es kann also aus der Bezeichnung der Ware mit dem für diese eingetragenen Warenzeichen nicht geschlossen werden, daß die Bezeichnung ein freier Warenname ist.

Alle in diesem Buch enthaltenen Empfehlungen, Daten und Dosierungsangaben wurden vom Autor mit größter Sorgfalt zusammengestellt und überprüft. Trotzdem sollte vor der Anwendung von Medikamenten immer der Beipackzettel gelesen werden. Der Autor und der Verlag übernehmen keinerlei Haftung.

Die Deutsche Bibliothek – CIP-Einheitsaufnahme

Köhler, Gunther:
Krankheiten der Reptilien und Amphibien : 13 Tabellen /
Gunther Köhler. – Stuttgart : Ulmer, 1996
(DATZ-Terrarienbücher)
ISBN 3-8001-7340-9
NE: HST

Wollgrasweg 41, 70599 Stuttgart (Hohenheim)
Printed in Germany
Lektorat: Dr. Nadja Kneissler
Herstellung: Jürgen Sprenzel
Satz: Steffen Hahn Satz & Repro GmbH, Kornwestheim
Druck: Gulde Druck GmbH, Tübingen
Bindung: Verlagsbuchbinderei K. Dieringer, Gerlingen

Vorwort

Amphibien und Reptilien haben seit jeher eine besondere Faszination auf die Menschen ausgeübt und waren in vielen Kulturen wichtiger Bestandteil der Mythologie. In den sechziger Jahren hat ein verstärktes Interesse an der Erforschung der Krankheiten der sogenannten niederen Wirbeltiere eingesetzt und sich in den folgenden Jahrzehnten weiter verstärkt. Dabei wurde den Reptilien bei weitem mehr Aufmerksamkeit geschenkt als den Amphibien, so daß die Erforschung der Krankheiten der erstgenannten Gruppe wesentlich weiter vorangeschritten ist als der letzteren.

Dieses Buch wurde für den Praktischen Tierarzt geschrieben, dem in der Routinepraxis kranke Reptilien oder Amphibien vorgestellt werden. Es soll aber auch dem Laien, der sich mit der Pflege und Zucht dieser Tiere beschäftigt, medizinisches Grundwissen vermitteln und ihm helfen, vorbeugende Maßnahmen durchzuführen, um das Auftreten von Krankheiten zu verhindern sowie äußerlich sichtbare Veränderungen an den Pfleglingen richtig einzuschätzen. Ziel war es, die bedeutsamen Krankheiten der in Menschenobhut gepflegten Reptilien und Amphibien eingehend zu besprechen. Exotische Krankheitserreger, die zwar aus diesen Tiergruppen isoliert wurden, deren pathogenetische Bedeutung aber unbekannt ist, wurden bewußt vernachlässigt.

Das Buch soll jedoch von Laien keinesfalls als Ermutigung zur Durchführung therapeutischer Maßnahmen oder gar chirurgischer Eingriffe verstanden werden, da hierzu das fundierte Wissen eines reptilienkundigen Tierarztes unverzichtbar ist. Es muß mit aller Deutlichkeit davor gewarnt werden, ohne eine gesicherte tierärztliche Diagnose einem Terrarientier etwas zu verabreichen, nur weil man es gerade im Schrank stehen hat und es bei anderen, „ähnlich kranken" Tieren oder gar bei einem selbst geholfen hat. Zu unterschiedlich und komplex sind die Leiden und Erkrankungen dieser Tiergruppen, und zu viele dieser Tiere sind bereits ohne gesicherte Diagnose zu Tode behandelt worden. Deshalb würde ich mich freuen, wenn dieses Buch es dem Liebhaber ermöglicht, Krankheiten vorzubeugen und im Falle eines erkrankten Tieres dessen adäquate Behandlung in Zusammenarbeit mit einem Tierarzt zu gewährleisten. Eine Übersicht über Symptome und mögliche Ursachen am Ende des Buches soll die Diagnose erleichtern.

Mein besonderer Dank gilt den Herren Prof. Dr. Fredric L. Frye, Davis, Frank Glaw, Köln, Dr. Thomas Göbel, Berlin, Prof. Dr. Elliott R. Jacobson, Gainesville, Wouter van Marken Lichtenbelt, Maastricht, Dr. David Modry, Brno, Dr. Bernd Schildger, Frankfurt, Prof. Dr. Ferenc Vetesi, Budapest, für die Erlaubnis, Fotomaterial von ihnen verwenden zu dürfen. Herr Dr. Jürgen Fleck, Hanau, hat mir Röntgenbilder zur Verfügung gestellt, wofür ich ihm herzlich danke. Herrn Alfred A. Schmidt, Frankfurt, sowie meiner Frau Elke danke ich für ihre Unterstützung.

Frankfurt/Main
im Juli 1996 Gunther Köhler

Inhaltsverzeichnis

Verzeichnisse

Professor Dr. Werner Frank (†)
in Anerkennung seiner Verdienste
um die Erforschung
der Krankheiten der Reptilien und
Amphibien gewidmet

1 Arten- und tierschutzrechtliche Grundlagen

Viele Amphibien- und Reptilienarten unterliegen nationalen und internationalen Artenschutzbestimmungen. Daher ist es wichtig, daß sich jeder, der sich mit diesen Tieren beschäftigt, über die jeweils geltenden Bestimmungen informiert.

Neben dem Washingtoner Artenschutzübereinkommen sind vor allem das Erste Gesetz zur Änderung des Bundesartenschutzgesetzes vom 10. 12. 1986 (Bundesgesetzblatt 1986, Teil I, Nr. 66: 2349–2360), die Verordnung zum Schutz wildlebender Tier- und Pflanzenarten vom 19. 12. 1986 (Bundesgesetzblatt 1986, Teil I, Nr. 7: 2349–2762) und die Verordnung (EWG) Nr. 3626/82 des Rates zur Anwendung des Übereinkommens über den internationalen Handel mit gefährdeten Arten freilebender Tiere und Pflanzen in der Gemeinschaft Nr. L 384 wichtig.

Neben diesen **Artenschutzgesetzen** gilt in der Bundesrepublik Deutschland die **Verordnung zum Halten gefährlicher Wildtiere**, zu denen gemäß dieser Verordnung Krokodile, Großwarane, Riesenschlangen und Giftschlangen zählen. Für die Haltung von Giftschlangen ist zusätzlich noch das **Deutsche Chemikaliengesetz** wichtig. Der Bundesverband der Unfallversicherungsträger hat **Richtlinien** herausgegeben, die auch die Haltung von Gifttieren betreffen.

Laut dem **Tierschutzgesetz** darf ein chirurgischer Eingriff an einem Wirbeltier ausschließlich von einem Tierarzt durchgeführt werden (§ 6 Tierschutzgesetz). Ein mit Schmerzen verbundener Eingriff an einem Wirbeltier darf nicht ohne Betäubung vorgenommen werden. Auf eine Betäubung darf nur verzichtet werden, wenn bei vergleichbaren Eingriffen am Menschen eine Betäubung in der Regel unterbleibt oder wenn diese nach tierärztlichem Urteil nicht durchführbar erscheint (§ 5 Tierschutzgesetz).

Falls ein Wirbeltier getötet werden muß, so darf dies nur unter Betäubung und unter Vermeidung von Schmerzen erfolgen (§ 4 Tierschutzgesetz).

2 Diagnostische Methoden

Eine sorgfältige und sichere Diagnostik ist die Grundlage jeder gezielten und erfolgreichen Therapie. Im folgenden sollen die Möglichkeiten und Grenzen der diagnostischen Untersuchungsmethoden bei Reptilien und Amphibien besprochen werden, wobei auf die Methoden, die in der normalen Kleintierpraxis zur Verfügung stehen, besonders ausführlich eingegangen wird. Es ist selbstverständlich, daß nicht bei jedem Patienten ein diagnostischer „Rundumschlag" erfolgen kann und darf, sondern daß auf einer Verdachtsdiagnose basierend gezielt die eine oder andere Untersuchung angezeigt ist. Hier ist der Tierhalter auf die Zusammenarbeit mit einem Tierarzt angewiesen.

2.1 Anamnese und allgemeine äußere Untersuchung

Der Anamnese, das heißt der sorgfältigen Erfassung der Vorgeschichte durch eine gezielte Befragung des Tierhalters, kommt in der Reptilien- und Amphibienmedizin eine besondere Bedeutung zu, da sie in der Regel bereits zu einer Verdachtsdiagnose führt. Gerade bei diesen beiden Tiergruppen sind außerdem haltungsbedingte Erkrankungen sehr häufig.

Um jedoch die Angaben des Tierbesitzers richtig interpretieren zu können, muß der behandelnde Tierarzt ein Mindestmaß an Kenntnissen über Bedürfnisse und Lebensgewohnheiten dieser Tiere besitzen. Nur so kann er beurteilen, ob die Terrarieneinrichtung, das Terrarienklima, die dargebotene Nahrung und viele weitere wichtige Faktoren der gepflegten Tierart entsprechend richtig gewählt sind. Es gibt keine Standardbedingungen für Reptilien oder Amphibien – viel zu unterschiedlich sind die Bedürfnisse der einzelnen Arten. Das Studium der vorhandenen terrarienkundlichen und wissenschaftlichen Literatur ist unumgänglich, will man an verläßliche Angaben gelangen.

Der Tierhalter sollte möglichst alle verfügbaren Veröffentlichungen über seine Pfleglinge lesen, denn je mehr man über die Lebensgewohnheiten einer Tierart weiß, desto erfolgreicher wird man bei seinen Bemühungen um eine erfolgreiche Pflege und Zucht sein. Auch der Kontakt zu Arbeitsgemeinschaften und Spezialistengruppen ist sehr wichtig, da diese einem bei der Beantwortung von Fragen und der Bewältigung vieler Probleme helfen können.

Jeder Patient muß zunächst sorgfältig klinisch untersucht werden, da sich hier in der Regel wichtige Hinweise für eine Verdachtsdiagnose finden lassen.

Man beginnt mit der **Beurteilung des Allgemeinzustandes**, wobei auf Haltung (liegt, sitzt, steht; bei beinlosen Arten: langgestreckt, aufgerollt, verdreht), Verhalten (schläft, apathisch, ruhig, aufgeregt, zittert, zeigt Krämpfe), Ernährungs- und Hydratationszustand (fett, normal, abgemagert bzw. normal, ausgetrocknet) geachtet wird. Zeichen starker Abmagerung sind das Hervortreten der Beckenknochen und das Schwinden der Muskulatur an Beinen und Schwanz. Ausgetrocknete Tiere haben tiefliegende Augen, ein fahles Hautkleid und eine eingefallene Schwanzwurzel.

Für eine eingehende Untersuchung muß der Patient richtig festgehalten werden, damit

Abb. 1. Bei der klinischen Untersuchung wird das Tier, hier ein Grüner Leguan, zunächst in seiner Gesamtheit beurteilt, wobei man auf Haltung, Verhalten und Aufmerksamkeit achtet. Das hier abgebildete Tier hat eine starke Wirbelsäulenverkrümmung.

Abb. 2. Die Untersuchung der äußeren Haut gibt wichtige Hinweise zum Gesundheitszustand des Tieres. Dieser Grüne Leguan ist stark ausgetrocknet und abgemagert, was man an der faltigen Haut und den hervorstehenden Beckenknochen erkennt.

er nicht beißen, kratzen oder (sofern vorhanden) mit dem Schwanz schlagen, auf der anderen Seite aber auch nicht entweichen oder sich verletzen kann. Hierzu werden bei großen **Echsen** mit je einer Hand die Vorder- und Hinterbeine an deren Körper gedrückt und das Tier nahe an den eigenen Körper gehalten, damit es nicht mit dem Schwanz schlagen kann. Vorsicht ist bei kleinen Echsen geboten, deren Haut oftmals sehr empfindlich ist. Insbesondere bei Arten der Gattungen *Phelsuma* und *Geckolepis* kommt es oftmals beim bloßen Festhalten schon zu Hautverletzungen oder sogar zu sogenannten Schockhäutungen, bei denen die Tiere geradezu „aus der Haut fahren“. Viele Echsen werfen leicht ihren Schwanz ab. Grundsätzlich darf man eine Echse nicht ausschließlich am Schwanz festhalten oder bei Fluchtversuchen der Tiere nach deren Schwänzen greifen.

Schlangen werden an mindestens zwei Punkten ihres Körpers fixiert, wobei eine Hand sanft den Kopf hält. Bei großen Schlangen findet der Schlangenkörper Halt am Arm des Festhaltenden. Bei sehr großen Exemplaren sind mehrere Personen zum Festhalten des Tieres nötig. Besondere Vorsicht ist bei giftigen Arten geboten. Für deren Manipulation sind Schlangenhaken und durchsichtige Plastikröhren unumgänglich. Das zu untersuchende Tier wird zunächst auf den Boden des Raumes gesetzt. Die Öffnung der Plastikröhre wird dann vor den Schlangenkopf gehalten und das Tier mit einem Schlangenhaken animiert, in die Röhre hineinzukriechen. Wenn Kopf und Vorderkörper in der Röhre sind, werden Röhre und Schlange gleichzeitig mit einem schnellen Handgriff in der Röhre fixiert. In vielen Fällen ist es ratsam, gefährliche Schlangen vor der Untersuchung zu anästhesieren, indem Isofluran oder Halothan in den Behälter der Schlange geleitet wird.

Bei Schlangenarten, die dazu neigen, als Abwehrmaßnahme Kot oder stinkendes Sekret auszuscheiden, empfiehlt es sich, während der Untersuchung den hinteren Körperteil und

Abb. 3. *Boa constrictor*, deren faltiges und fades Schuppenkleid Anzeichen von starker Austrocknung (Exsikkose) zeigt.

den Schwanz des Tieres in einem Plastikgefäß zu halten.

Für die Untersuchung von **Amphibien** sollten Latexhandschuhe getragen werden, die angefeuchtet werden, da das Anfassen mit trockenen Händen bei den Tieren zu einem Abrieb der schützenden Schleimschicht und zu Verletzungen der Haut führen kann. Kleine Arten wie z.B. Dedrobatiden sollten überhaupt nicht mit den Händen fixiert werden, um Verletzungen zu vermeiden. Man kann diese kleinen Frösche in eine Petrischale setzen und durch das Glas hindurch äußerlich untersuchen.

Man betrachtet die äußere **Haut** und achtet auf Unregelmäßigkeiten, Verfärbungen, Schwellungen, Schorf, Zusammenhangstrennungen, Außenparasiten (Zecken, Milben und Blutegel). Ein Blick in das geöffnete **Maul** erlaubt es, Mundschleimhaut, Zähne, Zunge, Luftröhren- und Speiseröhrenöffnung zu beurteilen und Rötungen, Schleim- und Eiteransammlungen, Verletzungen und Schwellungen zu entdecken. Dabei sollten auch die inneren Nasenlöcher inspiziert werden.

Die **Augen** werden auf Schwellungen, Rötungen, Trübungen und Verklebungen hin untersucht, wobei ein Ophthalmoskop von großem Nutzen ist. Hornhautschäden können manchmal direkt festgestellt werden. Mit Hilfe von Fluorescein wird die Diagnose von Hornhautulzerationen aber wesentlich erleichtert.

Zur Beurteilung der **Atmung** wird die Atemfrequenz und die Atemtiefe beobachtet. Eine gesunde Schlange atmet mit geschlossenem Maul und kaum vernehmbaren Atemgeräuschen. Bei Schlangen mit respiratorischen Erkrankungen kann Exsudat aus der Luftröhrenöffnung austreten, welches dann oftmals an den Wänden des Schlangenbehälters zu sehen ist.

Nun werden die **Wirbelsäule** und die **Extremitäten** abgetastet, um Verdickungen und Unregelmäßigkeiten festzustellen, die Hinweise auf Brüche, Entzündungen und Tumoren sein können. Schließlich wird noch in der **Kloakenregion** auf Verschmutzungen, Schwellungen und krustöse Veränderungen geachtet.

In der Säugetiermedizin bewährte diagnostische Hilfsmittel wie das Messen von Blutdruck, Puls und Körpertemperatur haben in der Amphibien- und Reptilienmedizin keine

Bei der Untersuchung von Lungen und Herz mit dem Stethoskop wird ein feuchtes Stofftuch auf die Haut gelegt, um störende Geräusche durch das rauhe Schuppenkleid zu vermeiden.

Bedeutung, da diese Parameter zu großen Schwankungen unterworfen sind und keine Rückschlüsse auf vorliegende Erkrankungen zulassen. Die Untersuchung der Lungen und des Herzens mit Hilfe eines **Stethoskops** (= Phonendoskops) liefert hingegen wertvolle Informationen. Um störende Geräusche durch das rauhe Schuppenkleid bei Reptilien zu vermeiden, wird ein feuchtes Stofftuch auf die Haut bzw. im Falle einer Schildkröte auf deren Panzer gelegt. Dann ist es möglich, unnormale Geräusche des Herzens und des Respirationstraktes festzustellen.

Sehr bewährt hat sich der Einsatz eines Ultraschall-Doppler-Flow-Detektors zur Untersuchung der Herzfunktion (Frye 1994b). Dieses Gerät kann auch bei sehr kleinen Amphibien und Reptilien, die nur wenige Gramm wiegen, erfolgreich angewendet werden, um die Herzkontraktionen zu beurteilen. Während bei Reptilien ein Kontaktgel verwendet wird, ist dies bei Amphibien aufgrund der feuchten Haut meist nicht nötig.

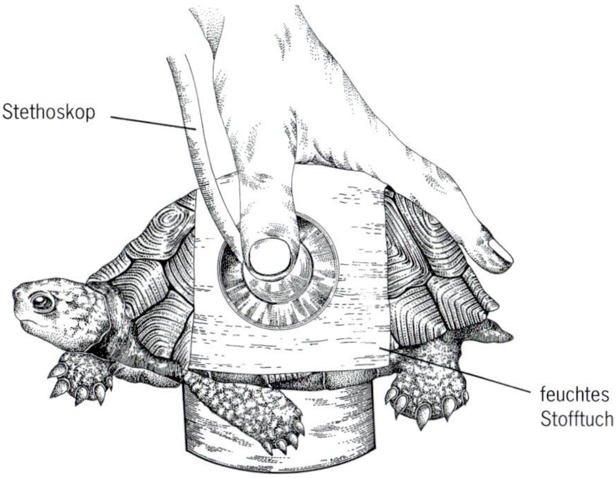

Auch bei Schildkröten wird zur stethoskopischen Untersuchung ein feuchtes Stofftuch auf den Panzer gelegt.

2.2 Parasitologische Untersuchungen

Die **parasitologische Kotuntersuchung** ist eines der wichtigsten diagnostischen Hilfsmittel in der Amphibien- und Reptilienmedizin. Auch heute stirbt noch ein hoher Prozentsatz von Terrarientieren an Parasitosen, was eigentlich unnötig wäre, da das Erkennen und die Behandlung der unter Terrarienbedingungen häufig auftretenden Parasiten heutzutage kein Problem mehr darstellt.

Die **Symptome** eines Parasitenbefalls sind meist unspezifisch und können Nahrungsverweigerung, Gewichtsverlust, apathisches Verhalten, Wachstumsverzögerung, fehlende Fortpflanzung, Durchfall und Erbrechen umfassen. Da die Symptomatik bei den meisten Parasitosen nicht auf die Erreger schließen läßt, haben Laboruntersuchungen hier eine besondere Bedeutung.

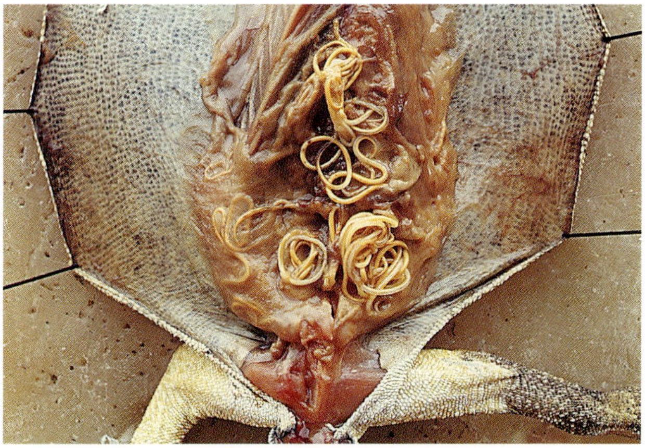

Abb. 4. Parasiten, hier Filarien in der Leibeshöhle eines Chamäleons (*Furcifer oustaleti*) spielen als Krankheits- und Todesursache bei im Terrarium gehaltenen Amphibien und Reptilien eine große Rolle.

Jede zum Labor eingeschickte Probe sollte von einem Schreiben begleitet sein, das alle wichtigen Angaben zum Tier und dessen Vorgeschichte enthält.

Abb. 5. Kotprobe eines Schwarzleguans (*Ctenosaura similis*) mit Bandwurmgliedern (Proglottiden).

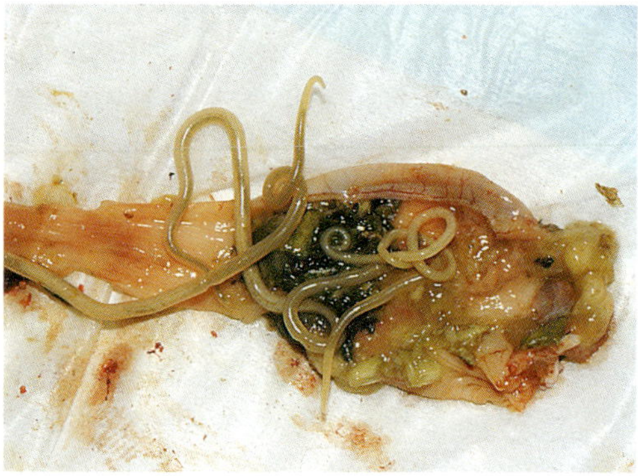

Abb. 6. Spulwürmer (Ascariden) im Magen-Darm-Trakt einer Landschildkröte (*Testudo hermanni*).

Die **Kotprobe** sollte so frisch wie nur möglich zur Untersuchung kommen, das heißt, sie sollte unmittelbar nach dem Absetzen gekühlt per Eilpost an das entsprechende Labor geschickt oder hingebracht werden. Die Probe darf allerdings nicht eingefroren werden, da dann bewegliche Stadien wie Amöben, Flagellaten und Ciliaten abgetötet werden und somit deren Nachweis wesentlich erschwert bzw. unmöglich wird. Damit die Kotprobe nicht austrocknet, fügt man am besten ein paar Tropfen Wasser hinzu.

Jede Kotprobe sollte zunächst nativ, das heißt ohne Färbung, Fixierung oder Anreicherung untersucht werden. Dazu nimmt man ein stecknadelkopfgroßes Stück (wenn vorhanden, blutige und schleimige Partien) und schwemmt es in physiologischer Kochsalzlösung auf, um es dann sofort bei 40facher Vergrößerung mit dem Mikroskop durchzumustern. Man kann dann gegebenenfalls Amöben, Flagellaten, Ciliaten durch das mikroskopische Bild kriechen und schwimmen sehen.

Bei entsprechend starkem Auftreten lassen sich auch Coccidien-Oozysten und Wurmeier nachweisen.

Der **Nativuntersuchung** sollte immer eine **Anreicherungsmethode** folgen, wobei die Flotationsanreicherung besonders zu empfehlen ist: sie erlaubt es, auch Parasitenstadien, die nur in geringer Menge im Kot vorhanden sind, zu entdecken. Die Flotationslösung, in der man den Kot aufschwemmt, muß ein höheres spezifisches Gewicht haben als die Parasitenstadien. Geeignet und umweltschonend ist gesättigte Kochsalzlösung, die bei 20 °C eine Dichte von 1,19 aufweist. Magnesiumsulfat (Dichte bei 15 °C: 1,28), Kaliumquecksilberjodid (Dichte bei 15 °C: 1,44) und Zinksalzlösung (Dichte bei 15 °C: 1,53) haben noch höhere Dichtewerte, was aber zum Nachweis der meisten Nematodeneier und Coccidien-Oozysten gar nicht nötig ist. Da diese Flotationslösungen aber wesentlich belastender für die Umwelt sind, wird hier die Verwendung von gesättigter Kochsalz- oder Zuckerlösung für die Flotationsanreicherung empfohlen.

Die praktische Durchführung ist verhältnismäßig einfach. Man schwemmt eine erbsen- bis haselnußgroße Menge des Kotes in 5 bis 10 ml der Flotationslösung auf, filtert diese dann durch ein Sieb (Maschenweite 1 mm), um die groben Bestandteile zu entfernen und gießt sie schließlich in ein Reagenzglas. Innerhalb von 8 bis 10 Minuten sind die Parasitenstadien an die Oberfläche getrieben („flotiert“) und haben sich dort angereichert. Nun kann man mit einer Metallöse ein bis zwei

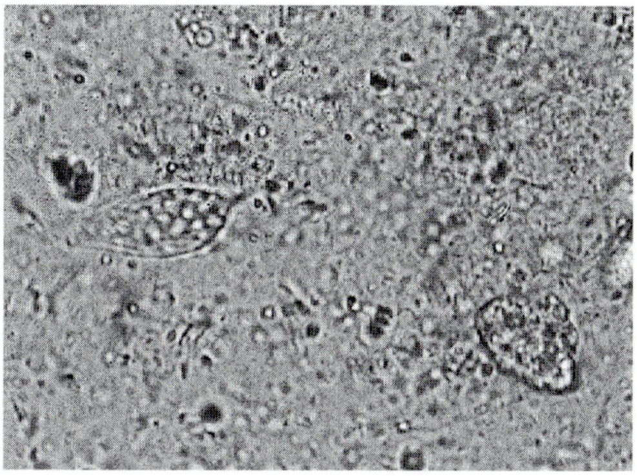

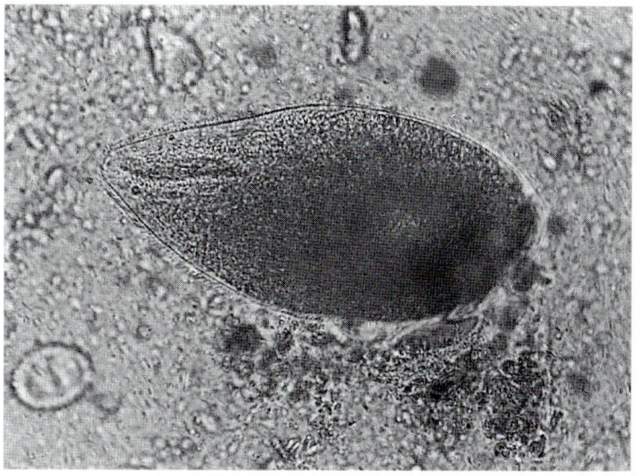

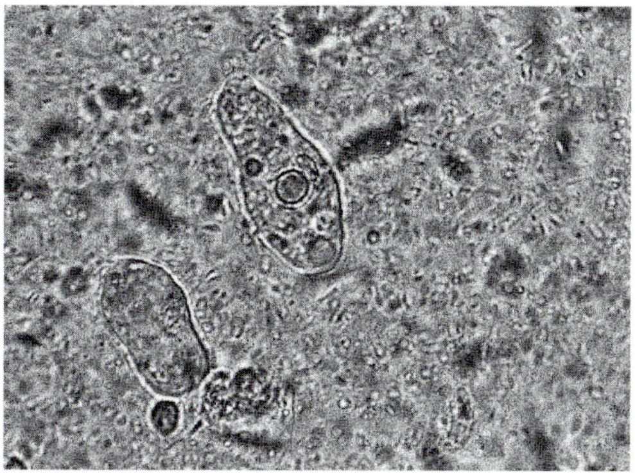

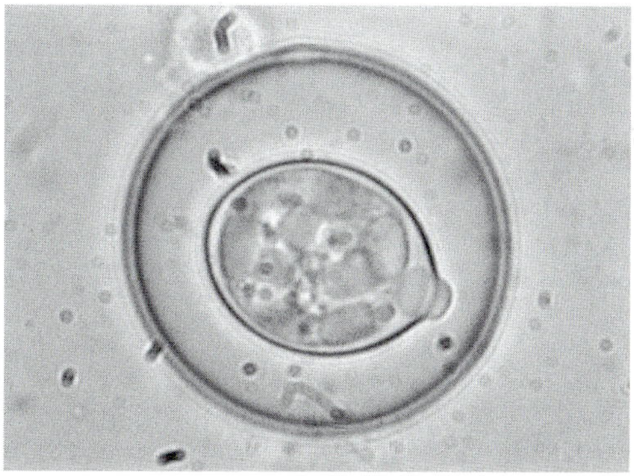

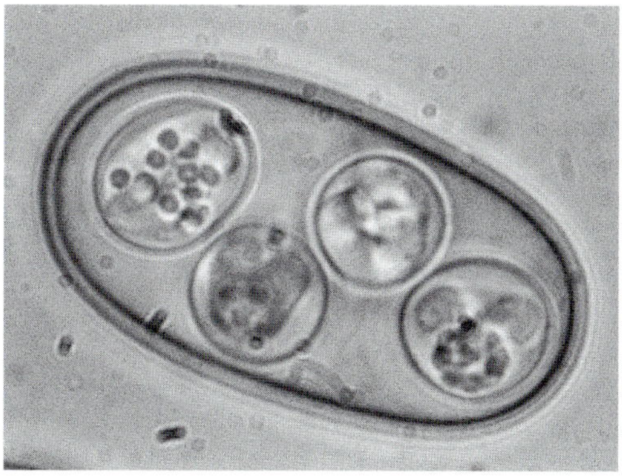

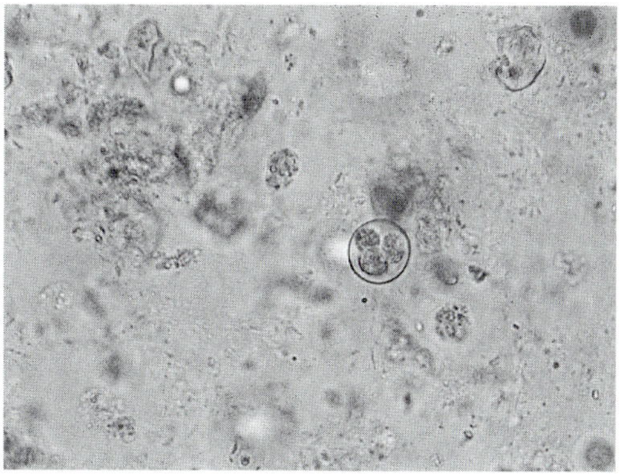

Abb. 7 (oben links). Flagellat aus einem Schwarzleguan (*Ctenosaura similis*).
Abb. 8 (oben rechts). Ciliat aus einem Grünen Leguan (*Iguana iguana*).
Abb. 9 (Mitte links). *Entamoeba invadens* aus einem Grünen Leguan (*Iguana iguana*).
Abb. 10 (Mitte rechts). Coccidien-Oozyste (*Caryospora colubris*) aus *Coluber hippocrepis*.
Abb. 11 (unten links). Coccidien-Oozyste (*Eimeria cascabeli*) aus *Crotalus atrox*.
Abb. 12 (unten rechts). Coccidien-Oozysten aus *Trachydosaurus rugosus*.

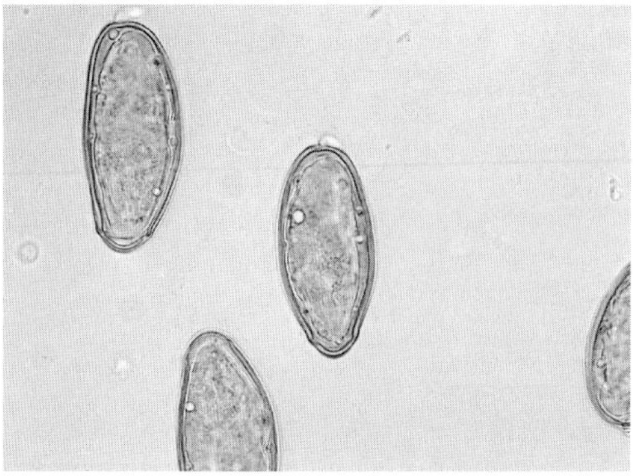

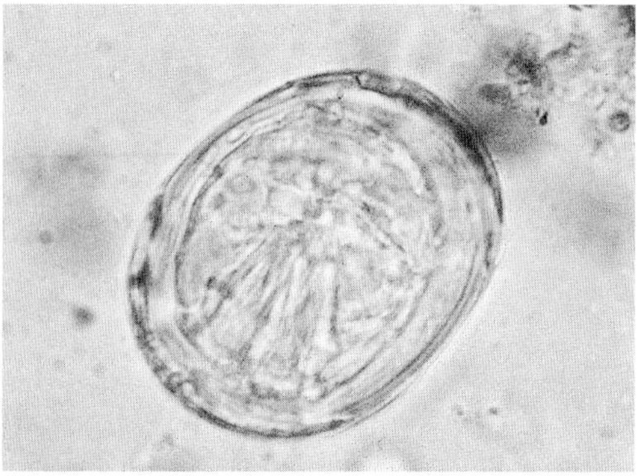

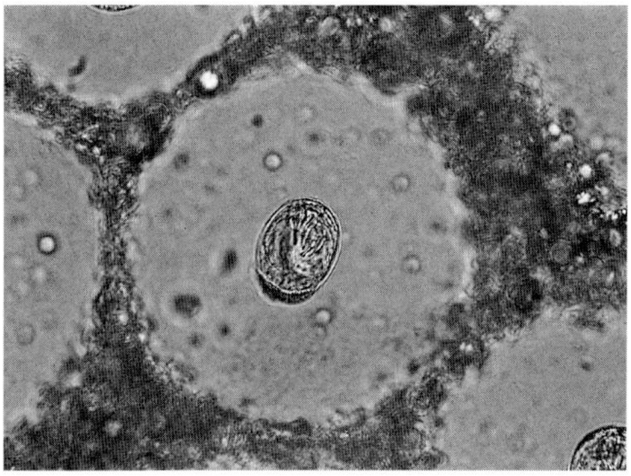

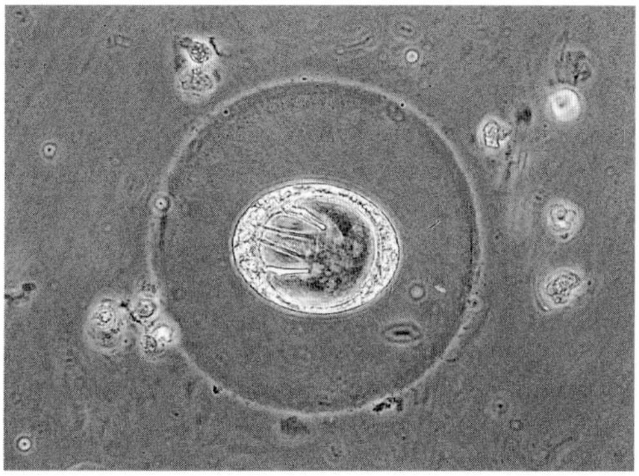

Abb. 13 (oben links). Trematoden-Eier (*Styphlodora*) aus einer *Boa constrictor*.
Abb. 14 (oben rechts). Cestoden-Ei aus einem Grünen Leguan (*Iguana iguana*).
Abb. 15 (unten links). Cestoden-Ei aus einem Schwarzleguan (*Ctenosaura similis*).
Abb. 16 (unten rechts). Cestoden-Ei aus einer Anakonda (*Eunectes murinus*).

Tropfen von der Oberfläche nehmen und bei 40- bis 100facher Vergrößerung unter dem Mikroskop durchmustern.

Verdächtige Gebilde betrachtet man zur genauen Bestimmung bei 400facher Vergrößerung. Der bloße Nachweis von Wurmeiern ist unbefriedigend, da nicht alle Parasiten für unsere Terrarientiere gleich gefährlich sind und es kein Medikament gibt, das gegen alle „Würmer" wirksam ist. Zudem muß man immer mit dem Auftreten sogenannter **Pseudoparasiten** rechnen. Hierzu zählen zum einen pflanzliche und tierische Gebilde, wie z. B. Pollen, Samen, Fasern und Tierhaare, die mit Parasitenstadien verwechselt werden können. Zum anderen findet man im Kot fleischfressender Tiere häufig auch Parasitenstadien von deren Beutetieren, die unverdaut ausgeschieden werden. Häufig im Kot unserer Terrarientiere zu findende Stadien von Futtertierparasiten sind *Adelina* (aus Insekten), *Syphacia, Hymenolepis* (aus Nagetieren) und *Ascaridia* (aus Geflügel); vgl. Abb. 30–33.

Die genaue Kenntnis der **Futtertierparasiten** ist also unbedingt notwendig, will man die im Kot gefundenen Gebilde richtig beurteilen. Man kann sich vorstellen, wie unsinnig, ja schädlich es für das betroffene Tier ist, wenn

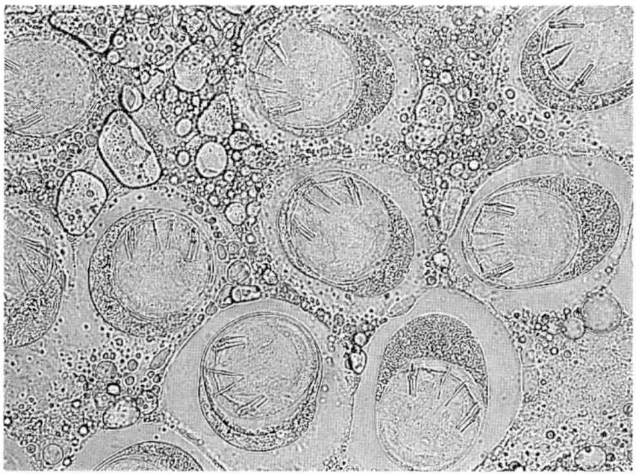

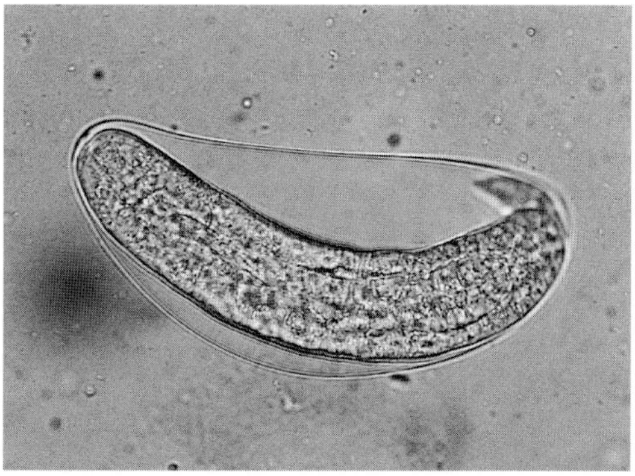

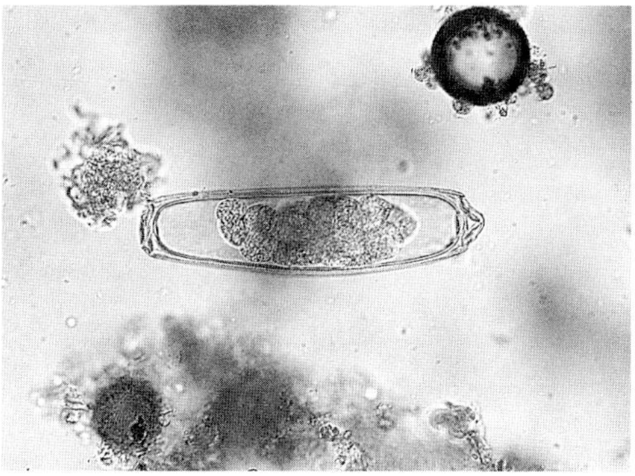

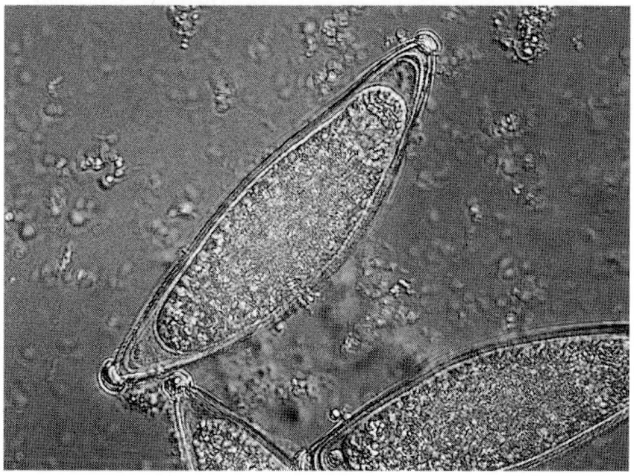

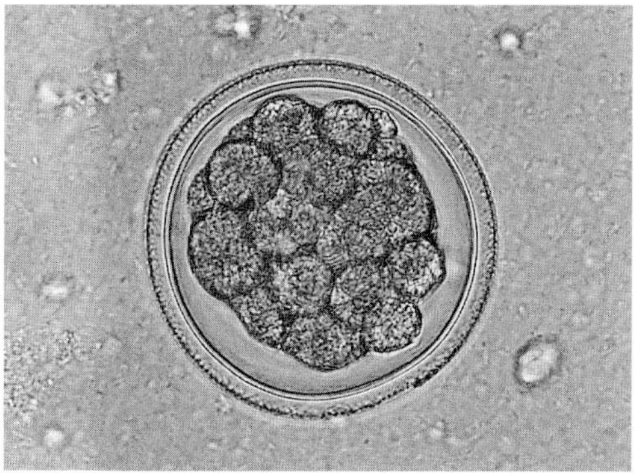

Abb. 17 (oben links). Cestoden-Eier aus einem Stirnlappenbasilisk (*Basiliscus plumifrons*).
Abb. 18 (oben rechts). Oxyuren-Ei aus einem Grünen Leguan (*Iguana iguana*).
Abb. 19 (Mitte links). Oxyuren-Ei aus einem Skink (*Eumeces algeriensis*).
Abb. 20 (Mitte rechts). Oxyuren-Eier (*Pharyngodon*) aus einem Tokeh (*Gekko gecko*).

Abb. 21 (unten links). Oxyuren-Ei (*Typhlonema*) aus einer Galapagos-Riesenschildkröte (*Chelonoides elephantopus*).
Abb. 22 (unten rechts). Ascariden-Ei (*Ophidascaris*) aus einer Gabunviper (*Bitis gabonica*).

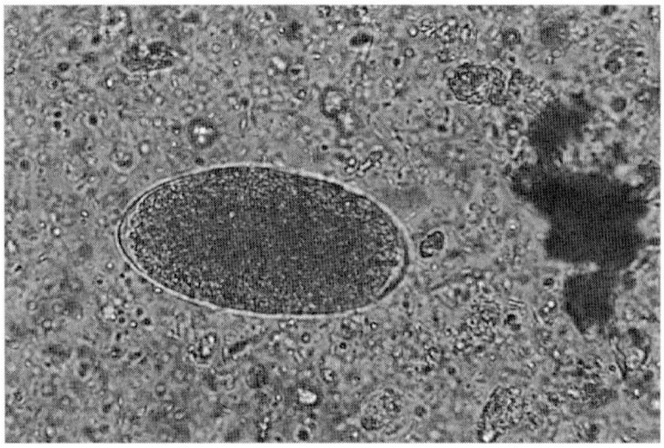

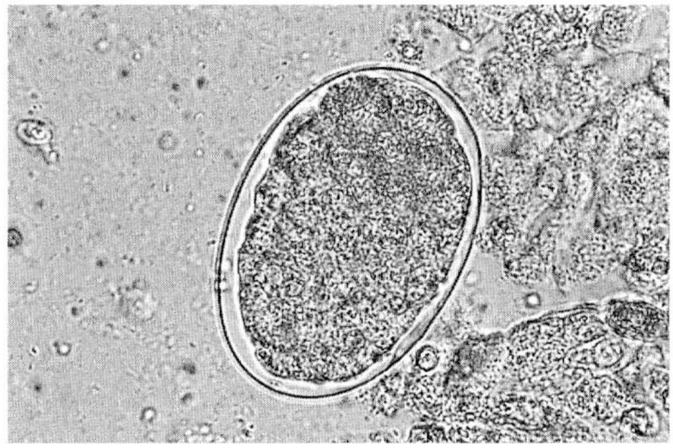

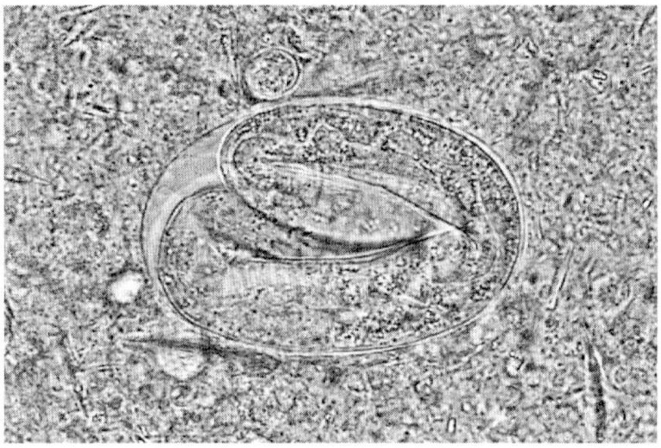

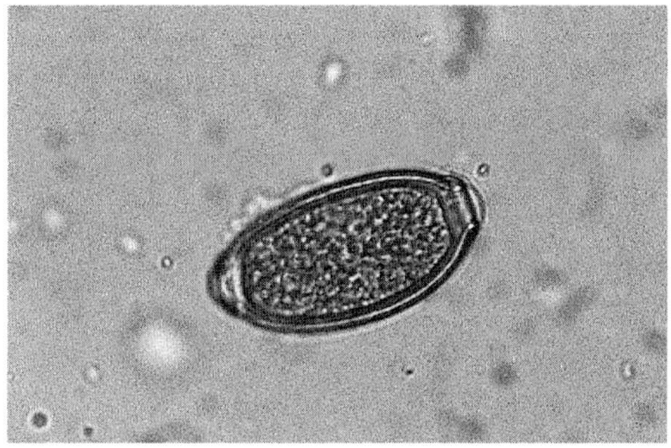

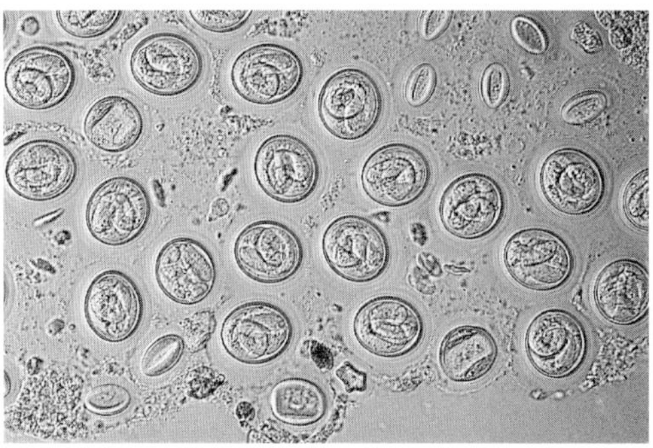

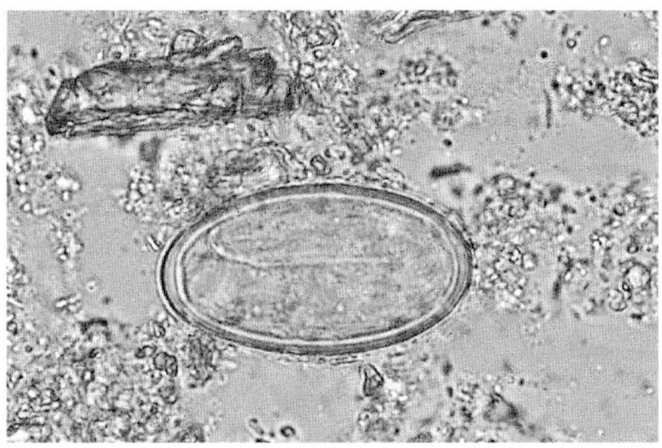

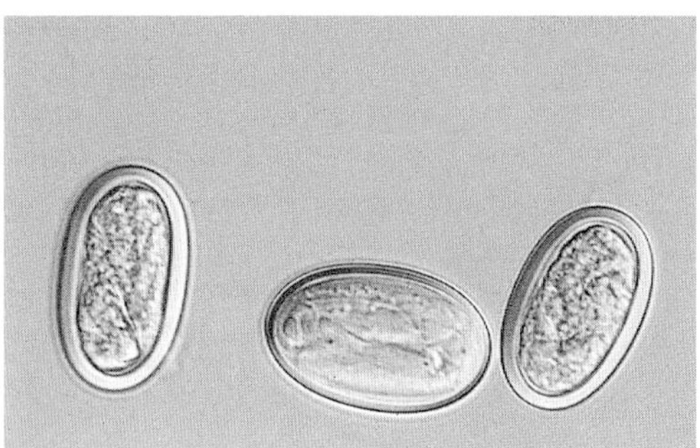

Abb. 23 (oben links). Strongyliden-Ei aus einem Schwarzleguan (*Ctenosaura similis*).
Abb. 24 (oben rechts). Strongyliden-Ei aus einer *Elaphe radiata*.
Abb. 25 (2. von oben, links). Strongyliden-Ei mit Erstlarve aus einer Ringelnatter (*Natrix natrix*).
Abb. 26 (2. von oben, rechts). Capillaria-Ei aus einer Landschildkröte (*Testudo hermanni*).
Abb. 27 (3. von oben, links). *Hastospiculum*-Eier aus einer Lanzenotter (*Bothrops atrox*).
Abb. 28 (3. von oben, rechts). Spiruriden-Ei aus einem Chamäleon.
◁ Abb. 29. Spiruriden-Eier aus einem Teju *(Tupinambis teguixin)*.

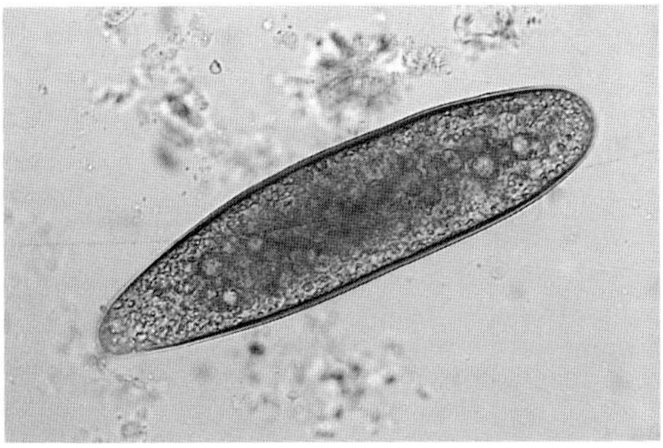

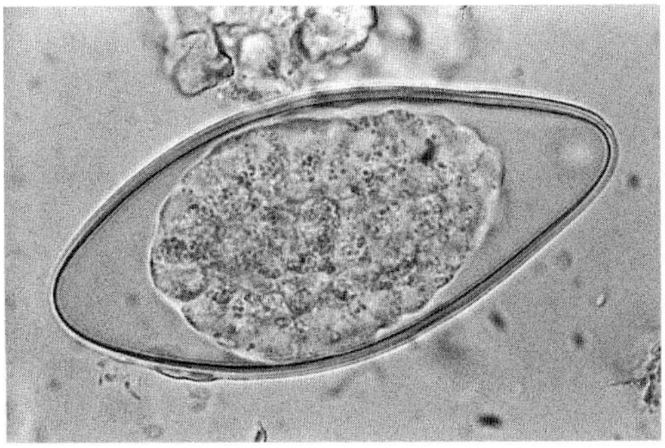

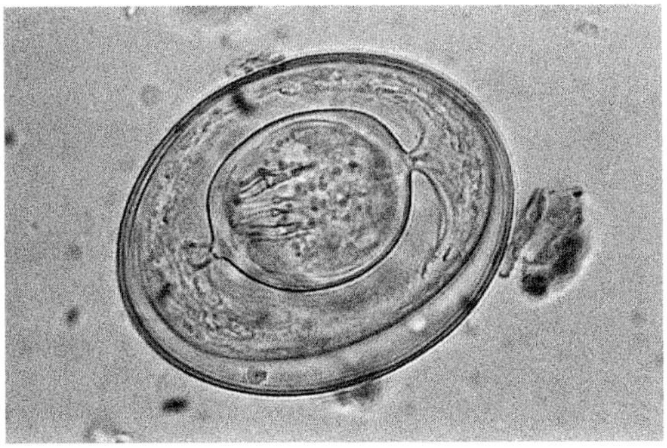

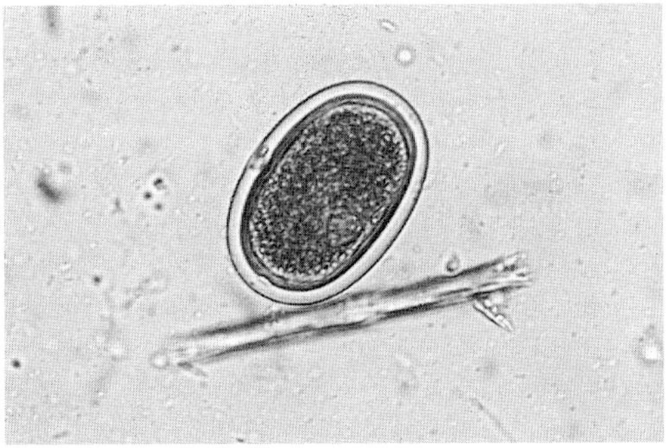

Pseudoparasiten in Kotproben von Amphibien und Reptilien:
Abb. 30 (oben links). Milbenei.
Abb. 31 (oben rechts). *Aspiculuris* aus Mäusen.
Abb. 32 (unten links). *Hymenolepis nana* aus Mäusen.
Abb. 33 (unten rechts). *Ascaridia galli* aus Vögeln.

man dieses wochen- oder gar monatelang – natürlich erfolglos – mit diversen Medikamenten gegen Pseudoparasiten behandelt.

Bei Schlangen ist mit dem Auftreten von Lungenwürmern zu rechnen. Diese kann man zwar ebenfalls bei der Kotuntersuchung (nativ und im Trichterauswanderungsverfahren) finden, da sie aber dort kaum von den Larven des Zwergfadenwurms (*Strongyloides*) unterschieden werden können, empfiehlt sich bei Lungenwurmverdacht die Durchführung eines **Luftröhren- und Rachenabstriches** sowie von **Tracheal- und Lungenspülungen**, in denen man Eier und Larven dieser Parasiten nachweisen kann. Mit Stadien des im Darm parasitierenden Zwergfadenwurms ist dort nicht zu rechnen. Obwohl bei den meisten Schlangen für Tracheal- und Lungenspülungen das manuelle Festhalten ausreicht, kann es notwendig sein, die Tiere zu anästhesieren. Das Maul des Tieres wird geöffnet und ein steriler Katheter durch die Glottis in die Trachea eingeführt. Mit einer Spritze, die am Katheter befestigt ist, wird sterile physiologische Kochsalzlösung instilliert (5 ml pro kg KG) und wieder aspiriert. Das gewonnene Material kann sowohl parasitologisch als auch mikrobiologisch und zytologisch untersucht werden.

Ektoparasiten können entweder direkt erkannt werden, oder sie verraten sich durch das Vorhandensein ihrer Exkremente auf dem Schuppenkleid ihrer Wirte. Bei Echsen oder Schlangen mit Milbenbefall bemerkt man meist feste weiße Partikel auf der Haut der Tiere; es handelt sich dabei um Milbenkot. Um

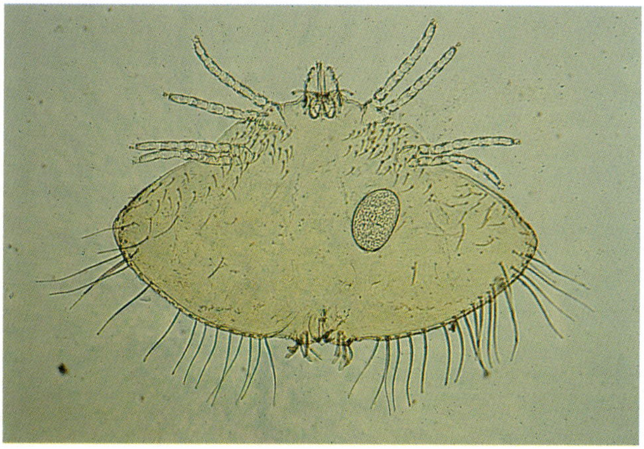

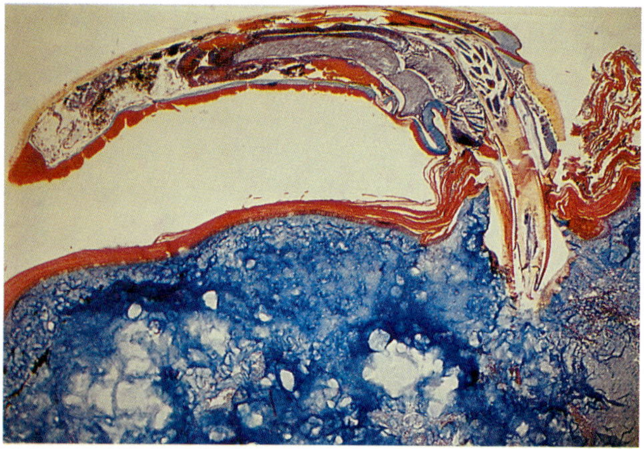

Abb. 34 (oben). Um Milben festzustellen, muß das Schuppenkleid des Reptils, hier ein Schwarzleguan, gegen den Strich betrachtet werden. Die kleinen roten Punkte unter den Schuppen der Echse sind Milben.
Abb. 35 (Mitte). Milben der Familie Pterygosomidae parasitieren vor allem auf Schildechsen (*Gerrhosaurus*) und Gürtelschweifen (*Cordylus*).
Abb. 36 (unten). Histologisches Bild einer Zecke, die auf einem Waran parasitiert.

die Diagnose zu verifizieren, hält man das Reptil über ein weißes Blatt Papier und streift mit einer Zahnbürste einige der Gebilde ab. Mit Hilfe von Lupe oder Mikroskop wird überprüft, ob es sich um Milben handelt.

2.3 Bakteriologische Untersuchungen

Bakteriologische Laboruntersuchungen stellen ein wertvolles Hilfsmittel bei der Diagnostik von Erkrankungen dar. Allerdings hängt die Aussagekraft der gewonnen Ergebnisse ganz entscheidend von der Wahl des Probenmaterials sowie von der Technik der Probennahme ab.

Bei Amphibien und Reptilien sind keine Bakterien bekannt, die obligat pathogen sind, also bei Vorhandensein durchweg zu einer Erkrankung des betroffenen Tieres führen. Keime wie *Salmonella, Pseudomonas, Klebsiella, Proteus, Escherichia* und viele andere kommen auch bei klinisch gesunden Amphibien und Reptilien vor und gehören offensichtlich zur physiologischen Flora (Williams et al. 1954, Boam et al. 1970a, Draper et al. 1981, Goldstein et al. 1981, Hilf et al. 1990).

Der bloße Nachweis irgendwelcher Keime – auch wenn es sich um *Salmonella* oder *Pseudomonas* handelt – ist also keine Indikation für Therapiemaßnahmen. In der Vergangenheit wurden zahllose Reptilien wochenlang mit diversen Antibiotika gegen Salmonellen behandelt. Im „besten" Fall stagnierte die Keimausscheidung während der Behandlung. Wenige Wochen nach Abschluß der Chemotherapie waren aber wieder Salmonellen im Kot nachweisbar. Abgesehen von der Sinnlosigkeit solcher Therapiemaßnahmen stellen Antibiotika-Gaben immer eine Belastung für das Tier dar und können durchaus zu Schädigungen führen (vgl. Kap. 3.5.2, S. 49 ff.).

Es muß eindringlich davor gewarnt werden, das Ziel zu verfolgen, seine Terrarientiere frei von gram-negativen Bakterien machen zu wollen, wie es in der Vergangenheit (z.B. Ross & Marzec 1984) empfohlen worden ist!

Das Einsenden von Kotproben klinisch gesunder Amphibien und Reptilien zur bakteriologischen Untersuchung ist weitgehend nutzlos, da – abgesehen von den oben genannten Interpretationsschwierigkeiten – sich die Bakterienflora der Probe auf dem Weg zum Labor qualitativ und quantitativ wesentlich verändert. So sterben Keime ab, die gegenüber Sauerstoff und Temperaturschwankungen empfindlich sind, während widerstandfähigere Organismen sich vermehren, möglicherweise die gesamte Probe überwuchern und im Labor dann in großer Menge oder gar „in Reinkultur" isoliert werden können.

Damit bakteriologische Untersuchungen zu verläßlichen Ergebnissen führen, müssen einige Grundsätze beachtet werden:

Im Labor angelangt, werden die Proben zunächst auf Standard-Nährboden (Blutagar) ausgestrichen. Das Bebrüten der Kulturen sollte bei einer Temperatur erfolgen, die zwischen 30 °C und 35 °C liegt. Wenn auf den Nährböden Bakterienkolonien gewachsen sind (in der Regel innerhalb von 24 Stunden), wird geprüft, ob es sich bei den gewachsenen Keimen um nur eine Bakterienart (Monokultur) oder um mehrere Arten (Mischkultur) handelt. Im letzteren Fall müssen die verschiedenen Arten voneinander getrennt werden, was durch sogenanntes Vereinzeln geschieht.

Neben der Artbestimmung der isolierten Bakterien hat vor allem der **Resistenztest** für die Behandlung große Bedeutung. Mit seiner Hilfe läßt sich eine Aussage darüber machen, welche Antibiotika – zumindest im Labor – gegenüber den isolierten Bakterien wirksam sind.

Kulturen und Resistenztest sollten wiederholt werden, wenn sich der gewünschte Behandlungserfolg nicht innerhalb von 7 bis 10 Tagen eingestellt hat.

1. Bakteriologische Vorsorgeuntersuchungen sind wenig sinnvoll, da keine obligat pathogenen Bakterien bei Amphibien und Reptilien bekannt sind. Solche Untersuchungen sind angebracht, wenn ein Tier krankhafte Veränderungen aufweist, die möglicherweise bakteriell bedingt sind.
2. Die Proben werden mittels Abstrich direkt von dem krankhaft veränderten Bereich gewonnen, nachdem dessen Umgebung soweit wie möglich gereinigt und desinfiziert wurde (z.B. mit 70%igem Alkohol).
3. Die Proben müssen möglichst rasch zum Labor gelangen. Um Veränderungen im Keimbild zu vermeiden, sollten die Proben gekühlt in einem Transportmedium verschickt werden.

Abb. 37. **Hautpilzerkrankung bei einer *Lacerta trilineata*.**

2.4 Mykologische Untersuchungen

Der Nachweis von Pilzen und der von ihnen hervorgerufenen Krankheiten (Mykosen) ist schwierig. Dies gilt insbesondere für den Befall der inneren Organe mit Pilzen. Am häufigsten sind die äußere Haut (Abb. 37 und 38) und der Respirationstrakt von Mykosen betroffen (FRANK 1965b, 1970, MIGATI & FRYE 1975, FRANK 1976, KUTTIN et al. 1977, SCHILDGER et al. 1991a). Bei Darmmykosen kann man manchmal Pilzsporen und -hyphen im frischabgesetzten Kot mikroskopisch nachweisen (Abb. 39). Bei fortgeschrittenen inneren Mykosen sind die krankhaften Veränderungen oftmals durch eine Röntgenuntersuchung zu erkennen. Der sichere Nachweis von Pilzen gelingt aber nur durch histologische Untersuchungstechniken und Kulturen.

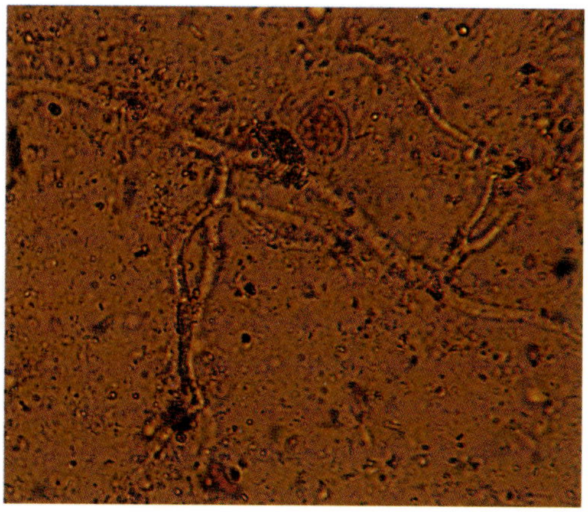

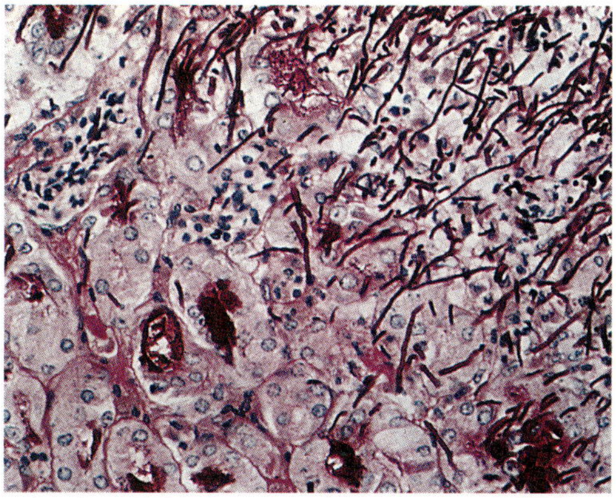

Abb. 40. Histologisches Bild einer mykotischen Gastritis bei einer *Testudo hermanni*.

Abb. 41. Die sichere Identifizierung eines Pilzes gelingt nur mit Hilfe einer Pilzkultur (hier: *Hormodendrum*).

Bei **histologischen Untersuchungen** werden sehr dünne Gewebeschnitte speziell angefärbt (für Pilze z. B. Grocott-Färbung) und unter dem Mikroskop beurteilt. Im mikroskopischen Bild sind die angefärbten Pilzhyphen und Sporen deutlich zu erkennen (Abb. 40).

Man kann aber auch versuchen, den Pilz durch eine **Pilzkultur** nachzuweisen, also auf einem speziellen Nährboden anzuzüchten. Die aus dem krankhaft veränderten Organ gewonnene Probe muß mit einem Stab in das Nährmedium versenkt werden, da viele Pilze nicht auf der Oberfläche von Agarnährböden wachsen. Ein für zahlreiche Pilzarten geeignetes Nährmedium ist Sabouraud-Dextrose-Agar, dem zur Unterdrückung von bakteriellem Wachstum Antibiotika zugegeben sind. Da Pilze langsam wachsen, ist es nötig, die Kulturen für mehrere Wochen zu bebrüten.

◁ **Abb. 38 (links). Hautmykose bei einem *Varanus panoptes*.**
Abb. 39 (rechts). Pilzsporen und -hyphen im frischabgesetzten Kot sind ein Hinweis auf eine bestehende Darmmykose.

2.5 Virologische Untersuchungen

Den Virusinfektionen der Amphibien und Reptilien wurde erst in den letzten fünfzehn Jahren verstärkt Beachtung geschenkt. Obwohl mittlerweile zahlreiche Viren aus diesen Tiergruppen isoliert worden sind (vgl. Seite 134 ff.), ist bei den meisten Viren nicht geklärt, welche Rolle sie als Krankheitserreger spielen. **Gewebsproben** für eine spätere Virusisolation sollten sofort nach der Entnahme bei –20 °C oder tiefer eingefroren werden, damit eventuell vorhandene Viren biologisch aktiv bleiben. Übersichtsarbeiten mit Zusammenstellungen der bei Amphibien und Reptilien festgestellten Viren finden sich bei JACOBSON (1986) und AHNE (1993).

2.6 Bildgebende Untersuchungsmethoden

Unter den bildgebenden Verfahren haben in der Diagnostik der Erkrankungen der Amphibien und Reptilien insbesondere die röntgenologische, sonographische und endoskopische Untersuchung große Bedeutung.

2.6.1 Röntgen

Die Röntgenuntersuchung ist ein wichtiges diagnostische Hilfsmittel und kommt vor allem bei Erkrankungen des Skeletts, der Lungen, des Verdauungstraktes und bei der Legenotdiagnostik zur Anwendung (COSGROVE 1971, HOLT 1978, HOLT 1981b, JACKSON & FASAL 1981, SCHILDGER et al. 1991b). Bei Waranen und Krustenechsen können zur Geschlechtsbestimmung bei den männlichen Exemplaren die Hemipenisknochen röntgenologisch nachgewiesen werden (BÖHME 1988).

Die meisten Amphibien und Reptilien können ohne Betäubung, direkt auf der Röntgenkassette sitzend, abgelichtet werden. Giftige Tiere sollten zum Röntgen in Plastikboxen belassen werden. Bewährt haben sich feinstzeichnende Film-Folien-Kombinationen (Kodak NMB Film und Latex single fine Folie), die eine besonders hohe Auflösung haben (SCHILDGER et al. 1994).

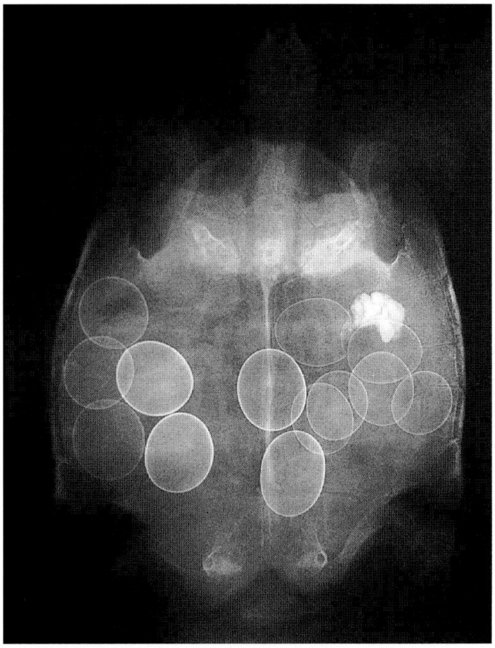

Abb. 42. Dorsoventrale Aufnahme einer Landschildkröte (*Testudo hermanni*). Deutlich sind 13 gut mineralisierte Eier zu erkennen.

Wenn man die Schildkröte auf ein kleines Podest setzt, kann sie nicht weglaufen. Das erleichtert z. B. das Röntgen.

Grundsätzlich werden die Tiere im dorsoventralen und im latero-lateralen Strahlengang geröntgt. Schildkröten werden zur Beurteilung der beiden Lungenflügel zusätzlich im cranio-caudalen Strahlengang abgelichtet. Dazu kann die Schildkröte auf einem Gestell fixiert werden, das dann senkrecht in den Strahlengang verbracht wird. Man achte darauf, jeweils die Seite („R“ oder „L“) zu markieren. Bei Schlangen hat sich die Markierung von Segmenten bewährt.

Veränderungen im Bereich des Verdauungstraktes lassen sich oft nur mit Hilfe von **Kontrastmitteln** röntgenologisch darstellen. Hierzu verwendet man Bariumsulfat oder Gastrographin (jeweils 1:1 mit Wasser gemischt und bis 20 ml/kg KG), das oral über eine Magensonde verabreicht wird.

2.6.2 Ultraschall

Die Ultraschalluntersuchung (Sonographie) ist besonders wertvoll bei der Weichteildiagnostik, also der Beurteilung der parenchymatösen inneren Organe, der Geschlechtsbestimmung und der Legenotdiagnostik (WESER 1988a, KUCHLING 1989, ROSTAL et al. 1990, SCHILDGER et al. 1991b, SPÖRLE et al. 1991c, ISAZA et al. 1993). Der Vorteil der Ultraschalluntersuchung gegenüber der Röntgentechnik ist die nicht vorhandene Strahlenbelastung.

Dabei haben sich Sektorscanner (3,5 MHz für kleine und mittelgroße Tiere und 5,0 MHz für große Tiere) insbesondere bei Schildkröten bewährt, während Linearscanner bei Schlangen und großen Echsen günstiger sind (KRAMER & GERWING 1991, SAINSBURY & GILI 1991). Das Kontaktgel (z. B. Sonogel) wird 10 bis 15 Minuten vor der Untersuchung direkt auf die Schuppenhaut aufgetragen.

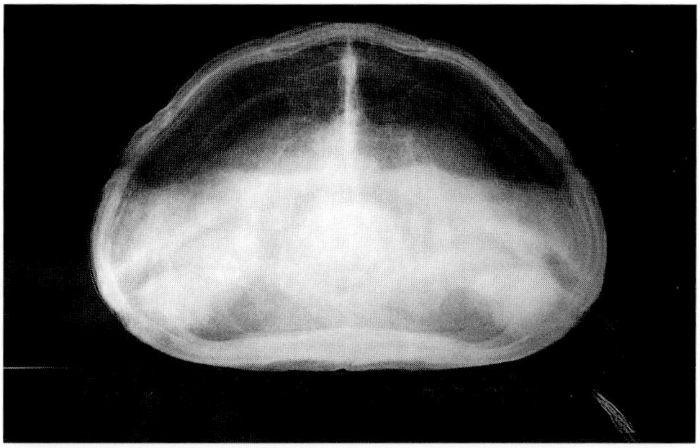

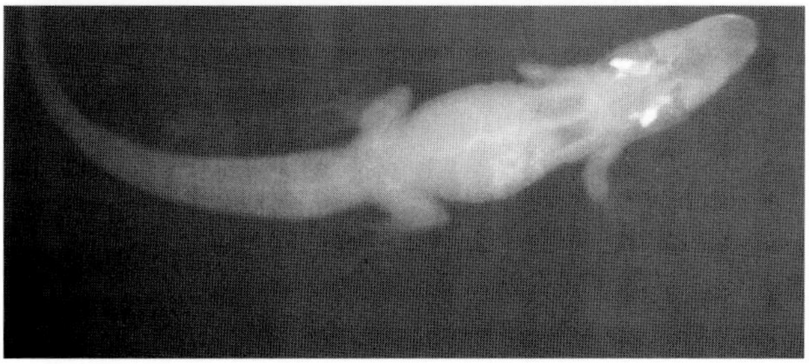

Abb. 43 (oben). Im cranio-dorsalen Strahlengang können bei Schildkröten vor allem die Lungen beurteilt werden.
Abb. 44 (Mitte). Dorso-ventrale Aufnahme eines Taggeckos (*Phelsuma madagascariensis*) mit zwei Eiern. Die symmetrisch dem Hals anliegenden Kalksäckchen sind deutlich zu erkennen.

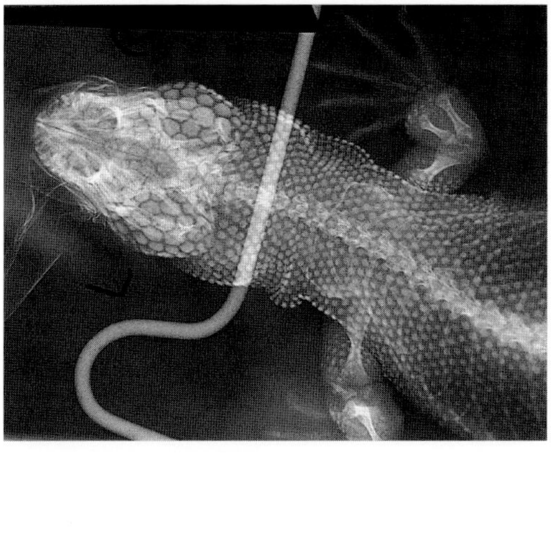

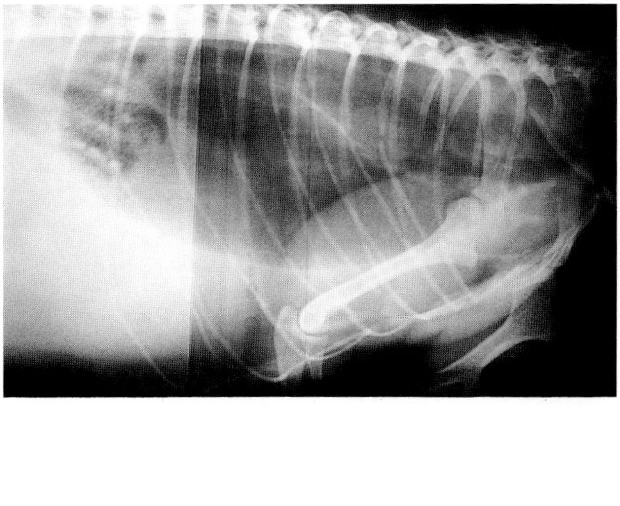

Abb. 45 (unten links). Dorso-ventrale Aufnahme einer Krustenechse (*Heloderma horridum*); man beachte die deutlich sichtbaren Hautknochen.
Abb. 46 (unten rechts). Latero-laterale Aufnahme des Brustbereiches eines Grünen Leguans, die eine Beurteilung von Herz und Lunge zuläßt.

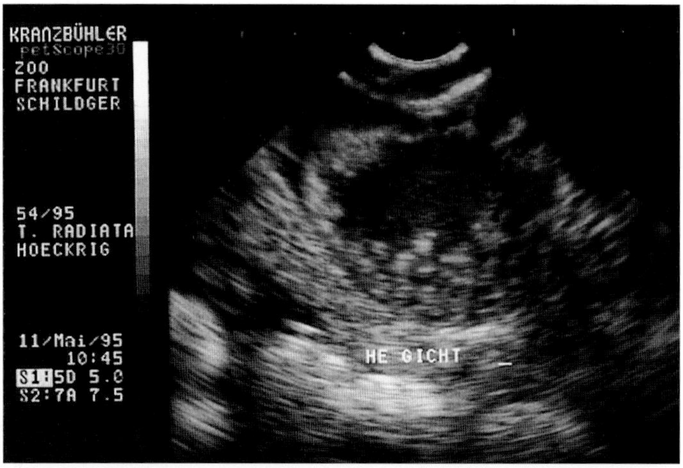

Abb. 47. Ultraschallaufnahme der Herzregion einer *Testudo radiata* mit reflexfreier Granulierung des Herzmuskels, was typisch für Harnsäureablagerungen (Gicht) ist.

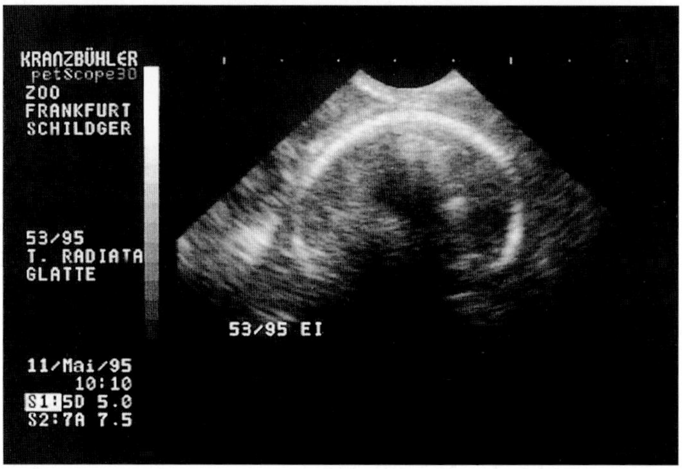

Abb. 48 (unten). Ultraschallaufnahme der Abdominalregion einer *Testudo radiata* mit verkalktem Ei.

Abb. 49 (oben links). Endoskopische Aufnahme des Ovars mit Sekundär- und Tertiärfollikeln bei einem Tannenzapfenskink (*Trachydosaurus rugosus*). ▷
Abb. 50 (oben rechts). Endoskopische Aufnahme des inaktiven Ovars bei einem Chinesischen Riesensalamander.
Abb. 51 (2. von oben, links). Endoskopische Aufnahme des Hodens bei einer Rotwangenschmuckschildkröte (*Pseudemys scripta elegans*).

Übersichten zur sonographischen Anatomie bei Reptilien finden sich bei Sainsbury & Gili (1991), Spörle et al. (1991b), Isaza et al. (1993) und Tenhu & Schildger (1995).

2.6.3 Endoskopie

Mit Hilfe eines Endoskopes ist es möglich, direkt in die verschiedenen Körperhöhlen hineinzusehen und so eine Diagnose zu stellen (Bush 1980, Wood et al. 1983, Coppoolse & Zwart 1986, Schildger & Wicker 1987, Schildger et al. 1991b, Göbel & Jurina 1994). Amphibien und Reptilien sind für eine endoskopische Untersuchung der Leibeshöhle besser geeignet als jede Säugetierart, da ihnen ein Zwerchfell fehlt und somit von einem Zugang aus neben den Bauchhöhlenorganen auch Herz und Lunge beurteilt werden können.

Die Wahl der Optik ist ein Kompromiß zwischen dem Bestreben nach möglichst guter Sicht (= großer Endoskopdurchmesser) und möglichst kleiner chirurgischer Wunde

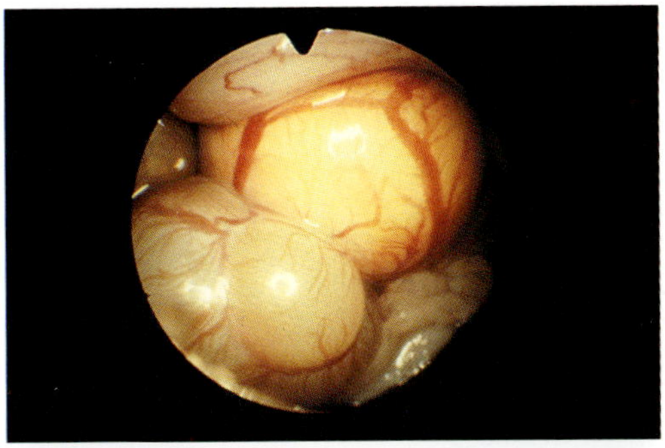

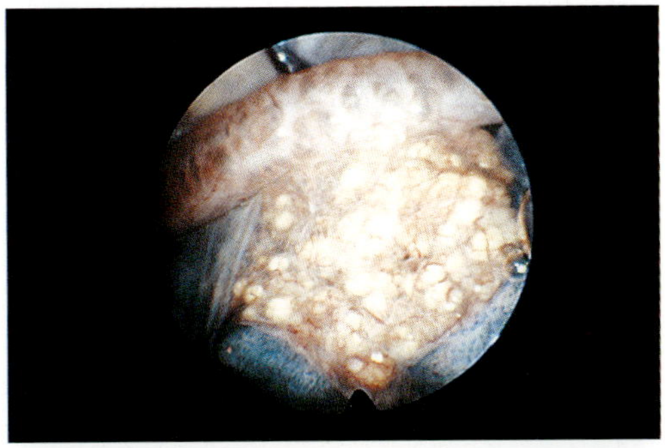

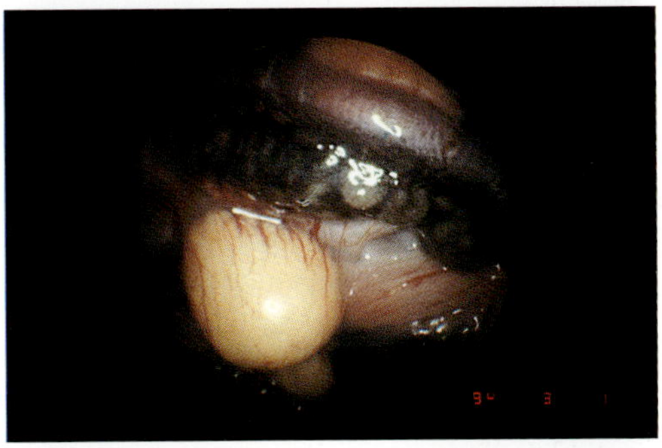

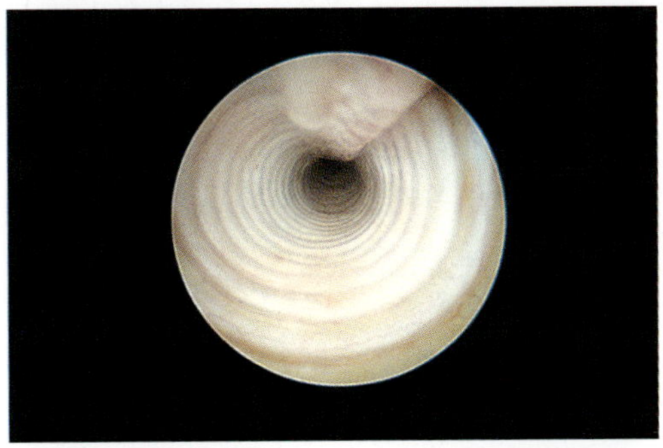

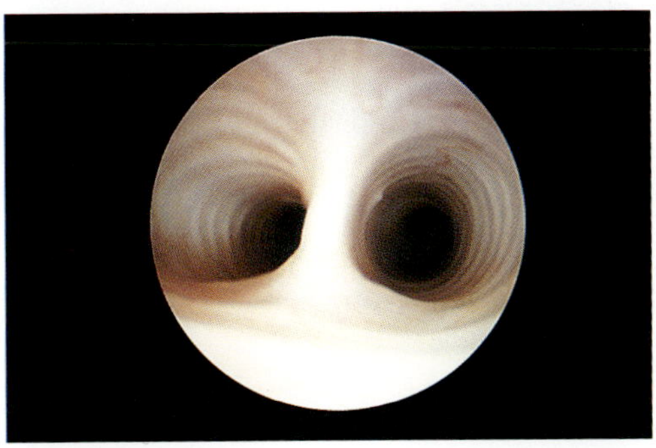

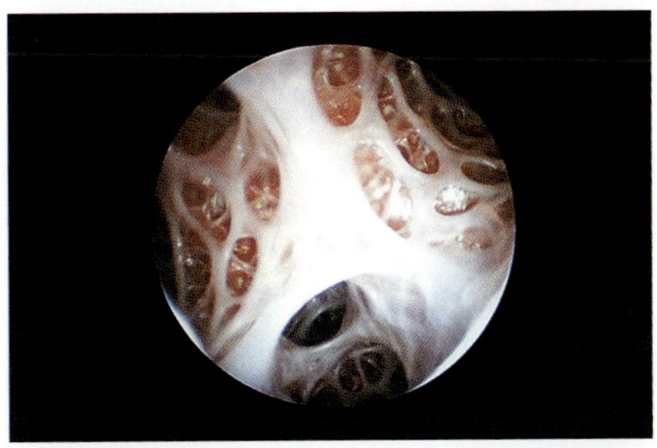

Abb. 52 (2. von oben, rechts). Endoskopische Aufnahme der Trachea bei einem gesunden Tigerpython (*Python molurus*).
Abb. 53 (3. von oben, links). Endoskopische Aufnahme der Bifurcatio tracheae bei einer gesunden Waldschildkröte (*Geochelone denticulata*).
Abb. 54 (3. von oben, rechts). Endoskopische Aufnahme der Lunge bei einer gesunden Waldschildkröte (*Geochelone denticulata*).
Abb. 55 (unten rechts). Endoskopische Aufnahme der Lunge bei einem gesunden Tigerpython (*Python molurus*).

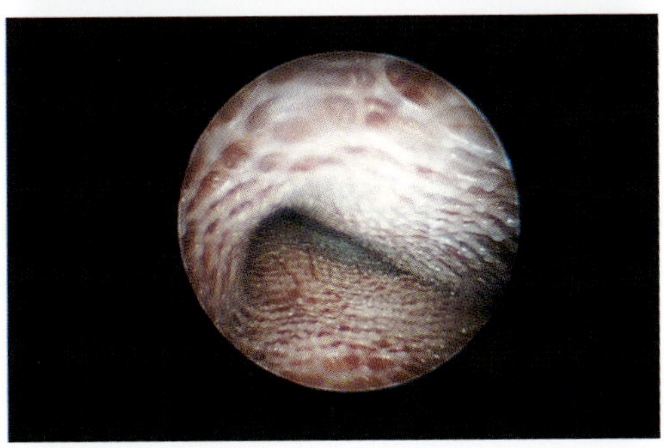

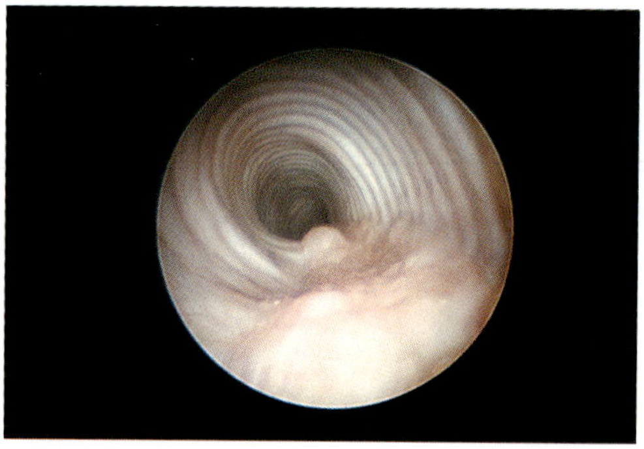
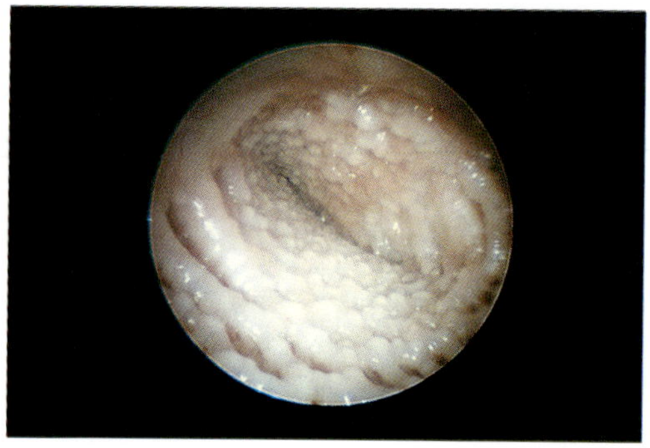

Abb. 56 und 57. Endoskopische Aufnahmen der Lunge bei einem Tigerpython (*Python molurus*) mit Lungenentzündung.

(= kleiner Endoskopdurchmesser). SCHILDGER & WICKER (1992a) haben in den meisten Fällen eine 3-mm-Optik mit Arbeitskanal mit Erfolg verwendet. Für Tiere über 1000 g KG empfehlen sie Endoskope von 4 mm Durchmesser.

Damit ein gefüllter Magen-Darm-Trakt nicht die Untersuchung behindert, müssen die Patienten vor der Endoskopie einige Zeit fasten. Während bei Reptilien 4 bis 10 Tage empfehlenswert sind, genügen bei Amphibien wegen der kurzen Darmpassagedauer 24 bis 48 Stunden Nahrungskarenz. Eine Senkung des Füllungsgrades der Eingeweide reduziert die Gefahr der Darmperforation und sichert einen ausreichenden Abstand zwischen Organ und Optik (SCHILDGER 1995).

Während die Endoskopie von Kloake, Speiseröhre, Magen und Trachea direkt möglich ist, ist die Spiegelung der Leibeshöhle (Laparoskopie) mit einem kleinen chirurgischen Eingriff verbunden. Dazu muß in der Regel eine Allgemeinnarkose durchgeführt werden. Bei Schildkröten wird in der Kniefaltenregion, bei Echsen hinter der letzten Rippe oder zwischen den Rippen (artspezifisch) und bei Schlangen paramedian (Schonung der median verlaufenden ventralen Abdominalvene) zwischen zwei Ventralschilden zunächst ein Hautschnitt von 5 bis 10 mm Länge gemacht und dann Muskulatur und Serosa stumpf mittels Trokar oder Pinzette durchtrennt. Bei Schlangen kann alternativ auch am Übergang von Ventralschilden zu Lateralschuppen der Eingang gewählt werden. Bei Froschlurchen erfolgt der Zugang ventral paramedian und bei Schwanzlurchen in Seitenlage analog den Echsen.

Zur besseren Sicht kann nun gefilterte Luft insuffliert werden. Da bei Reptilien die Leibeshöhle nicht durch ein Zwerchfell in zwei Kompartimente getrennt ist, lassen sich gleichermaßen Gonaden, Leber, Nieren, Verdauungstrakt und Lungenflügel beurteilen. Bei Schlangen kann es aufgrund des langgestreckten Körperbaues notwendig sein, die Endoskopie an einer zweiten Stelle zu wiederholen. Der Wundverschluß erfolgt in zwei Schichten mit Einzelheften (BUSH 1980, SCHILDGER & WICKER 1987, SCHILDGER et al. 1991b).

Den Einsatz des Endoskopes zur Diagnose von Atemwegserkrankungen beschreiben GÖBEL & JURINA (1994). Dabei wurden sowohl starre als auch flexible Endoskope von 2,5 bis 5 mm Durchmesser und einer Länge von 60 bis 105 cm verwendet. Für die endoskopische Untersuchung wird das Reptil anästhesiert, in exakte Brust-Bauch-Lage gebracht und der Hals gestreckt. Die Tiere werden kranial leicht erhöht gelagert, um eine Kompression der Lunge durch die Bauchorgane zu vermeiden. Unter Sichtkontrolle wird das Endoskop durch den geöffneten Kehlkopf in die Luftröhre geschoben, wobei darauf zu achten ist, daß die Spitze des Instruments ständig frei im Lumen des Respirationstraktes geführt wird, um Verletzungen zu vermeiden. Mit Hilfe des Endoskops können am lebenden Reptil Schleimansammlungen, Entzündungen und andere krankhafte Veränderungen diagnostiziert werden und Proben aus der Lufröhre und den Bronchien genommen werden (vgl. Abb. 54 bis 57).

2.7 Blutentnahme und Blutuntersuchung

Die Blutuntersuchung ist ein wichtiges Hilfsmittel in der Diagnostik von inneren Erkrankungen. Die Blutentnahme erfolgt

- bei Krokodilen aus dem Occipitalsinus,
- bei Schildkröten aus der Jugularvene, aus dem Axillarplexus oder aus der oberen Schwanzvene (Vena coccygealis dorsalis),
- bei Echsen und Schlangen aus der unteren Schwanzvene (Vena coccygealis ventralis).

Dabei muß aber darauf geachtet werden, die Hemipenes, die ventral am Schwanzansatz gelegen sind, nicht zu verletzen. Bei Schlangen über 150 cm Gesamtlänge können auch die Palatinvenen, die zwischen den Maxillarzähnen im Oberkiefer verlaufen, zur Blutentnahme herangezogen werden. Von einer Herzpunktion ist abzusehen, da es zu Blutungen in den Herzbeutel oder Infektionen (Perikarditis) mit tödlichem Ausgang kommen kann. Das Amputieren bzw. Kürzen von Krallen, Zehen und Schwanzspitzen zur Blutentnahme ist abzulehnen, da – abgesehen von der Verstümmelung des Patienten – nur geringe Blutmengen, die zudem noch durch Lymph- und Gewebsflüssigkeit verunreinigt sind, gewonnen werden können.

Die Entnahme erfolgt je nach Größe des Patienten mit 0,6 bis 0,9 mm starken Kanülen. Zur Punktion der Jugularvene bei Schildkröten haben sich sogenannte Butterfly-Katheter bewährt (Abb. 59). Zur Gerinnungshemmung wird Lithium-Heparin eingesetzt, weil EDTA insbesondere bei Schildkrötenblut zur Hämolyse führt (JACOBSON et al. 1992b) und deshalb nicht verwendet werden sollte. Bei der Blutentnahme darf nicht zuviel Sog angewendet werden, da dies zum Kollabieren der Vene führen kann.

Die Blutmenge, die ohne Gefahr für das Tier genommen werden darf, hängt von der Größe und dem Gesundheitszustand des Tieres ab. Das gesamte Blutvolumen variiert von Art zu Art, beträgt aber im allgemeinen 5 bis 8 % des Körpergewichts (LILLYWHITE & SMITS 1984, SMITS & KOZUBOWSKI 1985). Ein Reptil von 1 kg Körpergewicht hat also ein geschätztes Blutvolumen von 50 bis 80 ml. Da klinisch gesunde Reptilien 10 % ihres Blutvolumens über einen kurzen Zeitraum verlieren können, ohne ernsthaften Schaden zu nehmen, gelten 7 ml Blut pro kg KG als Maximalmenge, die von einem gesunden Reptil genommen werden dürfen (JACOBSON et al. 1992).

Die Bestimmung des **Hämatokrit**, also des prozentualen Anteils der Blutkörperchen am Gesamtblut, erfolgt in heparinisierten Mikrohämatokrit-Röhrchen. Der Hämatokritwert läßt Aussagen über den Grad einer eventuell vorhandenen Anämie oder Austrocknung zu.

Zur Beurteilung der **Blutzellen** (zytologische Blutuntersuchung) wird ein Blutausstrich angefertigt, nach Lufttrocknung zwei Minuten in absolutem Methanol fixiert und anschließend nach May-Grünwald-Giemsa gefärbt. Nun können Form, Größe und relative Menge der Erythrozyten, Granulozyten, Lymphozyten, Monozyten und Thrombozyten beurteilt werden (HAWKEY & DENNETT 1990, ALLEMAN et al. 1992). Das Differentialblutbild läßt grobe Aussagen über das Krankheitsgeschehen zu (vgl. Tab. 2).

Abb. 58. Blutentnahme bei einem Mississippi-Alligator (*Alligator mississippiensis*) aus dem Occipitalsinus.

Im Blutausstrich können auch Blutparasiten nachgewiesen werden. Neben der zytologischen Blutuntersuchung ist vor allem die Untersuchung **klinisch-chemischer Blutparameter** von Bedeutung. Soll die Probe nicht sofort untersucht werden, wird sie, nachdem das Plasma durch Zentrifugation gewonnen wurde, eingefroren. Die Auswahl der zu untersuchenden Parameter ist abhängig vom vermuteten Sitz der Erkrankung, wie z. B. Nieren (Harnstoff, Harnsäure, Kreatinin), Leber (GOT, GPT, Bilirubin), Pankreas (Glucose), Skelett (Calcium, Phosphor, Lactat-Dehydrogenase) und Muskulatur (Kreatin-Phosphokinase).

Zur Interpretation der gewonnen Daten sind Kenntnisse über die Normalwerte unumgänglich. Leider sind die vorhandenen Daten noch mehr als lückenhaft. Auch bestehen jahreszeitliche, geschlechts-, alters- und fütterungsabhängige Schwankungen bestimmter Para-

Abb. 59. Blutentnahme bei einer Kalifornischen Wüstenschildkröte (*Gopherus agassizii*) aus der Vena jugularis.

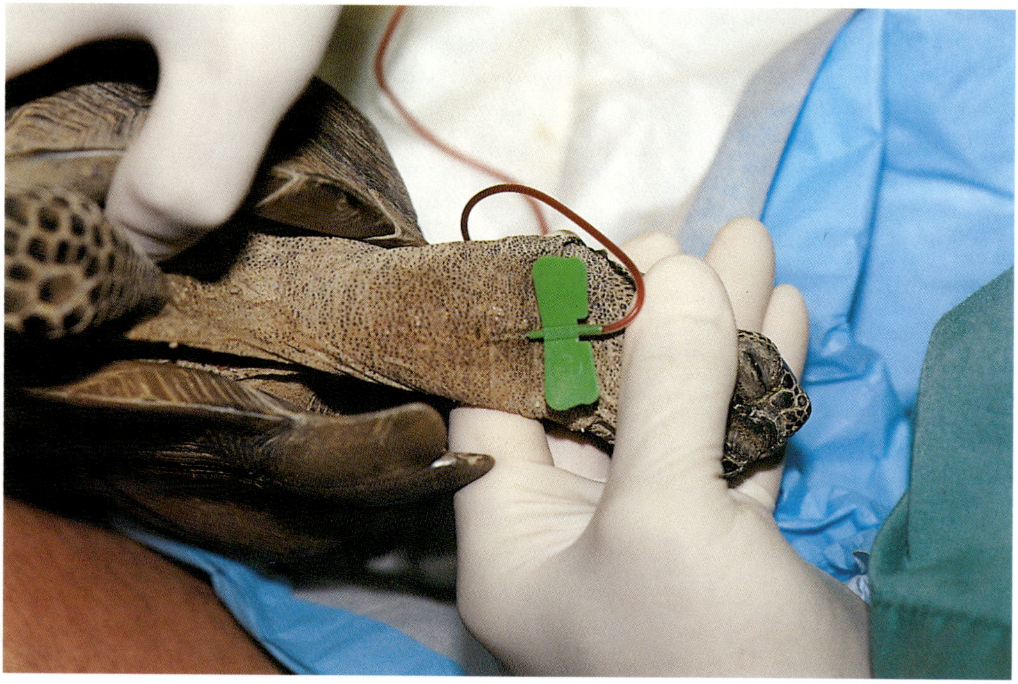

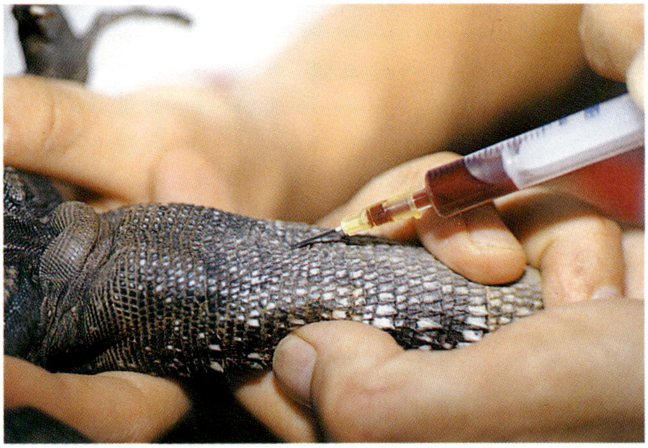

Abb. 60. Blutentnahme bei einem Schwarzleguan (*Ctenosaura pectinata*) aus der ventralen Schwanzvene.

meter (DUGUY 1970, ACUÑA 1974, SMELLER et al. 1978, LAWRENCE & HAWKEY 1986, MAIXNER et al. 1987, ALCOBENDAS et al. 1992). Hinzu kommt, daß je nach verwendetem Analysegerät und gewählter Blutentnahmestelle Abweichungen festgestellt werden (GOTTDENKER & JACOBSON 1995). Man kann die tabellarisch zusammengestellten Daten auf Seite 137 bis 142 deshalb nur als Richtwerte verstehen. Jedes Labor, das routinemäßig Reptilienblut untersucht, muß seine eigenen Referenzwerte erarbeiten.

Tab. 1. Interpretation der durch zytologische und klinisch-chemische Blutuntersuchung gewonnenen Daten

Veränderter Parameter	Verdachtsdiagnose
Eosinophile Granulozyten	erhöht: Parasitosen, allergische Erkrankungen, unspezifische Entzündungsprozesse
Heterophile und basophile Granulozyten, Laktat-Dehydrogenase	erhöht: Entzündungen
Lymphozyten und Monozyten	erhöht: chronische Erkrankungen
Hämatokrit	erhöht: Austrocknung (Exsikkose) erniedrigt: Anämie, Hyperhydratation, chronische Erkrankungen Septikämie
Hämoglobin	erniedrigt: Anämie
Glutamat-Oxalacetat-Transaminase, Glutamat-Pyrovat-Transaminase, Bilirubin	erhöht: Lebererkrankung
Kreatinin-Phosphokinase	erhöht: Muskelschäden
Gesamtprotein	erhöht: Austrocknung (Exsikkose), Hyperglobulinämie (chronische Erkrankungen), Lipämie erniedrigt: starke Abmagerung (Kachexie), Mangelerkrankungen, intestinale Parasitose
Calcium	erhöht: Hypervitaminose D erniedrigt: Rachitis, sekundärer Hyperparathyreoidismus (Spätstadium)
Phosphor	erhöht: sekundärer Hyperparathyreoidismus
Glucose	erhöht: Diabetes mellitus erniedrigt: Abmagerung, Hepatopathie, Septikämie
Harnsäure, Harnstoff	erhöht: Nierenerkrankung

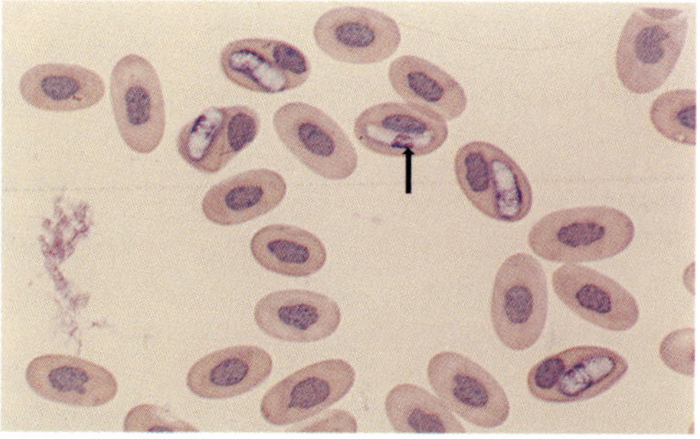

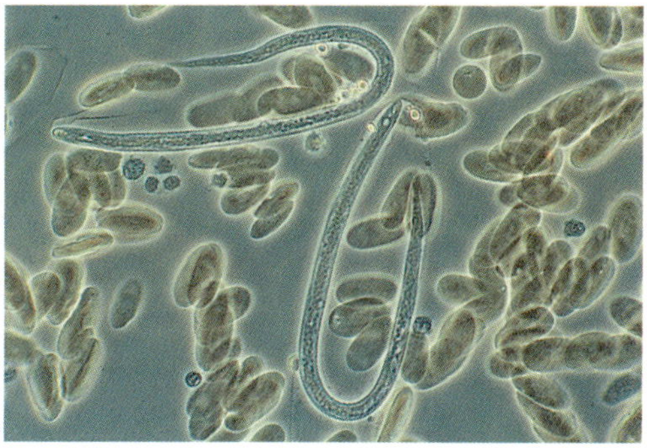

Abb. 61 (oben). Blutparasiten (*Karyolysus*) in den Erythrozyten einer Lanzenotter (*Bothrops*).
Abb. 62 (unten). Mikrofilarien im Blut eines Hundskopfschlingers (*Corallus caninus*).
Abb. 63 (rechts). Sektionssitus einer Schlange. ▷

2.8 Sektion

Die Klärung der Todesursache kann bei ansteckenden Krankheiten vergesellschaftete Tiere schützen und wichtige Erkenntnisse für die Erstellung eines Therapieplans liefern. Außerdem bringt eine Sektion wichtige Informationen über den Gesundheitszustand des gesamten Bestandes. Jede Untersuchung gestorbener Reptilien erweitert zudem unser Wissen in der Reptilienpathologie. Ausführliche Anleitungen zur Durchführung von Sektionen bei Amphibien und Reptilien finden sich bei Dolensek (1971), Frye (1978), Jacobson (1978, 1984), Frank (1985), Ippen et al. (1985).

Da die gestorbenen Tiere bei der Terrarienwärme schnell zu faulen und sich zu zersetzen beginnen, ist es wichtig, sie so schnell wie möglich zu kühlen und an eine geeignete Untersuchungsstelle zu schikken (s. Verzeichnis S. 166). Eingefroren werden dürfen sie jedoch nicht, da sonst wichtige diagnostische Untersuchungen (Parasitologie, Mikrobiologie und Histologie) nur eingeschränkt oder gar nicht mehr durchgeführt werden können.

Kadaver dürfen nicht in Plastiktüten verpackt werden, da dies die anaerobe Zersetzung stark beschleunigt. Amphibien werden zwischen feuchtem Moos oder Vliespapier und Reptilien in Zeitungspapier eingewickelt in einer Styroporschachtel versandt, die bedeutend größer sein muß als der Tierkörper. Zur Kühlung gibt man tiefgefrorene Kühlelemente oder Eiswürfel in Plastiktüten in die Schachtel.

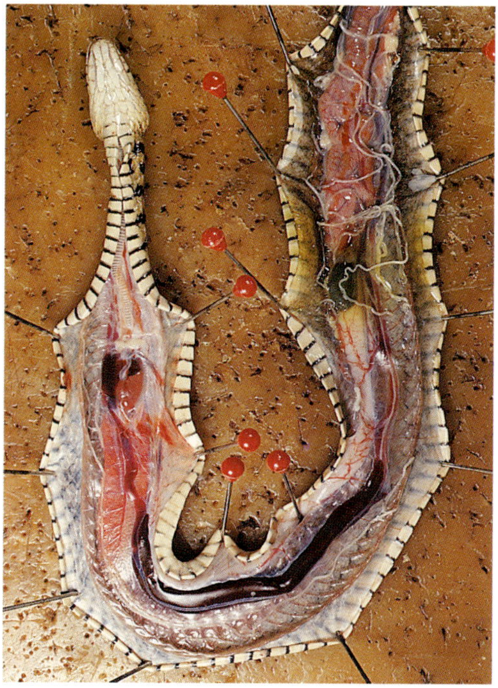

3 Therapie

3.1 Präventivmedizinische Maßnahmen

Unter präventivmedizinischen Maßnahmen versteht man solche, die das Auftreten von Krankheiten verhindern sollen. Leider lernen viele Personen den Wert von präventivmedizinischen Maßnahmen erst dann zu schätzen, wenn verlustreiche Erkrankungen in ihren Tierbeständen aufgetreten sind.

Die wohl wichtigste Maßnahme dieser Art ist eine sorgsam durchgeführte **Quarantäne** aller neu erworbenen Terrarientiere. Dabei ist unerheblich, ob es sich um Frischimporte oder Nachzuchten, Tieren aus dem Handel oder von Privat handelt. Die Quarantäne sollte mindestens drei Monate konsequent durchgeführt werden und von diagnostischen Untersuchungen begleitet werden. Art und Ausstattung der Quarantänebehälter werden auf Seite 37 besprochen. Wichtig ist, daß die Quarantänebehälter getrennt von den übrigen Terrarien untergebracht sind – am besten in einem separaten Raum. Ein krankes Tier darf die Quarantäne nicht verlassen.

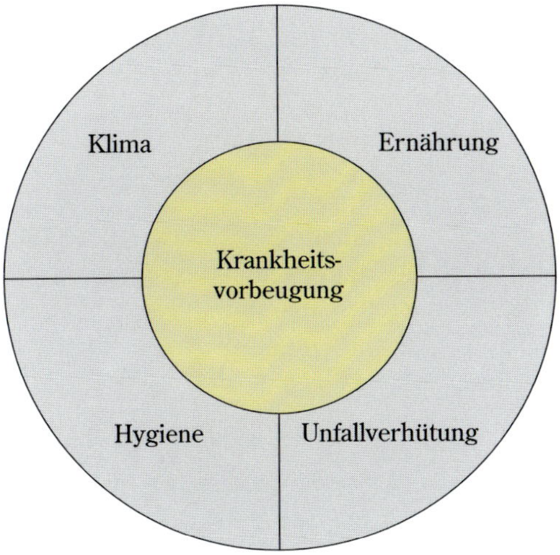

Die vier wichtigsten Komplexe bei der Krankheitsvorbeugung.

> Man sollte sich angewöhnen, grundsätzlich vor und nach jedem Kontakt mit den Terrarientieren, den Terrarien oder Zubehör die Hände mit warmem Wasser und Seife zu waschen. Auf jeden Fall sollten für jedes Terrarium separate Geräte, Futterschüsseln und Trinknäpfe vorhanden sein, die nicht vertauscht werden.

Keinesfalls dürfen Futtertiere wiederverwendet werden. Nicht gefressenes Futter wird unschädlich entsorgt, also abgetötet und vernichtet. Freilaufende und freifliegende Insekten sind zu vermeiden und gegebenenfalls zu bekämpfen.

3.2 Erste-Hilfe-Maßnahmen

Bis ein krankes oder verletztes Terrarientier in tierärztliche Behandlung kommt, vergeht meist einige Zeit. Durch geeignete, vom Halter durchgeführte Maßnahmen können in vielen Fällen die Heilungsaussichten verbessert werden.

Stark **abgemagerten** und **exsikkotischen** (= ausgetrockneten) **Tieren** muß so schnell wie möglich physiologische Elektrolytlösung und leichtverdauliche Nahrung zugeführt werden. Derartig geschwächte Tiere nehmen in der Regel freiwillig nichts mehr zu sich und müssen zwangsgefüttert werden (s. Seite 39).

Wenn ein Tier schon längere Zeit nichts mehr gefressen hat, ist sein Verdauungsapparat nicht auf schwerverdauliche Nahrung eingestellt. Ein kompaktes großes Futterstück würde lediglich einige Zeit im Magen liegen, um dann schließlich angedaut wieder erbrochen zu werden, was für das ohnehin schon geschwächte Tier eine unnötige Belastung sowie einen starken Flüssigkeits- und Elektrolytverlust bedeutet. Man ist besser beraten, wenn man solchen Patienten zunächst nur leichtverdauliche flüssige Nahrung wie z. B. Amynin und Boviserin eingibt. Danach beginnt man, Säuglingsnahrung hinzuzumischen, wobei man mit Karotten beginnt und nach und nach zu proteinhaltigeren Sorten übergeht. Grundsätzlich sollte man mehrmals täglich kleinere Mengen verabreichen (jeweils etwa 8 bis 15 ml pro kg KG). Zusätzlich gibt man den meist mehr oder weniger ausgetrockneten Tieren 20 bis 30 ml/kg KG einer physiologischen Elektrolytlösung, z. B. Ringer-Lösung. Die Zwangsfütterung wird so lange fortgesetzt, bis das Tier wieder freiwillig genügend große Mengen Nahrung zu sich nimmt.

Auch im Terrarium können sich eine Reihe von **Unfällen** mit zum Teil schweren Verletzungen ereignen.

Bißverletzungen sollten mit steriler physiologischer Lösung (z. B. 0,9 %ige NaCl-Lösung) gereinigt und mit 70 %igem Alkohol desinfiziert werden.

Größere **Zusammenhangstrennungen** müssen nach Reinigung und Desinfektion genäht werden. Nichtinfizierte Verletzungen werden mehrere Tage lang mit Lebertransalbe (z. B. Unguentolan Wund- und Brandsalbe) behandelt. Haben sich Bißverletzungen infiziert und entzündet, was man daran erkennt, daß der Wundbereich stark anschwillt und näßt, so ist die Behandlung wesentlich aufwendiger und sollte nur in Zusammenarbeit mit einem Tierarzt durchgeführt werden.

Häufig führt das Einklemmen in Türen oder Schiebescheiben bei Schlangen und Echsen zu **Schwanzverletzungen**. Kommt es zur vollständigen Durchtrennung, erfordert dies meist keine weiteren Maßnahmen. Ist der Schwanz nur teilweise durchtrennt, so kann man den Verlust in manchen Fällen verhindern. Die Wunde wird gereinigt und mit einem Verband versehen. Bei Echsen hat sich die Verwendung von Plastikstrohhalmen zur Stabilisierung bewährt.

Bei Wildfängen kommt es immer wieder zu **Schnauzenverletzungen**, die nur schlecht heilen oder zu Abszessen in diesem Bereich führen. Solange keine Entzündung vorliegt, können diese Verletzungen mit Lebertransalbe versorgt werden. Dies gilt auch für **Krallenverletzungen** und ausgerissene Krallen.

Verbrennungen durch nicht sicher installierte Wärmestrahler, Heizmatten oder Heizkabel werden zunächst gereinigt und mit Lebertransalbe abgedeckt. Tiere mit großflächigeren Verbrennungen müssen unbedingt dem Tierarzt vorgestellt werden, da es zu schwerwiegenden Komplikationen wie z. B. Exsikkose, Sepsis, Nierenversagen, Leberschäden und Schock kommen kann.

Auch Tiere, die einen **Darm-, Eileiter- oder Hemipenisvorfall** aufweisen, müssen so schnell wie möglich in tierärztliche Behandlung. Um zu vermeiden, daß das vorgefallene Gewebe austrocknet, verletzt wird und abstirbt, sollte man es mit steriler physiologischer Lösung abspülen und mit einem feuchten Verband versehen. Allerdings bedeutet nicht jedes Ausstülpen der Hemipenes außerhalb der Paarungszeit, daß der Leguan einen Hemipenisvorfall hat und in ärztliche Behandlung muß. Manche Tiere haben die Angewohnheit, nach jedem Koten kurzzeitig die Hemipenes auszustülpen. Bedenken sind angebracht, wenn ein Vorfall dieses Organs mehrere Minuten und länger andauert.

3.3 Unterbringung und Versorgung der Patienten

Die **Behälter**, in denen die Patienten stationär untergebracht werden, müssen leicht zu reinigen und zu desinfizieren sein. Gleichzeitig müssen sie aber hinsichtlich des Klimas und der Einrichtung den artspezifischen Mindestanforderungen genügen. Plastikbehälter, die der Größe der Patienten angemessen sind, haben sich bewährt.

Alle Einrichtungsgegenstände sollten entweder leicht zu reinigen und zu desinfizieren sein, oder sie dürfen nur einmal eingesetzt werden.

Als Bodensubstrat kann man Zeitungs- oder Vliespapier und als Versteckmöglichkeit Schachteln aus Pappe, Ton oder Plastik oder Rindenstücke verwenden. Für Baumbewohner bringt man einige Äste ein. Grabende und unterirdisch lebende Arten erhalten eine Schicht aus Papierschnitzeln, trockenem Sphagnum oder Sand. Eine Wasser- und eine Futterschale vervollständigen die Einrichtung. Viele Arten trinken nicht aus Wasserschalen, sondern decken ihren Wasserbedarf über das Auflecken von Wassertropfen. Bei diesen Arten muß im Terrarium ein- bis zweimal täglich ausgiebig mit Wasser gesprüht werden.

Der Quarantänebehälter kann von oben (Strahler) oder von unten (Heizkabel oder Heizmatte) beheizt werden. Dabei ist darauf zu achten, daß die **Heizelemente** gegenüber den Patienten abgeschirmt sind, um Verbrennungen zu verhindern. Bei tagaktiven und insbesondere bei sonnenliebenden Reptilien darf eine zusätzliche Beleuchtung von oben (Leuchtstoffröhre) nicht fehlen. Temperatur und Luftfeuchtigkeit müssen den Bedürfnissen der jeweiligen Art entsprechen (vgl. Tab. 2). Zu geringe Luftfeuchtigkeit führt zu einer Austrocknung des Patienten durch den Wasserverlust über Atmung und Haut. Für die meisten Reptilienarten sind 40 bis 60% relative Luftfeuchte sowie 30 °C tagsüber und 26 °C nachts angemessen. Amphibien benötigen in der Regel deutlich tiefere Umgebungstemperaturen.

Der Patient sollte einem physiologischen **Tag-Nacht-Rhythmus** ausgesetzt sein. Dies ist besonders bei tagaktiven Arten von Bedeutung, während für unterirdisch lebende und

Tab. 2. Physiologische Aktivitätstemperatur einiger Amphibien- und Reptilienarten

Tierart	Temperaturbereich (°C)
Ambystoma mexicanum	16,0–20,0
Alligator mississippiensis	32,0–35,0
Trachemys scripta	26,0–30,0
Gopherus agassizii	26,7–29,4
Boa constrictor	26,0–34,0
Thamnophis sirtalis	20,0–35,0
Pituophis melanoleucus	22,0–31,0
Coluber constrictor	24,8–36,0
Anolis carolinensis	22,6–30,4
Iguana iguana	34,0–37,0
Eumeces sp.	28,0–36,0

nachtaktive Arten helles Licht einen Streßfaktor darstellt.

Die Patienten müssen unbedingt einzeln untergebracht werden, um Kreuzinfektionen und Streß zu vermeiden und eine individuelle Kontrolle zu ermöglichen.

Wenn ein Patient mehrere Tage oder sogar Wochen stationär behandelt werden soll, muß ihm auch **Futter** angeboten werden. Während Pflanzenfresser täglich frisches Futter benötigen, werden Insektenfresser nur jeden zweiten Tag und mäuse- oder rattenfressende Schlangen nur alle zwei Wochen gefüttert.

Täglich muß das Bodensubstrat erneuert und die Wasserschale mit heißem Wasser gereinigt werden.

Gesamtreinigung und Desinfektion des Behälters und seiner Einrichtung müssen mit dem Therapieplan abgestimmt werden. In der Umgebung von Amphibien und Reptilien sollte man nur Desinfektionsmittel auf Peroxid- (z. B. Lysoval), Jod- (z. B. Betaisodona), Laugen- (z. B. Hypochlorid, 10%ige Lösung) oder Alkoholbasis (z. B. Ethanol 70 %), keinesfalls aber phenolhaltige Präparate oder quaternäre Ammoniumverbindungen verwenden (FOWLER 1979, KÖHLER 1989b).

Vor und nach jedem Kontakt mit einem Patienten müssen die Hände mit warmem Wasser und einer desinfizierenden Seife gewaschen werden.

Man muß sich darüber im klaren sein, daß auch die beste medizinische Versorgung eines Patienten nicht zu dessen Genesung führen kann, wenn wesentliche Anforderungen an Unterbringung oder Pflege vernachlässigt werden. Da die Unterbringung eines Terrarientieres in einer tierärztlichen Klinik immer mit Kompromissen verbunden und eine optimale Haltung dort nur selten möglich ist, sollte der stationäre Aufenthalt auf die unbedingt nötige Zeit begrenzt sein.

3.4 Möglichkeiten der Medikamentengabe

Die Art der Applikation richtet sich vor allem nach dem Sitz der Erkrankung und dem gewählten Medikament. Bei Schildkröten wird das volle Gewicht in die Berechnung der Dosierung einbezogen, da es sich beim Panzer um lebendiges, stoffwechselaktives Gewebe handelt.

3.4.1 Äußerliche Anwendungen von Medikamenten

Äußerlich können **Salben, Cremes, Lösungen** und **Pulver**, die als Träger der Wirkstoffe dienen, angewandt werden. Soll das Medikament nur lokal aufgetragen werden, haben sich Watteträger oder Tupfer bewährt. Ist eine Ganzkörperbehandlung notwendig, kann bei aquatilen Arten der Wirkstoff direkt ins Wasser gegeben werden, während es sich bei terrestrischen Arten bewährt hat, die Tiere durch Stofftücher kriechen zu lassen, die mit dem Medikament getränkt sind und permanent im Behälter des Tieres bleiben.

Das **Anbringen von Verbänden** gestaltet sich oftmals schwierig. Bei Schlangen hat sich die Verwendung von handelsüblichen Latex-Kondomen (ohne Gleitmittel) bewährt (FRYE 1992a). Bei der Anwendung im Schwanzbereich wird in die Reservoir-Spitze des Kondoms das Medikament (z. B. eine Salbe oder Lösung) gegeben und das Kondom von der Schwanzspitze her Richtung Kloake soweit wie nötig ausgerollt. Die Kloakenöffnung selbst muß selbstverständlich frei bleiben. Kurz distal der Kloakenöffnung wird das Kondom mit elastischem Klebeband fixiert, wobei darauf zu achten ist, daß die Ecken des Klebebandes rund abgeschnitten werden. Dadurch wird ein Einrollen des Klebebandes durch Kontakt mit Gegenständen und Bodengrund beim Herumkriechen der Schlange vermindert. Bei der Applikation eines Kondomes im Körperbereich der Schlange muß einfach nur die Spitze des Kondomes abgeschnitten werden. Die Befestigung erfolgt dann an beiden Öffnungen des Latexschlauches. Das Kondom mit dem eingeschlossenen Medikament verbleibt mindestens 48 Stunden in seiner Position, ehe es entfernt und durch einen neuen Verband ersetzt wird.

Bei der Applikation von Salben oder Lösungen auf die Augen von Schlangen ist zu bedenken, daß das Schlangenauge von einer durchsichtigen Schutzhaut, der sogenannten „Brille", überzogen ist, die eine Barriere für Medikamente darstellt.

3.4.2 Innerliche Anwendung von Medikamenten

Zur inneren Verabreichung von Medikamenten zählen die orale, kloakale, subkutane, intramuskuläre, intravenöse, intra- und epiperitoneale Applikation. Die Art der Applikation richtet sich vor allem nach dem gewählten Medikament.

Die **orale Applikation** erfolgt entweder direkt ins Maul oder mit Hilfe einer Sonde in Speiseröhre oder Magen. Beim Öffnen des Maules muß man sehr behutsam sein, damit es nicht zu Verletzungen kommt. Oftmals genügt es, mit einem Finger oder – bei wehrhaften und giftigen Tieren – mit einem Stab sanft auf das Maul des Tieres zu klopfen. Wenn das Tier das Maul als Abwehrgeste nicht von alleine öffnet, kann man vorsichtig versuchen, einen mit Gummi überzogenen Spatel oder einen Holzspatel zwischen die Kiefer zu schieben, was bei Schlangen meist sehr gut gelingt. Fingernägel sollten dabei aus Hygienegründen nicht verwendet werden.

Bei **Echsen** hält man mit der einen Hand Kopf und Oberkiefer fest, während man mit Daumen und Zeigefinger der anderen Hand den vorderen Rand der Kehlhaut ergreift und durch leichten, aber stetigen Zug am Unterkiefer das Maul öffnet. Nun wird ein Holzspatel ins geöffnete Maul geschoben und ein weicher Gummischlauch über Zunge und Luft-

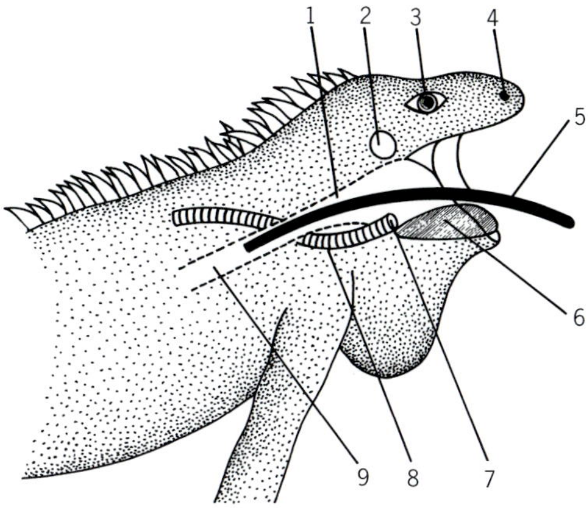

Zwangsfütterung beim Grünen Leguan.
1 = Schlund, 2 = Trommelfell, 3 = Auge, 4 = Nasenloch, 5 = Gummischlauch, 6 = Zunge, 7 = Luftröhrenöffnung, 8 = Luftröhre, 9 = Speiseröhre.

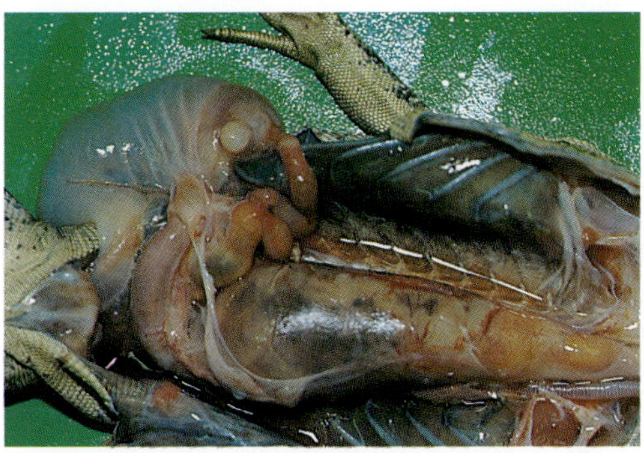

Abb. 64. Wenn Tiere zwangsweise ernährt werden, dürfen nur kleine Mengen verabreicht werden. Auch muß kontrolliert werden, ob das Tier verdaut und Kot ausscheidet. Bei dem abgebildeten Leguan ist der Magen prall mit der zwangsweise verabreichten Nahrung gefüllt, während der Darm leer ist.

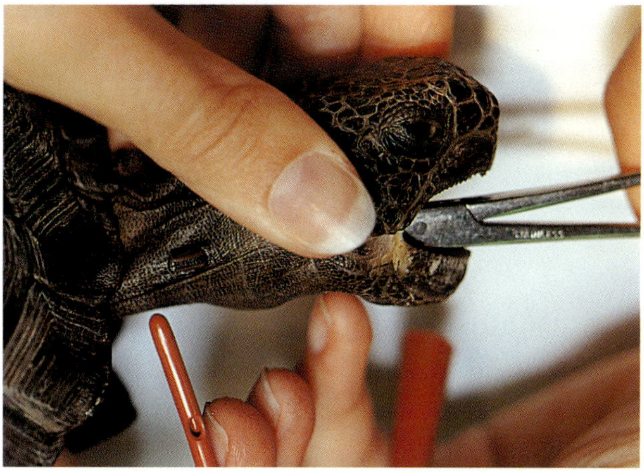

Abb. 65 bis 69. Das Legen einer Magensonde unter Narkose erspart Schildkröten, die über einen längeren Zeitraum täglich Nahrung, Wasser und Medikamente verabreicht bekommen sollen, viel Streß und ermöglicht in vielen Fällen überhaupt erst die orale Gabe von Medikamenten. Oben links: Einführen einer Arterienklemme in die Speiseröhre. Oben rechts: Schnitt durch Haut und Speiseröhre. Mitte: Ergreifen der Schlauchsonde mit der Arterienklemme. Unten: Durchziehen der Schlauchsonde (links) und Festnähen an der Haut.

röhrenöffnung hinweg in die Speiseröhre eingeführt. Da der kraniale Abschnitt der Speiseröhre sehr dünn ist, darf die Schlauchsonde niemals mit Gewalt weitergeschoben werden, wenn sie nicht leicht hineingleitet.

Bei **Schildkröten** bereitet das Vorlagern des Kopfes und das Öffnen des Maules oftmals große Schwierigkeiten und kann einen enormen Streß für das betroffene Tier bedeuten. Auch können dabei die Hornanteile der Kiefer leicht abbrechen; man muß sich deshalb davor hüten, zuviel Gewalt beim Öffnen des Maules anzuwenden. Sollte eine tägliche Zwangsfütterung oder perorale Medikamentation über einen längeren Zeitraum notwendig sein, hat sich das Legen einer Ösophagussonde bewährt. Deren Durchmesser sollte deutlich kleiner sein als das Lumen der Speiseröhre, damit das Tier später trotz Sonde fressen und trinken kann.

Das Tier wird zum Legen der **Ösophagussonde** narkotisiert. Dann wird eine gebogene Arterienklemme durch das Maul in die Speiseröhre eingeführt. Man drückt mit ihrer Spitze an die seitliche Halswand und macht unter Schonung der dort verlaufenden Blutgefäße über der Arterienklemmenspitze einen 3 bis 4 mm langen Schnitt durch Haut und Speiseröhrenwand. Nachdem die Spitze der Arterienklemme durch diese Öffnung nach außen geführt worden ist, ergreift man mit ihr die Schlauchsonde. Diese wird nach innen gezogen und in den Magen vorgeschoben, bis man einen leichten Widerstand spürt. Nun zieht man den Schlauch wieder ewas zurück, damit dessen Ende nicht an die Magenwand drückt, was zu Magengeschwürbildungen führen könnte. Mit Hilfe einer Tabaksbeutelnaht wird der Schlauch an der Haut der Inzisionsstelle festgenäht und der Faden mit zahlreichen gegenüberliegenden Knoten am Schlauch befestigt. Schließlich wird das distale Ende der Sonde mit einem Stopfen verschlossen und der Schlauch mit Hilfe eines Pflasterstreifens so auf dem Rückenpanzer festgeklebt, daß das

Abb. 70. Subkutane Injektion bei einer Echse.

Tier den Kopf frei bewegen, den Schlauch mit den Vorderbeinen aber nicht herausziehen kann (Abb. 65 bis 69).

Bei Tieren, die sich das Maul nicht öffnen lassen oder bei sehr kleinen Exemplaren kann man versuchen, das Medikament über das Futter bzw. die Futtertiere zu verabreichen. Man kann es entweder untermischen, in das Futtertier injizieren, in einer Kapsel in das Futtertier bringen oder die Futtertiere mit dem Medikament einstäuben.

Die **kloakale Applikation** wird vor allem bei Kotanschoppungen genutzt, um Flüssigkeit und Gleitmittel in Kloake und Dickdarm einzubringen. Hierzu öffnet man die Kloake mit einem feuchten Wattestäbchen und führt eine mit Paraffinöl gleitfähig gemachte Schlauchsonde behutsam in die Kloake ein.

Die **subkutane Injektion** (s.c.) wird bei Schildkröten in die Kniefalte, bei Echsen und Schlangen seitlich von der Wirbelsäulengegend (paramedian) im vorderen Rückenbereich vorgenommen. Dazu hebt man die Haut etwas an und sticht mit der Nadel in die so gebildete Hautfalte (Abb. 70).

Die **intramuskuläre Injektion** (i.m.) erfolgt bei Amphibien, Krokodilen und Echsen

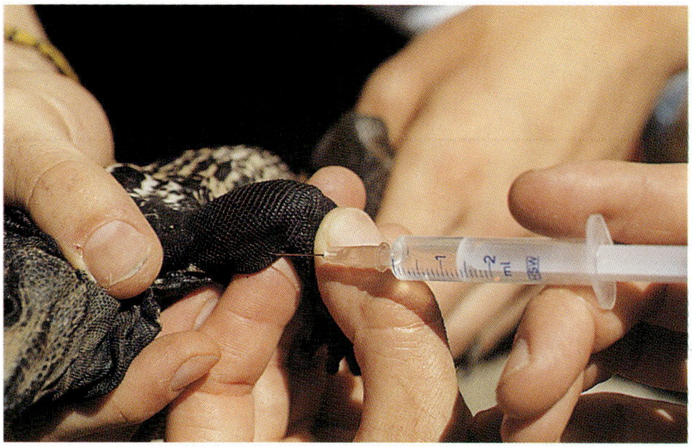

Abb. 71. Intramuskuläre Injektion bei einer Echse.

Abb. 73. Intramuskuläre Injektion bei einem Krokodil.

bevorzugt in die Oberarmmuskulatur, bei Schildkröten in die Brustmuskulatur und bei Schlangen in die Rückenmuskulatur im Bereich der vorderen Körperhälfte. Dies gilt insbesondere für potentiell nierentoxische Medikamente, da aufgrund des bei Reptilien vorhandenen Nieren-Pfortader-Kreislaufs das Blut des Schwanzes und der Hintergliedmaßen zunächst durch die Nieren geleitet wird. Nur wenn die Muskulatur der Vordergliedmaßen zu schwach ausgeprägt ist, sollte man bei der intramuskulären Injektion auf die Muskulatur der Oberschenkel oder des Schwanzes ausweichen.

Grundsätzlich erfolgen alle Injektionen zwischen den Schuppen und nicht durch diese hindurch.

Bei der **intraperitonealen Injektion** (i.p.), also der Applikation von Medikamenten direkt in die Leibeshöhle, sollte die Nadel nur so weit vorgeschoben werden, daß das Peritoneum durchdrungen ist. Tieferes Eindringen ist nicht notwendig und birgt das Risiko, innere Organe zu verletzen. Bei Schlangen muß man daran denken, daß der Luftsack weit nach kaudal reicht und somit bei ungenügender Vorsicht die Gefahr einer Injektion in den Luftsack gegeben ist.

Die **epiperitoneale Injektion** (e.p.) kann bei Schildkröten angewandt werden, um ihnen parenteral Flüssigkeit zu verabreichen. Hierzu wird mit der Kanüle unterhalb des Schultergelenks unmittelbar über dem Bauchpanzer eingestochen und die Flüssigkeit in den Raum zwischen Brustmuskulatur, Bauchpanzer und Bauchfell injiziert.

Die **intravenöse Injektion** (i.v.) hat bei Amphibien und Reptilien (noch) keine Bedeutung. Prinzipiell können die gleichen Gefäße wie bei der Blutabnahme genutzt werden. JACOBSON & HODGE (1980) beschreiben eine Technik zur täglichen intravenösen Medikamentenapplikation und Blutentnahme mittels eines permanenten Aortazugangs bei Schlangen.

Sowohl klinische Erfahrungen bei der Medikamentengabe als auch wissenschaftliche Untersuchungen zum Stoffwechsel haben gezeigt, daß bei Schildkröten das volle Körpergewicht in die Errechnung der Dosis eingehen muß (LAWRENCE 1984a). Wird das Panzergewicht nicht in die Berechnungen einbezogen, besteht die Gefahr, daß das Medikament zu niedrig dosiert wird.

◁ **Abb. 72. Intramuskuläre Injektion bei einer Schlange.**

Abb. 74. Intramuskuläre Injektion bei einem Frosch.

3.5 Grundlagen zur Therapie wichtiger Erkrankungen

3.5.1 Parasitäre Erkrankungen

Milben

Auf der Haut bzw. unter Schuppen parasitierende Milben treten vor allem bei Echsen und Schlangen auf. Bei Tieren aus dem Handel handelt es sich meist um die weit verbreitete Schlangenmilbe *Ophionyssus natricis*, die nicht sehr wirtsspezifisch ist. Bei Wildfängen findet man noch zahlreiche andere Milbenarten, wie z. B. *Pterygosoma* bei Schildechsen (*Gerrhosaurus*) oder *Ixodorhynchus* bei Boiden (*Corallus*). Eigene Beobachtungen haben gezeigt, daß manche exotische Milbenarten, die auf frischgefangenen Schwarzleguanen (*Ctenosaura*) parasitierten, die Terrarienbedingungen nicht vertragen und ohne Behandlung innerhalb weniger Wochen verschwinden. Bei *Ophionyssus natricis* dagegen kann es innerhalb kürzester Zeit zu einem Massenbefall kommen. Dabei ist zu bedenken, daß für jede Milbe, die auf dem Reptil sitzt, sich mehrere Dutzend weitere im Terrarium aufhalten.

Abb. 75. Milbenbefall bei einem *Ptyodactylus puiseuxi*.

Während bei Schlangen die Milben weitgehend gleichmäßig über die gesamte Körperoberfläche verteilt sind, beobachtet man bei Echsen oft eine Konzentration dieser Plagegeister im Nackenbereich, in den Gelenkbeugen und an der Schwanzunterseite (Abb. 75). Da die weniger als 1 mm großen Milben meist unter den Schuppen sitzen, muß man das Schuppenkleid „gegen den Strich" betrachten, um den Parasitenbefall entdecken zu können. Milben schaden nicht nur durch den Entzug von Blut und Lymphe, sondern führen durch den Saugakt auch zu lokalen und generalisierten bakteriellen Infektionen, die zu Abszessen, Phlegmonen, Sepsis und Tod führen können (Camin 1948, Heath 1983). Da die meisten Milben nicht sehr wirtsspezifisch sind, kann es auch zu einer Übertragung auf den Menschen kommen, bei dem sie eitrige Hautpusteln hervorrufen (Schultz 1975).

Zur **Behandlung** von Milben werden überwiegend Phosphorsäureester (Organophosphate) eingesetzt, die durch Hemmung des Enzyms Acetylcholinesterase über eine Störung der Reizübertragung vom Nerv auf den Muskel zur Lähmung und schließlich zum Tod des betroffenen Tieres (im günstigsten Fall der Milbe) führen. Man nutzt bei der Milbenbehandlung den Effekt, daß der Wirkstoff die Chitinhaut der Milben und Insekten schneller durchdringt als die Hornhaut der Reptilien. Dadurch werden in der Milbe in kürzerer Zeit höhere und somit giftigere Konzentrationen erreicht als bei dem im gleichen Becken sitzenden Reptil.

Das oft eingesetzte Neguvon (Wirkstoff Trichlorphon) hat bereits mehrfach zu Todesfällen unter den behandelten Reptilien geführt, weshalb hier vom Einsatz dieses Wirkstoffs abgeraten wird. Obwohl auch nicht harmlos, sind Insektenstrips mit dem Wirkstoff Dichlorvos (= Dimethyl-Dichlorovinyl-Phosphat) eher zu empfehlen. Es ist schwer, eine genaue Dosierungsanleitung zu geben, da die richtige Stripgröße nicht nur vom Volumen des zu behandelnden Terrariums abhängt. Vielmehr müssen zumindest auch Lufttemperatur und Luftfeuchte sowie die Belüftungsqualität bei der Dosierung mit einbezogen werden. Hinzu kommt, daß sich bei einer Behandlung von mehreren Terrarien im selben Raum nach kurzer Zeit in der Zimmerluft eine Basiskonzentration des Dichlorvos aufbaut und somit in den einzelnen Terrarien entsprechend niedriger dosiert werden muß, um Vergiftungen der Reptilien zu verhindern. Als Richtdosierung gelten 2,1 cm Baygon-Insektenstrip pro m^3 Terrarium (Phillips 1986).

Überdies gibt es durchaus Möglichkeiten, die Wirksamkeit der eingesetzten Wirkstoffmenge zu überprüfen und auf der anderen Seite eine beginnende Vergiftung der Reptilien rechtzeitig zu erkennen und somit einen Schaden abzuwenden.

Wichtig ist, daß das Terrarium vor der Behandlung so weit wie möglich ausgeräumt wird. Der Bodengrund muß unbedingt entfernt werden, damit den Milben keine Rückzugsgebiete bleiben, von denen aus sie nach Abschluß der Behandlung erneut ihren Siegeszug antreten können.

Dann befestigt man den Insektenstrip so im Terrarium, daß die Reptilien keinen direkten

Zugang zu ihm haben. Keinesfalls dürfen sie die Möglichkeit haben, an dem Strip zu lecken, da sie dann lebensgefährlich hohe Mengen des Wirkstoffs aufnehmen würden. Deshalb steckt man den Strip am besten in einen Käfig aus Metall oder Plastik und hängt ihn frei im Terrarium auf. Dabei ist zu beachten, daß er nicht unmittelbar über einem Wassergefäß und auch nicht im direkten Strahlungsbereich einer Lampe angebracht wird: der Wirkstoff ist schwerer als Luft und würde sich deshalb im Wasserbecken anreichern, und unter der Lampe würde sich der Strip übermäßig erwärmen und deutlich mehr Wirkstoff abgeben als normal.

Während der Behandlung muß man seine Tiere unbedingt genau beobachten, um Verhaltensänderungen, die im Frühstadium einer Dichlorvos-Vergiftung auftreten, rechtzeitig festzustellen. Hierzu gehören Übererregbarkeit, Apathie und Nahrungsverweigerung. Schreitet die Vergiftung fort, beobachtet man Muskelzittern, Vibrieren der Zehen und Koordinationsstörungen. Die Tiere bewegen sich dann, als wären sie betrunken. Schon bei den ersten Symptomen muß die Behandlung abgebrochen, der Dichlorvos-Strip entfernt und das Terrarium gut belüftet werden. Das zur Reizübertragung notwendige Enzym Cholinesterase wird zwar durch Dichlorvos irreversibel gehemmt, da es aber ständig nachgebildet wird, ist die Vergiftung als solche reversibel. Deshalb verschwinden die Symptome im Verlauf von Tagen und Wochen, je nach Schwere der Intoxikation. Bei schweren Vergiftungen empfiehlt sich die Gabe von Atropin-Sulphat (0,04 mg/kg KG) als Antidot. Bei sorgfältiger Beobachtung der Terrarieninsassen wird man eine Dichlorvos-Vergiftung im Anfangsstadium erkennen und so Gesundheitsschädigungen oder gar Todesfälle unter seinen Reptilien verhindern können.

Man muß natürlich auch überprüfen, ob die eingesetzte Wirkstoffmenge des Insekten-Strips groß genug ist. Dazu hält man nach einem Tag Behandlung das mit Milben befallene Reptil über ein weißes Blatt Papier und streift mit einer Zahnbürste einige Milben von ihm ab. Mit Hilfe einer guten Lupe oder eines Mikroskops wird überprüft, ob die Milben noch am Leben sind oder ob sie zumindest Lähmungserscheinungen aufweisen. Sollten die Plagegeister noch unversehrt sein, so kommt man nicht umhin, einen größeren Abschnitt des Insektenstrips in das Terrarium zu hängen.

Bewährt hat es sich, einige „Indikatorinsekten“ (z. B. Heimchen, Grillen oder Schaben), die genau wie die Milben eine Chitinhaut haben, in einem mit Gaze abgedeckten Glas in das Terrrarium zu stellen. Ist die eingesetzte Strip-Menge groß genug, so sterben diese Insekten innerhalb von Stunden. Sind sie allerdings nach einem Tag noch munter, so war der Insektenstrip zu klein bemessen. Daß gegebenenfalls alle weiteren im gleichen Zimmer gepflegten sonstigen Insekten, Skorpione und Spinnen unbedingt während der Behandlung aus dem Raum zu evakuieren sind, dürfte selbstverständlich sein.

Da das Dichlorvos nur gegenüber den Milben und deren Larven, nicht aber gegenüber Milbeneiern wirksam ist, muß die Behandlung über einen längeren Zeitraum durchgeführt werden, um erfolgreich zu sein. Es empfiehlt sich, den Insektenstrip jeweils eine Woche anzuwenden, dann eine Woche Pause einzulegen und daraufhin die Behandlung noch einmal zu wiederholen.

Zecken

Zecken findet man vorwiegend an frischimportierten Landschildkröten, Echsen und Schlangen. Diese bis zwei Zentimeter großen Ektoparasiten werden nach Bestreichen mit Chloroform oder Alkohol mit einer drehenden Bewegung mechanisch entfernt.

Nur bei Massenbefall mit Zecken kommt eine Chemotherapie in Betracht. Man kann die betroffenen Reptilien entweder äußerlich lokal mit akariziden Lösungen oder per Injektion

Abb. 76. Zecke bei einem freilebenden Grünen Leguan (*Iguana iguana*).

mit Ivermectin behandeln (WALKER & BEZUIDENHOUT 1973, LAWRENCE 1984b, MATEVSKY & MUTAFOVA 1987).

Ivermectin darf allerdings nicht bei Schildkröten eingesetzt werden, da es bei diesen hoch toxisch wirkt (TEARE & BUSH 1983).

Akarizide Lösungen (z. B. Karbaryl-Lösung, Alugan-Lösung 2 %ig) werden nur lokal angewendet, wobei darauf zu achten ist, daß nichts von der Substanz in Augen, Nasenlöcher oder Maul gelangt.

Protozoen und Helminthen des Verdauungstraktes

Unter den Protozoen sind vor allem Amöben (*Entamoeba invadens*), Flagellaten und Coccidien von Bedeutung. Die bei pflanzenfressenden Schildkröten und Echsen recht häufigen Ciliaten richten keinen Schaden an und gehören eventuell sogar zur normalen Darmflora. Gleiches gilt für die zu den Nematoden zählenden Oxyuren. Andere Fadenwürmer hingegen wie z. B. Strongyliden, Ascariden oder Cappilarien können ebenso wie Band- und Saugwürmer zu ernsthaften Schädigungen bei den betroffenen Amphibien und Reptilien führen.

Zur **Behandlung** von Parasiten des Verdauungstraktes stehen mittlerweile eine ganze Reihe gut verträglicher und sicher wirkender Medikamente zur Verfügung (vgl. Tab. 2). Der Therapieplan sollte jedoch immer mit einem reptilienkundigen Tierarzt abgesprochen werden, um Unverträglichkeiten oder gar Todesfälle zu vermeiden. Entscheidend ist, daß der Therapieplan sich nicht nur auf eine einmalige Medikamentengabe beschränkt, sondern auch die Wiederinfektionsgefahr berücksichtigt wird. Deshalb muß jeweils ein bis zwei Tage nach der Gabe des Antiparasitikums das Terrarium gereinigt und desinfiziert werden. Auch der Patient selbst sollte zu diesem Zeitpunkt in warmem Wasser ohne Zusätze gebadet und an den Problemzonen (Fußunterseiten, Kloakenregion, Schwanzunterseite) gereinigt werden.

Lungenwürmer

Nematoden der Familie Rhabdiasidae parasitieren in der Lunge von Amphibien und Reptilien. Bei Schlangen tritt vor allem *Rhabdias fuscovenosa* auf (vgl. Seite 123), während bei Froschlurchen *Rhabdias ranae* gefunden wird (LEES 1962, BAKER 1978). Da der Entwicklungszyklus direkt, also ohne Einschaltung eines Zwischenwirtes verläuft, kommt es meist innerhalb weniger Wochen durch ständige Wiederinfektion zu sehr starkem Befall. Die daraus resultierende Lungenentzündung führt ohne Behandlung zum Tode des betroffenen Tieres.

Zur **Behandlung** hat sich Citarin (Wirkstoff Levamisol) in einer Dosierung von 10 mg/kg KG bewährt (LEHMANN 1971, JACOBSON 1976b, BRANNIAN 1984). Die Behandlung ist nach zwei Wochen zu wiederholen und muß wegen der freilebenden Stadien mit einer Reinigung und Desinfektion des Terrariums einhergehen.

Pentastomiden

Die in der Lunge oder im Maul-Rachen-Raum (z.B. *Elenia*) parasitierenden Pentastomiden können ein ernsthaftes Problem in der Terrarienhaltung darstellen. Dies gilt insbesondere für Arten, die einen direkten Entwicklungszyklus haben oder sogar zur Autoinfektion befähigt sind (Bosch 1987). Die bis zu 15 cm großen Pentastomiden schädigen ihre Wirte durch Bohrgänge der wandernden Larven und Läsionen im Lungenparenchym durch Anheftung der Adulti. Durch Sekundärinfektionen sind Pneumonien mit tödlichem Ausgang möglich.

Ein **Abtöten** der Pentastomiden ist mit Ivermectin (Ivomec) oder Levamisol (Citarin) möglich, jedoch bedenklich, da sich dann die recht großen Parasiten in der Lunge zersetzen und Sepsisgefahr besteht. Verschiedentlich wurden Pentastomiden aus dem Luftsack von Schlangen erfolgreich mit Hilfe eines Endoskops entfernt (Jacobson 1993b).

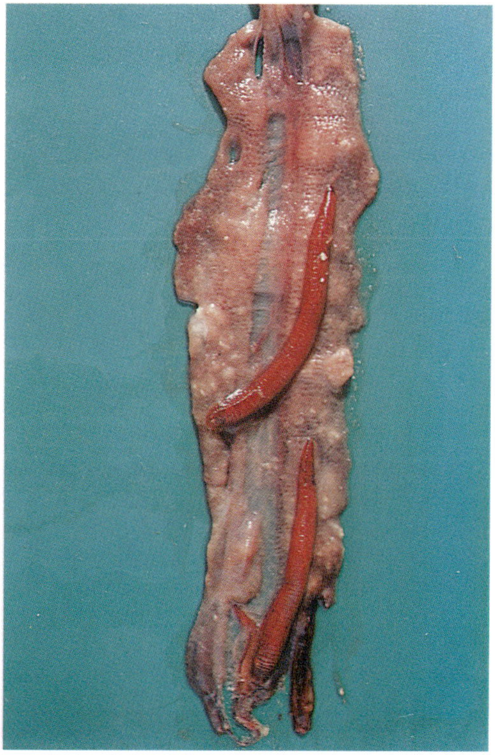

Abb. 77. Pentastomiden in der Lunge einer Natter.

Tab. 3. Dosierungsempfehlungen für innerlich anzuwendende Antiparasitika bei Amphibien und Reptilien

Wirkstoff	Handelsname	Dosierung	Wirkungsspektrum	Bemerkung
Metronidazol	Flagyl	40–100 mg/kg KG p. o.; nach zwei Wochen wiederholen	Amöben, Flagellaten, Ciliaten	Über 100 mg/kg KG ist mit Vergiftungserscheinungen zu rechnen; bei Schlangen der Gattungen *Lampropeltis* und *Drymarchon* nicht höher als 40 mg/kg KG dosieren.
Tinidazol	Simplotan	170 mg/kg KG p. o. alle 24 h über 8 Tage	Amöben	wirkt auch gegen extraintestinale Stadien
Paromomycin	Humatin	30–110 mg/kg KG p. o. alle 24 h über 4 Wochen	Amöben	wirkt nur gegen Darmstadien
Chloroquin	Resochin-Injektionslösung	18–30 mg/kg KG i. m. alle 24 h	Amöben	wirkt gegen extraintestinale Stadien

Fortsetzung Tab. 3. Dosierungsempfehlungen für Antiparasitika

Wirkstoff	Handelsname	Dosierung	Wirkungsspektrum	Bemerkung
Sulfamerazin		75 mg/kg KG p. o. als Initialdosis; dann 45 mg/kg KG p. o. alle 24 h	Coccidien	
Sulfamethazin		90 mg/kg KG p. o. als Initialdosis; dann 45 mg/kg KG p. o. alle 24 h	Coccidien	
Sulfamethoxi-diazin	Durenat	80 mg/kg KG p. o. als Initialdosis; dann 40–50 mg/kg KG p. o. alle 24 h		
Trimethriprim-Sulfadiazin		30 mg/kg KG p. o. als Initialdosis; dann 15 mg/kg KG p. o. alle 24 h	Cryptosporidien	
Natrium-Sulfamethazin		30 mg/kg KG p. o. als Initialdosis; dann 15 mg/kg KG p. o. alle 24 h	Cryptosporidien	
Praziquantel	Droncit	15–20 mg/kg KG p. o.; nach zwei Wochen wiederholen	Trematoden, Cestoden	
Niclosamid	Mansonil	150 mg/kg KG p. o.; nach zwei Wochen wiederholen	Cestoden	
Emetin-HCI	Emetin	0,5 mg/kg KG i. m. oder s. c. alle 24 h über 10 Tage	Trematoden	
Fenbendazol	Panacur	50–100 mg/kg KG p. o.; nach zwei Wochen wiederholen	Nematoden	kaum wirksam gegen Oxyuren
Mebendazol	Telmin	20–25 mg/kg KG p. o.; nach zwei Wochen wiederholen	Nematoden	
Pyrvinium-Pamoat	Molevac	0,5–1,0 ml/kg KG p. o.; nach zwei Wochen wiederholen	Oxyuren	optimal gegen Oxyuren

Fortsetzung Tab. 3.

Wirkstoff	Handelsname	Dosierung	Wirkungsspektrum	Bemerkung
Levamisol	Citarin	10 mg/kg KG i. m.; nach zwei Wochen wiederholen	Lungenwürmer	
Ivermectin	Ivomec	0,2 mg/kg KG i. m.	Milben, Zecken, Pentastomiden, Nematoden	Kontraindiziert bei Schildkröten!

3.5.2 Bakterielle Erkrankungen

Bei der medikamentösen Behandlung von bakteriellen Erkrankungen kommen **Antiseptika** und **Antibiotika** zum Einsatz. Zu ersteren gehören Peroxide (z. B. Wasserstoffperoxid), verschiedene oxidierende Farbstoffe (z. B. Acriflavin) und organische Jodverbindungen (z. B. Braunol, Betaisodona), die aber nur lokal auf der äußeren Haut und den Schleimhäuten angewendet werden (vgl. Tab. 4).

Vor jedem **Antibiotikaeinsatz** sollte eine Probe vom krankhaft veränderten Bereich für die bakteriologische Untersuchung genommen werden. In kritischen Fällen kann man die Therapie schon mit einem Breitspektrum-Antibiotikum (z. B. Enrofloxacin, Gentamicin) beginnen, bevor das Ergebnis des Resistenztests vorliegt. Je nachdem, ob sich das gewählte Antibiotikum auch tatsächlich im Resistenztest als das Richtige erweist oder nicht, muß gegebenenfalls der Wirkstoff gewechselt werden.

Da die intestinale Resorption von Antibiotika bei Amphibien und Reptilien sehr variiert und insbesondere bei kranken Tieren starken Schwankungen unterworfen ist, ist die parenterale Gabe zu empfehlen. Nur dann ist gewährleistet, daß die verabreichte Dosis auch resorbiert und im Körper verteilt wird. Insbesondere bei Schildkröten, bei denen die Verweildauer von Nahrung (und Medikamenten) im Magen mehrere Tage betragen kann (Holt 1978, Lawrence & Jackson 1982), ist es fraglich, ob über die orale Verabreichung eines Medikaments ein therapeutischer Wirkstoffspiegel im Blut aufrechtzuerhalten ist.

Für mehrere Antibiotika liegen pharmakokinetische Untersuchungen bei Amphibien und Reptilien vor, so daß deren Dosierung auf einer gesicherten Grundlage basiert (Bush et

Tab. 4. Antiseptika, die zur lokalen antimikrobiellen Behandlung bei Amphibien und Reptilien geeignet sind

Antiseptikum	Verdünnung bzw. Endkonzentration
Acriflavin	1 mg/l Lösung
Benzalkonium-Chlorid	1:1000
Betaisodona-Lösung und -Salbe	unverdünnt auf die äußere Haut, 1:10 bei Wunden und auf Schleimhäuten
Chlorhexidin	0,5–1,0%ige Lösung
Essigsäure	0,5%ige Lösung
Wasserstoffperoxid	3%ige Lösung

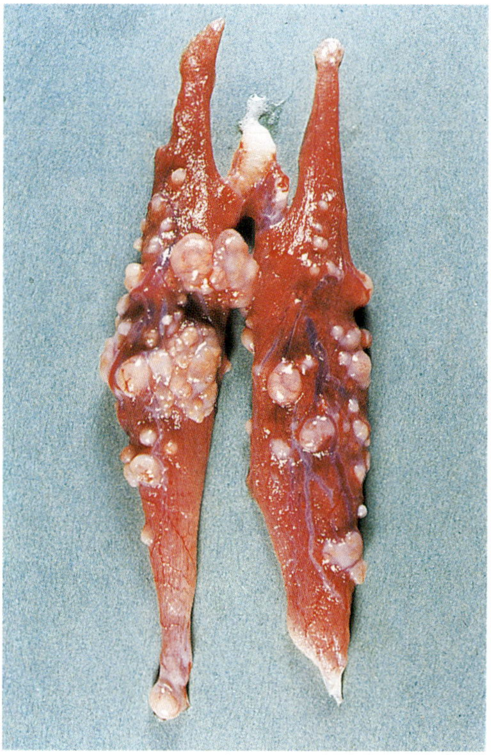

Abb. 78. Schwere, eitrige Lungenentzündung bei einem Grünen Leguan (*Iguana iguana*).

al. 1977, 1978, Lawrence et al. 1984, Clark et al. 1985, Mader et al. 1985, Raphael et al. 1985, Lawrence et al. 1986, Stoskopf et al. 1987, Jacobson et al. 1988, Spörle et al. 1991a, Prezant et al. 1994b, Raphael et al. 1994b). Für die Auswahl des Antibiotikums sollte einerseits die In-vitro-Effektivität (Resistenztest) und andererseits die Verträglichkeit der zur Verfügung stehenden Medikamente entscheidend sein. Das Kombinieren zweier verschiedener Antibiotika steigert nicht zwangsläufig deren Wirksamkeit. Klinische Studien haben gezeigt, daß Gentamicin seine antimikrobielle Aktivität in der Gegenwart von Carbenicillin verliert (Riff & Jackson 1972). Auf jeden Fall abgelehnt werden muß das In-vitro-Mischen von Antibiotika, da mit chemischen Interaktionen wie der Bildung von Komplexen zwischen den einzelnen Komponenten gerechnet werden muß, was zu einer Inaktivierung der Wirkstoffe führt.

Bei Antibiotikagaben ist es sehr wichtig, genau zu dosieren, weshalb das Körpergewicht (KG) des Patienten mit großer Sorgfalt festgestellt werden muß.

Dosiert man zu niedrig und/oder führt die Behandlung nicht lange genug fort, ist mit dem Auftreten von Resistenzen bei den Bakterien zu rechnen, gegen die behandelt wird. Schon eine geringe Überdosis führt bei den meisten Chemotherapeutika zu Schäden bei den Patienten. So ist bekannt, daß Aminoglykosid-Antibiotika wie Gentamicin bei Überdosierung zu Nierenschäden führen können (Jacobson 1976a, Hodge 1978, Montali et al. 1979). Eine Dosis von 4 mg Gentamicin/kg KG zweimal täglich an zwei aufeinanderfolgenden Tagen, gefolgt von weiteren Gaben gleicher Höhe einmal täglich über fünf Tage führten bei Schlangen zu Gicht (Jacobson 1976a).

Durch lang anhaltende Antibiotikawirkung wird die physiologische Darmflora nachhaltig geschädigt. Dadurch haben Mikroorganismen, die gegenüber diesem Chemotherapeu-

Abb. 79. Nekrotisierende Dermatitis bei einer Rotwangenschmuckschildkröte (*Pseudemys scripta elegans*).

tikum resistent sind (z. B. einige Bakterienarten, vor allem aber Hefen und Pilze) die Möglichkeit, sich im Verdauungstrakt ungehindert und maßlos zu vermehren. Die Folge sind oft Darmmykosen, die nur schwer therapierbar sind. Deshalb sollten Antibiotika nur nach Resistenztest, in ausreichend hoher Dosierung und über einen Zeitraum von 7 bis 10 Tagen verabreicht werden.

Bei der Behandlung von bakteriellen Erkrankungen darf man sich allerdings nicht auf die Gabe von Antibiotika beschränken. Die **Begleit- oder unterstützende Therapie** ist mindestens ebenso wichtig. Hierzu gehört vor allem, daß der Patient bei einer Umgebungstemperatur gehalten wird, die seiner physiologischen Aktivitätstemperatur entspricht (vgl. Tab. 2, Seite 37), da die Immunantwort und ins-

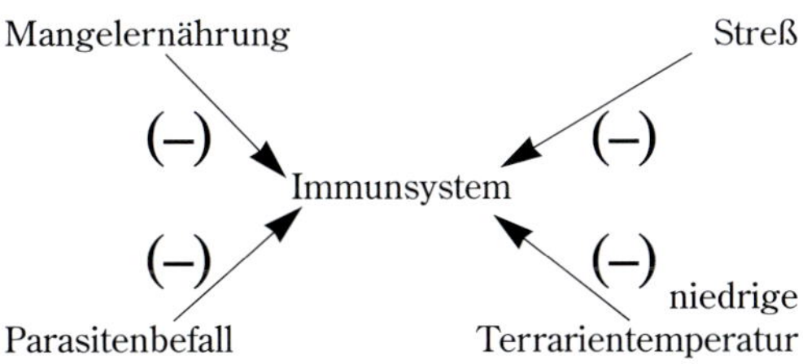

Faktoren, die sich negativ auf das Immunsystem auswirken.

Abb. 80. Bakterielle Prozesse am Schwanz eines Grünen Leguans (*Iguana iguana*).

Abb. 81. Vereiterung des Kieferwinkels bei einem Grünen Leguan (*Iguana iguana*).

besondere die Antikörperbildung temperaturabhängig ist.

Zur Sicherstellung der Nierenperfusion erhalten die Patienten subkutane oder intraperitoneale bzw. (bei Schildkröten) epiperitoneale Flüssigkeitsinfusionen, wobei Ringer-Lösung (oder auch Ringer-Lactat-Lösung) in einer Dosierung von 20 bis 25 ml/kg KG täglich geeignet ist. Tiere, die schon längere Zeit nichts gefressen haben, sollten dazu ermuntert und notfalls zwangsgefüttert werden. Bei Schildkröten hat sich das Legen einer Ösophagussonde bewährt (siehe S. 41). Allerdings sollten die Tiere während einer Antibiotikabehandlung auch nicht übermäßig gefüttert werden, um die Plasma-Harnsäure-Werte niedrig zu halten. Wohlgenährte Tiere können ohne weiteres während der Antibiotikabehandlung fasten.

Die meisten gesunden Reptilien sind in der Lage, in den Nieren oder im Darm Vitamin C (Ascorbinsäure) zu synthetisieren (CHATTERJEE 1967, CHATTERJEE 1970, 1973, VOSBURGH et al. 1982). Insbesondere bei Tieren mit Nieren- oder Darmerkrankungen ist aber diese Synthese möglicherweise eingeschränkt, so daß es empfehlenswert ist, als unterstützende Therapie den Patienten dieses Vitamin per Injektion (10 mg/kg KG i.m.) zu verabreichen. Auch die einmalige subkutane Gabe eines Vitamin-B-Komplex-Präparates (bezogen auf das Thiamin 10 mg/kg KG) hat sich bewährt. Diese Behandlung kann nach einer Woche wiederholt werden.

ADDISON & JACOBSON (1974 a, b) haben mit Erfolg einen autogenen Impfstoff bei an chronischen bakteriellen Entzündungen leidenden Reptilien eingesetzt. Dazu wurden ca. 6×10^6 *Pseudomonas aeruginosa* pro ml in 0,3 % Formalin suspendiert und dem Patienten davon am ersten Behandlungstag 0,5 ml intramuskulär verabreicht. Am 3. Tag wurden weitere 1,0 ml, am 5. Tag 1,5 ml, am 7. Tag 2,0 ml, am 9. Tag 2,25 ml und am 16. Tag 2,5 ml appliziert. Eine zweite Behandlungsserie wurde eineinhalb Monate nach der letzten Spritze durchgeführt.

Tab. 5. Dosierungsempfehlungen für Antibiotika bei Amphibien und Reptilien

Wirkstoff	Dosierung
Amikacin	5 mg/kg KG als Initialdosis, gefolgt von 2,5 mg/kg KG alle 72 h
Amoxicillin	22 mg/kg KG alle 12–24 h
Ampicillin	50 mg/kg KG alle 12 h
Carbenicillin	400 mg/kg KG alle 48 h
Cefotaxime	20–40 mg/kg KG alle 24 h
Ceftazidim	20 mg/kg KG alle 72 h
Cephaloridine	10 mg/kg KG alle 12 h
Cephalothin	40–80 mg/kg KG alle 12 h
Chloramphenicol	Kletternattern: 50 mg/kg KG alle 12 h Wassernattern: 50 mg/kg KG alle 72 h Pythons: 50 mg/kg KG alle 24 h
Doxycyclin	50 mg/kg KG als Initialdosis, gefolgt von 25 mg/kg KG nach 72 h
Enrofloxacin	10 mg/kg KG alle 24 h oder 5 mg/kg KG alle 12 h
Gentamicin	2,5 mg/kg KG alle 72 h
Kanamycin	10–15 mg/kg KG alle 12–24 h
Lincomycin	6 mg/kg KG alle 12–24 h
Oxytetracyclin	6–10 mg/kg KG alle 24 h
Penicillin	10 000–20 000 units/kg KG alle 46–96 h
Piperacillin	50 mg/kg KG als Initialdosis, gefolgt von 25 mg/kg KG alle 72 h
Streptomycin	10 mg/kg KG alle 12–24 h
Ticarcillin	50–100 mg/kg KG alle 24 h
Tobramycin	10 mg/kg KG alle 48 h
Trimethoprim/Sulfadiazin	15–30 mg/kg KG alle 24 h

3.5.3 Mykotische Erkrankungen

Die Behandlung von Pilzerkrankungen ist langwierig und die Prognose in den meisten Fällen vorsichtig bis ungünstig. Die meisten Mykosen werden erst bei der Sektion, also post mortem, diagnostiziert. Berichte über Diagnosen am lebenden Tier und erfolgreiche Behandlungen wurden kaum veröffentlicht (JACOBSON 1980, PAGE et al. 1988, PAGE et al. 1991, SCHILDGER et al. 1991a).

Hautpilzerkrankungen gehen in der Regel mit borkiger Verdickung der betroffenen Hautpartien einher (Hyper- und Parakeratosen). Zunächst müssen diese Beläge und Verkrustungen behutsam, aber doch gründlich entfernt werden, bis gesundes Gewebe zum Vorschein kommt. Erst dann ist das Auftragen von Medikamenten sinnvoll. Neben Antiseptika wie Betaisodona-Salbe, Kaliumpermanganat oder Malachitgrün haben sich vor allem verschiedene Antimykotika bei Hautpilzerkrankungen bewährt. Bei Schimmelpilzen (z. B. *Penicillium, Trichosporon*) setzt man bevorzugt Ketokonazol und bei Hefen (z. B. *Candida*) Nystatin ein (SCHILDGER et al. 1991a). Die Salbe wird mindestens einmal täglich bis zum Verschwinden der Symptome aufgetragen. Das betroffene Tier muß während dieser Zeit auf Zeitungs- oder Vliespapier gehalten werden, damit kein loses Bodensubstrat wie Sand oder Torf mit der Salbe auf der Haut verkrustet.

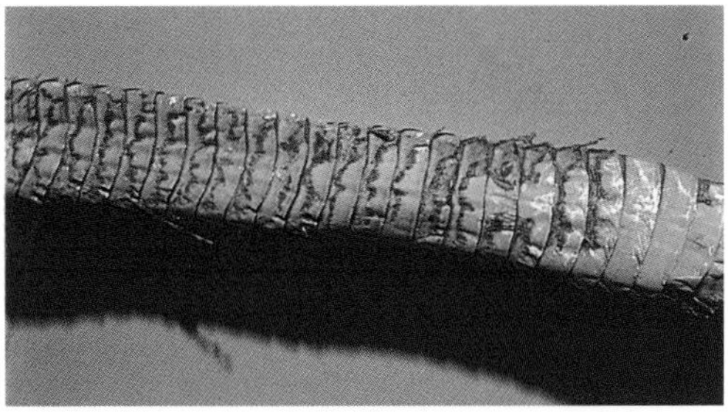

Abb. 82. Hautpilzerkrankung bei einer Grünen Mamba (*Dendraspis angusticeps*).

Innere Mykosen sind noch schwieriger zu behandeln als äußere. Zur Behandlung wird den Tieren Ketokonazol (Nizoral) oral (20 mg/kg KG alle 24 h) über einen Zeitraum von mindestens sechs Wochen verabreicht (PAGE et al. 1988, PAGE et al. 1991). Bei intramuskulärer Gabe von Miconazol wird eine Dosierung von 10 mg/kg KG alle 24 h empfohlen.

Tab. 6. Dosierungsempfehlungen für Antimykotika bei Amphibien und Reptilien

Wirkstoff (Handelsname)	Anwendung	Dosierung
Nystatin (Moronal)	äußerlich	lokal 1 × täglich
Nystatin (Mycostatin)	oral	100 000 I. E./kg KG alle 24 h
Enilkonazol (Imaverol)	äußerlich	lokal 1 × täglich
Clotrimazol (Canesten)	äußerlich	lokal 1 × täglich
Ketokonazol (Nizoral)	oral	20 mg/kg alle 24 h
Tolnaftat (Tinactin)	äußerlich	lokal 1 × täglich
Naftifin-HCI (Exoderil Creme)	äußerlich	lokal 1 × täglich
Miconazol (Daktar i. v.)	i. m.	10 mg/kg KG alle 24 h
Amphotericin B	äußerlich	lokal 1 × täglich
Griseofulvin (Fulcin)	oral	20 mg/kg KG alle 72 h
Malachitgrün	äußerlich	0,15 mg/ml lokal 3 × täglich

Abb. 83. Dermatomykose bei einer Dornschwanzagame (*Uromastyx acanthinura*).
Abb. 84. Dermatomykose bei einer Dornschwanzagame (*Uromastyx acanthinura*) nach Abtragen des hyperkeratotischen Materials.

3.5.4 Virale Erkrankungen

Eine kausale Behandlung von Virus-Erkrankungen bei Amphibien und Reptilien ist nicht bekannt. Man sollte aber als unterstützende Therapie die betroffenen Tiere antibiotisch gegen bakterielle Sekundärinfektionen behandeln und durch Infusionen (20 bis 25 ml/kg KG Ringer-Lösung täglich) die Nierenperfusion sicherstellen. COOPER et al. (1988) berichten über erste Erfolge bei dem Einsatz des Virostatikums Acyclovir. Durch den Einsatz von Paramunitätsinducern kann man versuchen, die körpereigenen Abwehrkräfte zu steigern.

Gerade bei Viruserkrankungen sind Quarantänemaßnahmen unbedingt notwendig, will man die Einschleppung der Erreger in einen gesunden Bestand verhindern. LLOYD (1992, zit. in KLINGENBERG 1993) empfiehlt eine Mindestdauer der Quarantäne von drei Monaten, um das Einschleppen einer Paramyxo-Virus-Infektion zu verhindern.

3.5.5 Nahrungsverweigerung, Erbrechen, Durchfall, Blähungen und Verstopfung

Nahrungsverweigerung (Anorexie) ist einer der häufigsten Gründe, weshalb ein Terrarientier in der tierärztlichen Praxis vorgestellt wird. Da dies aber ein sehr unspezifisches Symptom ist, können sich dahinter zahlreiche, außerordentlich verschiedene Krankheitsursachen, vor allem aber auch Fehler bei der Haltung und Ernährung, psychische Probleme und physiologische Ruheperioden der betroffenen Tiere verbergen. Deshalb sind Kenntnisse über die Biologie der betroffenen Tierart Grundvoraussetzung für die Beurteilung von verminderter oder stagnierender Nahrungsaufnahme.

Die Behandlung eines nahrungsverweigernden Tieres beginnt mit einer Korrektur möglicher Haltungsfehler. Die Umgebungstemperatur und Unterbringung spielt beim Auslösen des Freßreizes eine wesentliche Rolle bei Tieren, die im Terrarium oder Aquarium gehalten werden. Folglich muß geprüft werden, ob die Haltungsbedingungen in bezug auf Behältergröße, Einrichtung und Temperatur den Ansprüchen der gepflegten Art entsprechen. Natürlich muß auch nach möglichen Krankheiten als Ursache für die Anorexie gesucht werden. Anamnese und Untersuchung des Patienten, bei der routinemäßig zumindest eine parasitologische Kotuntersuchung durchgeführt werden sollte, liefern oft wichtige Hinweise.

Wenn die Haltungsbedingungen optimiert worden sind, keine Hinweise auf eine bestehende Erkrankung gefunden wurden und das Tier sich auch nicht in einer physiologischen Ruhephase (Winter- oder Trockenschlaf) oder (bei Schlangen) kurz vor der Häutung befindet, kann man versuchen, den Appetit des Tieres durch die Gabe von Metronidazol in subtherapeutischer Dosierung (12,5 bis 25,0 mg/kg KG p.o.) anzuregen (FRYE 1991).

Bei stark abgemagerten Tieren sollte man eine **Zwangsfütterung** vornehmen. Wenn ein Tier schon längere Zeit nichts mehr gefressen hat, ist sein Verdauungsapparat nicht auf schwerverdauliche Nahrung eingestellt. Solchen Patienten sollte man während der ersten Tage nur leichtverdauliche flüssige Nahrung wie z. B. Amynin und Boviserin eingeben.

Danach beginnt man, Säuglingsnahrung hinzuzumischen, wobei man mit Karotten anfängt und allmählich zu proteinhaltigeren Sorten übergeht. Am besten füttert man mehrmals täglich kleinere Mengen (jeweils etwa 8 bis 15 ml pro kg Körpergewicht). Bei Schlangen hat sich eine Mischung aus rohem Ei, geschabtem Fleisch und Säuglingsnahrung (fleischhaltige Sorten) bewährt. Später kann man dazu übergehen, den Schlangen je nach Größe ganze Mäuse oder Ratten, deren Köpfe mit Ei gleitfähig gemacht werden, zwangszufüttern. Dazu wird das Futtertier in das geöffnete Schlangenmaul geführt, vorsichtig in die Speiseröhre geschoben und behutsam bis auf etwa Herzhöhe hinuntermassiert. Die Zwangsfütterung wird so lange fortgesetzt, bis das Tier wieder freiwillig genügend große Mengen Nahrung zu sich nimmt.

Auch hinter dem Symptom **Erbrechen** können sich eine Reihe von Haltungsproblemen und Erkrankungen verbergen. Bei Haltungs-

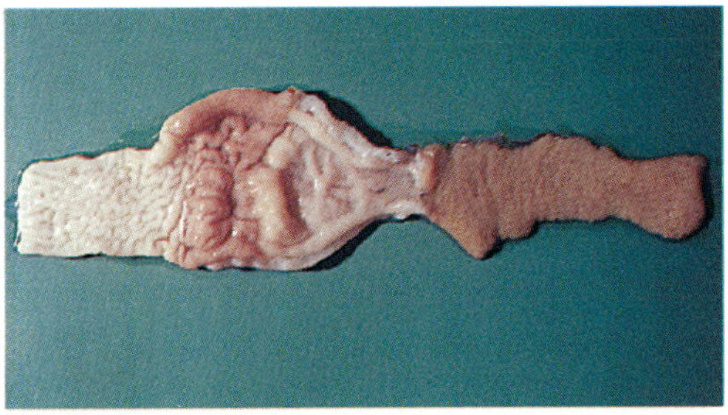

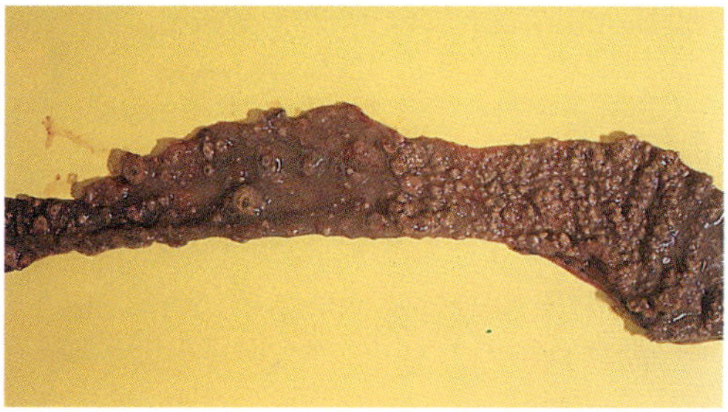

Abb. 85. Magen und Anfangsteil des Dünndarms bei einer gesunden Gabunviper (*Bitis gabonica*).
Abb. 86. Darm mit schwerer Entzündung bei einem Steppenwaran.

fehlern ist vor allem an zu kühle Umgebungstemperatur, Streß und inadäquate Nahrung zu denken. Erkrankungen, die mit Erbrechen einhergehen, sind vor allem Parasitosen (insbesondere Ascaridose und Cryptosporidiose bei Schlangen), gastrointestinale Fremdkörper, Abszesse und Tumoren (entweder im Magen gelegen oder das Magenlumen von außen her einengend) sowie Intoxikationen. Meist besteht das Erbrochene aus angedautem Futter. Bei schwerer Gastroenteritis kann das Erbrochene auch Blut und viel Schleim enthalten. Erbrochenes läßt sich von Kot durch den niedrigeren pH-Wert unterscheiden. Die Therapie richtet sich nach der gefundenen Ursache für das Erbrechen.

Zahlreiche Parasiten, Bakterien, Pilze und Viren können bei Amphibien und Reptilien **Durchfälle** verursachen, insbesondere bei suboptimalen Haltungsbedingungen und in Streßsituationen. Durch den Flüssigkeits- und

Elektrolytverlust kommt es zu einer Austrocknung und Schwächung des betroffenen Tieres. Man sollte immer versuchen, die Ursache zu ermitteln und gezielt zu behandeln. Dabei kommt einer Optimierung der Haltungsbedingungen besondere Bedeutung zu. Gleichzeitig muß der Patient mit Elektrolytlösungen versorgt werden, um den Flüssigkeits- und Elektrolythaushalt aufrecht zu erhalten. Je nach Austrocknungsgrad werden 20 bis 40 ml Ringer-Lösung/kg KG subkutan oder intraperitoneal täglich verabreicht.

Unter Terrarienbedingungen werden Amphibien und Reptilien häufig zu reichlich und zu einseitig ernährt, mit der Folge, daß die Tiere verfetten. Bei der Sektion von betroffenen Tieren wird eine fettige Leberdegeneration (**Fettleber**) und ein übermäßig großer Bauchfettkörper nachgewiesen (Abb. 87). Bei einer Fettleber ist das Organ von homogener, hellgelber Farbe und brüchiger Konsistenz. Am lebenden Tier kann der Verfettungsgrad der Leber mit Hilfe der Ultraschalluntersuchung beurteilt werden. Als Vergleichsorgan dient hierbei der Fettkörper. Je weiter die Verfettung der Leber vorangeschritten ist, desto höher ist die Echogenität des Organs. Um einer Verfettung vorzubeugen ist auf eine ausgewogene, abwechslungsreiche und nicht zu reichliche Ernährung der Tiere zu achten. Bei bereits verfetteten Tieren muß langfristig sparsam, aber abwechslungsreich gefüttert werden.

Abb. 87. Wasseragame (*Physignathus concincinus*), die an Verfettung gestorben ist. Man beachte die fettig degenerierte Leber, deren Farbe der des übermäßig großen Fettkörpers gleicht.

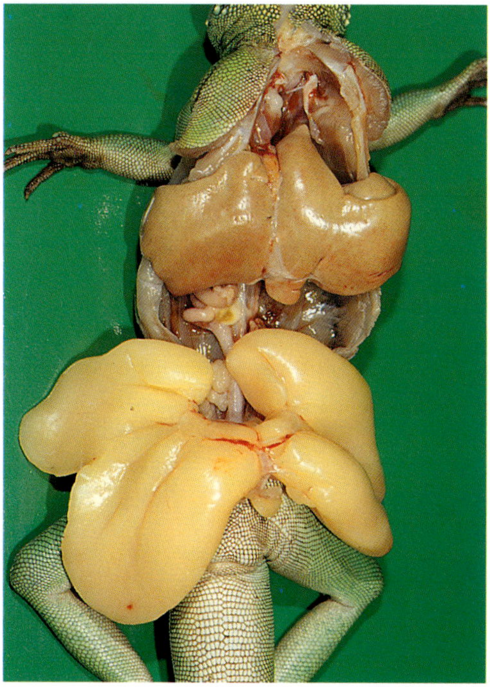

Durch übermäßige Produktion von Gas im Darm kann es zu **Blähungen** kommen. Besonders häufig wird dieses Phänomen bei Landschildkröten und Leguanen beobachtet, wenn sie Futter bekommen, das einen hohen Anteil an leicht fermentierbarem Fruchtzucker enthält. Besonders bei einer plötzlichen Nahrungsumstellung kann es zu Blähungen kommen.

Das betroffene Tier zeigt starke Schwellungen im Bauchbereich, oftmals verbunden mit Atemnot. Bei Schildkröten mit Blähungen sind die Extremitäten ausgestreckt und Weichteilgewebe schiebt sich unter dem Panzer hervor. Auf einer Röntgenaufnahme sind die mit Gas gefüllten Darmschlingen zu erkennen. Darmblähungen werden mit gasauflösenden Substanzen wie Simethicon behandelt, das über eine Magensonde verabreicht wird (Frye 1991). In manchen Fällen kann man mit Hilfe einer durch die Kloake eingeführten Knopfkanüle Gas aus dem Dickdarm ablassen.

Verstopfungen können verschiedene Ursachen haben. Bei Wassermangel, verminderter Darmperistaltik und Darmatonien kann es zur Eindickung und Anschoppung von Kot im Dickdarm (vor allem im Colon) kommen. Insbesondere bei Tieren, die einen Mineralstoffmangel aufweisen, kann man das gezielte Aufnehmen von Sand und Steinen beobachten (Geophagie). Diese Partikel können bei entsprechender Menge Ursache von Darmverstopfungen sein (KÖHLER 1993b). In seltenen Fällen können auch aufgenommene Fremdkörper eine Darmverstopfung hervorrufen (ISENBÜGEL & BARANDUN 1981, EULENBERGER et al. 1984). Schildkröten mit Darmverstopfung zeigen oftmals Symptome einer Hinterbeinparese. Mit Hilfe einer Röntgenuntersuchung nach Eingabe eines Kontrastmittels kann eine Verstopfung leicht diagnostiziert werden.

Zur Behandlung von Darmverstopfungen empfiehlt sich ein Baden des Tieres in warmem Wasser sowie die orale und kloakale Gabe von Paraffin- oder Sonnenblumenöl (2 bis 3 ml/kg KG). Auch die Gabe von verdünntem (1:20) Dioctyl-Natrium-Sulfosuccinat (DSS) wird empfohlen (PAUL-MURPHY et al. 1987, FRYE 1991).

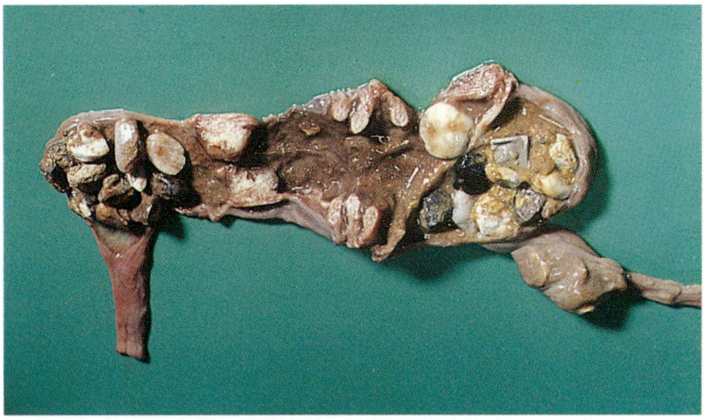

Abb. 88. Geöffneter Darm eines an Verstopfung gestorbenen Grünen Leguans (*Iguana iguana*) mit zahlreichen Steinen.

3.5.6 Bißverletzungen, Verbrennungen, Häutungsschwierigkeiten, Abszesse

Auch im Terrarium können sich eine Reihe von Unfällen mit zum Teil schweren Verletzungen ereignen.

Bißverletzungen sollten mit steriler physiologischer Lösung (z. B. 0,9 %ige NaCl-Lösung) gereinigt und mit 70 %igem Alkohol desinfiziert werden. Größere Zusammenhangstrennungen müssen nach Reinigung und Desinfektion genäht werden. Nichtinfizierte Verletzungen werden mehrere Tage lang mit Lebertransalbe (z. B. Unguentolan Wund- und Brandsalbe) behandelt. Haben sich Bißverletzungen infiziert und entzündet, was man daran erkennt, daß der Wundbereich stark anschwillt und näßt, muß das Tier nach einem Resistenztest antibiotisch behandelt werden.

Durch das Einklemmen in Türen oder Schiebescheiben kann es bei Schlangen und Echsen zu **Schwanzverletzungen** kommen. Wird das betroffene Schwanzstück vollständig durchtrennt, so erfordert dies meist keine weiteren Maßnahmen. Ist der Schwanz nur verletzt, so kann man den Verlust in manchen Fällen verhindern. Die Wunde wird mit steriler physiologischer Kochsalzlösung gereinigt und mit einem Verband versehen. Bei Echsen hat sich die Verwendung von Plastikstrohhalmen zur Stabilisierung bewährt. Bei großflächigen Abschürfungen kann ein Kondom als Verband verwendet werden (vgl. S. 38).

Schnauzenverletzungen heilen oftmals nur schlecht und können zu Abszessen in diesem Bereich führen. So lange keine Entzündung vorliegt, werden diese Verletzungen mit Lebertransalbe versorgt. Dies gilt auch für **Krallenverletzungen** und ausgerissene Krallen.

Geringgradige **Verbrennungen** durch nicht sicher installierte Wärmestrahler, Heizmatten oder Heizkabel werden zunächst gereinigt und mit Lebertransalbe abgedeckt. Bei Tieren mit großflächigeren und schwereren Verbrennungen kann es zu schwerwiegenden Komplikationen wie z. B. Exsikkose, Sepsis, Nierenversagen, Leberschäden und Schock kommen. Dann muß die betroffene Fläche sofort mit sterilen, feuchten Mullkompressen abgedeckt und verbunden werden. Mit parenteralen Flüssigkeits- und Antibiotikagaben wird versucht, einer Austrocknung und Sekundärinfektionen entgegenzuwirken. Dabei sind

Abb. 89. Königspython (*Python regius*), der die „Brille" des Auges nicht mitgehäutet hat.

initial bei schweren Verbrennungen 75 bis 150 ml Elektrolytlösung/kg KG notwendig (FRYE 1991). Gaben von Vitamin C und Vitamin-B-Komplex wirken sich positiv auf den Heilungsverlauf aus. Zur lokalen Wundbehandlung werden wasserlösliche Medikamente eingesetzt, die antimikrobielle Wirkstoffe enthalten (z. B. Betaisodona-Lösung).

Sobald das tote vom lebenden Gewebe abgegrenzt ist, erfolgt ein chirurgisches Abtragen des nekrotischen Materials, da dieses für Bakterien und Pilze einen idealen Nährboden darstellt. In besonders schweren Fällen kann eine Hauttransplantation notwendig sein.

Häutungsschwierigkeiten sind bei im Terrarium gehaltenen Echsen und Schlangen keine Seltenheit. Ursachen hierfür können sein:

- eine zu trockene Haltung,
- schlechter Ernährungszustand,
- zu tiefe Umgebungstemperatur,
- Milbenbefall und Allgemeinerkrankungen,
- das Fehlen von rauhen Gegenständen als Häutungshilfe.

Betroffene Tiere werden in warmem Wasser gebadet und die Häutungsreste mit einer Pinzette abgezupft. Besondere Beachtung erfordern Problemregionen wie Zehen, Schwanzspitzen, Rückenkammstacheln und (bei Schlangen) die „Brille" über den Augen. Dabei ist große Vorsicht geboten, um die darunterliegende neue Haut nicht zu verletzen. In hartnäckigen Fällen kann man die alte Haut auch mit Unguentolan-Lebertransalbe einweichen.

Bei Schlangen mit nicht gehäuteter „Brille" werden die Augen für mehrere Stunden mit feuchten Kompressen bedeckt, um die alte Haut aufzuweichen. Meist sieht man an einer Stelle des „Brillenrandes" einen Hautfetzen, an

Abb. 90. Grüner Leguan mit Verbrennungen auf der Bauchseite.

dem die übrige Haut abgerissen ist. Diesen ergreift man mit einer Pinzette, zieht ihn langsam in die Höhe und mit ihm die nicht gehäutete alte „Brille" vom Auge der Schlange. Beim Hochziehen wird zunächst der Eindruck erweckt, als ob man das gesamte Auge herauszieht. Sobald die „Brille" aber erst einmal an einer Stelle aus der Vertiefung gezogen wurde, läßt sie sich leicht entfernen.

Als Organe ektodermalen Ursprungs werden die Hemipenes der Echsen und Schlangen bei jeder Häutung mitgehäutet. Wenn alte Epidermis in den Hemipenistaschen verblieben ist, sind die Häutungsreste meist an den Hemipenisöffnungen zu erkennen. Nach Instillation von Paraffinöl in die Hemipenistaschen sowie Bädern in warmem Wasser kann der häutige Inhalt unter vorsichtigem Zug mit einer Pinzette zum Vorschein gebracht werden.

Abszesse – mit Eiter gefüllte Hohlräume, die durch Einschmelzung von Gewebe entstanden sind – findet man bei Reptilien sehr häufig (Boam et al. 1970b, Zwart & Reinjngoud 1970, Miller 1986, Köhler 1989a). Befinden sie sich unter der Haut (subkutan), so bereitet die Behandlung weit weniger Schwierigkeiten als bei Abszessen, die in der Nasenhöhle oder in der Leibeshöhle gelegen sind. Gut abgekapselte Abszesse mit käsigem Inhalt werden nach Hautdesinfektion chirurgisch gespalten, der Inhalt wird ausgeräumt und die Hautwunde mit Knopfnähten verschlossen. Eine Nachbehandlung ist normalerweise nicht notwendig. Bei Abszessen mit jauchig-stinkendem Inhalt muß der Abszeß ebenfalls ausgeräumt werden; die Wunde darf aber nicht zugenäht werden, damit nachgebildeter Eiter abfließen kann. Auch ist in diesen Fällen die parenterale Gabe von Antibiotika und die lokale Behandlung der Abszeßhöhle mit Antiseptika angezeigt.

3.5.7 Nierenerkrankungen, Blasensteine

Nierenerkrankungen sind bei Reptilien relativ häufig (Appleby & Siller 1960, Zwart 1963, 1964, Frank 1965a, Wallach & Hoessle 1967, Frank 1978, Rosskopf & Howard 1983). Das Endprodukt des Protein- und Purinstoffwechsels ist bei Reptilien Harnsäure, die mit Hilfe der Nieren ausgeschieden wird. Das Überschreiten der Ausscheidungskapazität führt zu einem erhöhten Harnsäurespiegel im Blut (Hyperurikämie) und schließlich zu Ablagerungen von harnsauren Salzen in den Nieren (= **Nierengicht**), den Gelenken (= **Gelenkgicht**) und den Eingeweiden (= **Viszeralgicht**, vor allem in der Leber und im Herzbeutel). Bei Nierenerkrankungen kann die Ausscheidungskapazität eingeschränkt sein; das gilt für Entzündungen genauso wie für Stoffwechselstörungen. Eine Austrocknung (Exsikkose)

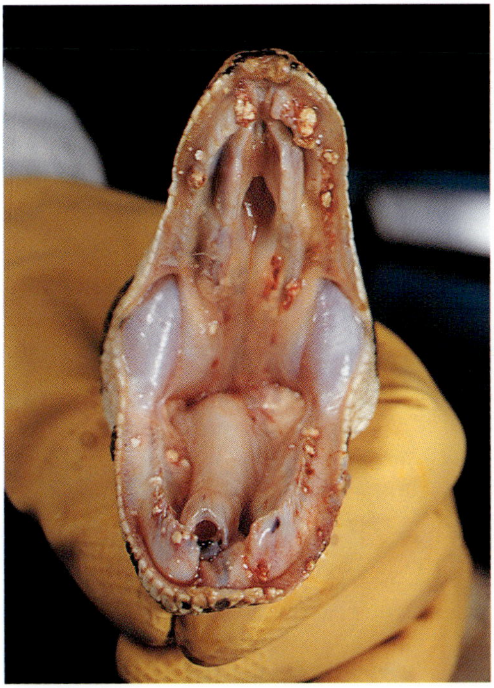

Abb. 91. Durch Harnsäureablagerungen im Maul (Gicht) verursachte Stomatitis bei einer Schlange.

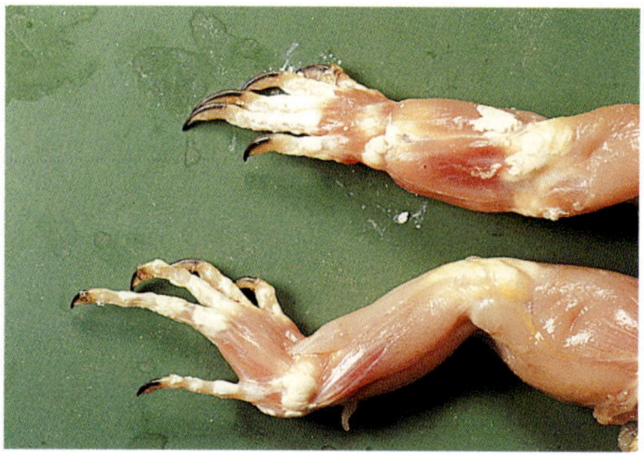

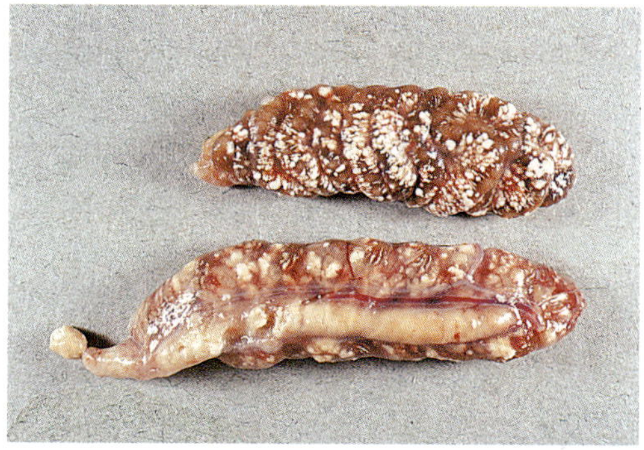

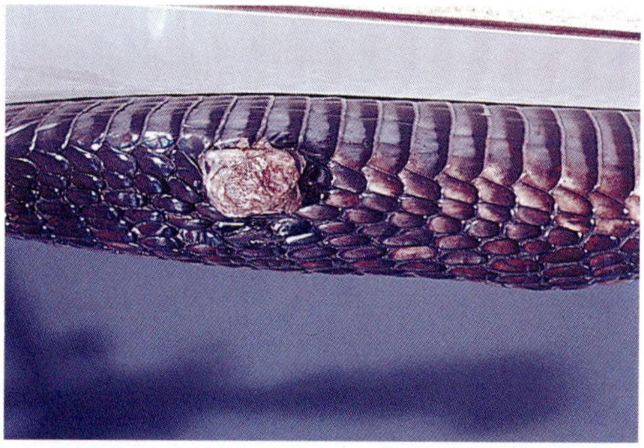

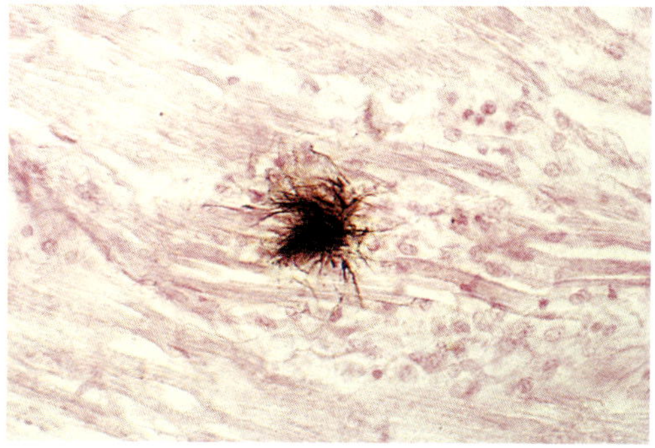

Abb. 92 (oben links). Gelenkgicht bei einer Dornschwanzagame (*Uromastyx acanthinura*).
Abb. 93 (oben rechts). Nierengicht bei einem Grünen Baumpython (*Chondropython viridis*).
Abb. 94 (Mitte links). Gichtknoten (Harnsäureablagerung) in der äußeren Haut bei einer Kobra (*Naja haje*).
Abb. 95 (Mitte rechts). Histologisches Bild einer Nierengicht mit deutlich sichtbaren Harnsäureablagerungen im Nierenparenchym.
Abb. 96 (unten links). Nieren mit Gicht bei einer *Boa constrictor*.

der Tiere fördert die Ausfällung von Harnsäuresalzen.

Tierarten wie Landschildkröten und Leguane, die sich in der Natur sehr ballaststoffreich, aber protein-, fett- und purinarm ernähren, erkranken unter Terrarienbedingungen leicht an Gicht, wenn sie massiv mit protein- und purinreicher Nahrung (z. B. Mäusen, Fisch, Ei, Hunde- und Katzenfutter aus der Dose) gefüttert werden.

Mittels einer klinisch-chemischen Blutuntersuchung läßt sich ein erhöhter Blutharnsäurespiegel schon im Frühstadium der Erkrankung nachweisen (FRANK 1978). Da die Heilung einer Gicht kaum möglich ist, sollte man sich um so mehr bemühen, diese Erkrankung durch richtige Ernährung zu vermeiden. Versuche, eine bereits manifestierte Gicht mit Allopurinol zu behandeln, waren bei Reptilien bisher weitgehend erfolglos (FRYE 1991).

Über das Auftreten von **Blasensteinen** bei Reptilien wurde in der Literatur verschiedentlich berichtet (VIRCHOW 1878, MEBS 1965b, FRYE 1983, ZWART 1985b, FRANK 1985, KÖHLER 1992a, KWANTES 1992).

Damit Blasensteine entstehen können, müssen zwei Voraussetzungen gegeben sein: zum einen muß das Löslichkeitsvermögen einer bestimmten Substanz überschritten werden, zum anderen muß ein Kristallisationskern vorhanden sein.

Wassermangel, der zur Austrocknung (Exsikkose) des Tieres führt, kann eine mögliche Ursache für das Ausfällen bestimmter Salze sein. Bei ungestörtem Wasserhaushalt kann es bei Überversorgung mit bestimmten Stoffen (z.B. zu proteinreiche Ernährung) zur Auskristallisation von Stoffwechselprodukten (z.B. Uraten) kommen. Befinden sich nun ein oder mehrere feste Teilchen (= sogenannter „Kristallisationskern" wie z.B. abgeschilferte Epitelzellen bei einem Vitamin-A-Mangel, Fibrin oder Eiter bei Blasenentzündungen oder abgestoßenes Nahtmaterial nach Analblasenoperationen) in der Analblase, so lagert sich das ausfallende Salz an diesen ab und der Blasenstein beginnt zu wachsen. Ist nur ein Kristallisationskern vorhanden, so entsteht nur ein (möglicherweise sehr großer) Stein, sind viele vorhanden, kommt es zur Ausbildung einer entsprechenden Menge kleiner Blasensteine oder von Analblasengries.

Auch Funktionsstörungen der Analblase – z.B. bei einer Querschnittslähmung, bei Entzündungen oder Tumoren – können ursächlich für die Entstehung von Blasensteinen von Bedeutung sein. So konnte ZWART (1985b) bei einem Grünen Leguan (*Iguana iguana*), der eine Querschnittslähmung aufwies, eine starke Überfüllung der Analblase feststellen, die einen etwa 10 mm großen Blasenstein enthielt.

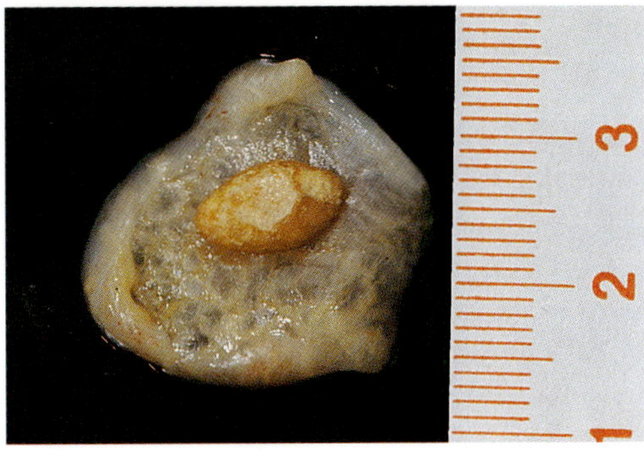

Abb. 97. Analblasenstein von einem Grünen Leguan (*Iguana iguana*).
Abb. 98. Stein in der Analblase einer Weichschildkröte (*Trionyx triunguis*).

Blasensteine bestehen überwiegend aus Uraten, also Endprodukten des Protein- und Purinstoffwechsels. Weiterhin können auch Oxalate, Carbonate und Phosphate am Aufbau von Blasensteinen beteiligt sein.

FRYE (1983) berichtet von einem Blasenstein (längster Durchmesser 45 mm) bei einem Chuckwalla (*Sauromalus varius*), der überwiegend aus Uraten bestand. Einen sehr großen Stein fand FRANK (1985) bei einem übrigens bemerkenswert stattlichen Exemplar des Grünen Leguans (Kopf-Rumpf-Länge von etwa 60 cm). Der Blasenstein besaß die Maße 80 × 58 × 30 mm und wog trocken 65 g. ZWART (1985b) berichtet von einem Blasenstein bei einem Schwarzleguan (*Ctenosaura*

Abb. 99. Natter (*Stegonotus*) mit einem zurückgehaltenen Ei.

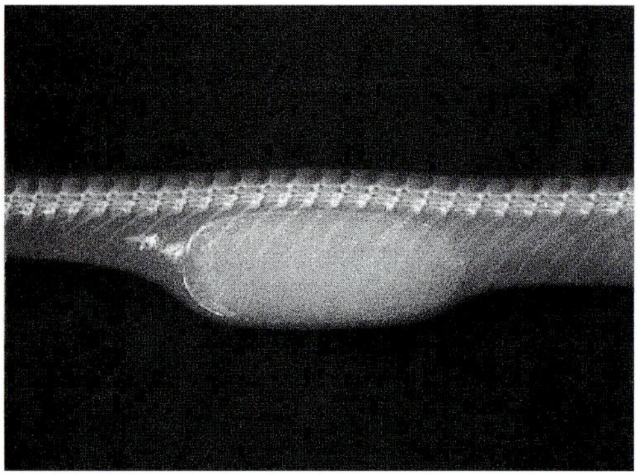

Abb. 100. Röntgenaufname der Natter von Abb. 99.

acanthura), der aus Xanthin, Struvit, Weddellit und Karbonat-Apatit bestand. Ein vom Autor bei einem anderen Schwarzleguan (*C. similis*) gefundener Blasenstein mit den Maßen 34 × 26 × 16 mm bestand zu 10 % aus Calcium, zu 20 % aus Oxalat und zu 60 % aus Harnsäure (Köhler 1992a).

Diagnostiziert werden können Blasensteine mit Hilfe einer Röntgenaufnahme oder auch während einer Ultraschalluntersuchung. Eine operative Entfernung von Blasensteinen ist bei Reptilien ab einer gewissen Körpergröße ohne weiteres möglich (vgl. Cystotomie, S. 80).

3.5.8 Legenot

Wochenlange Grabetätigkeit der ablagereifen Weibchen ist pathologisch und führt schließlich zum Tod der betroffenen Tiere durch Legenot. Als Ursachen für eine Legenot kommen in Frage:

- fehlende oder ungeeignete Eiablageplätze (psychogene Legenot),
- Allgemeinerkrankungen und Mangelzustände,
- übergroße Gelege,
- Eianomalien (Übergröße, Mißgestaltung)

Insbesondere bei Leguanen der Gattungen *Iguana, Ctenosaura* und *Cyclura* kommt es unter Terrarienbedingungen häufig zu **psychogener Legenot**. Wenn man sich die Bedingungen vergegenwärtigt, unter denen die Leguanweibchen in der Natur ihre Eier ablegen – bis zu 2 m lange Gänge, die 30 bis 50 cm unter die Erdoberfläche reichen –, ist es nicht verwunderlich, daß eine mit Substrat gefüllte Wanne als Eiablageplatz kaum geeignet ist. Einen zweckmäßigen und nicht allzu aufwendigen künstlichen Eiablageplatz für Leguane haben Werner & Miller (1984) entwickelt.

Abb. 101. Anomales Gelege einer Kornnatter (*Elaphe guttata*), bei dem die Eier fädig miteinander verbunden sind.

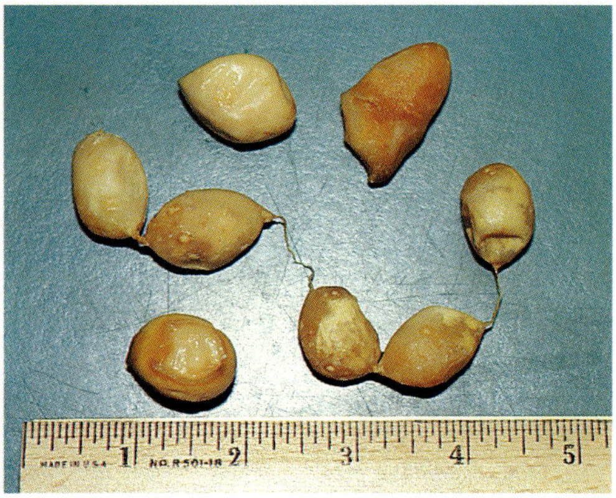

Trächtig importierte Weibchen sind von den Transportstrapazen meist so entkräftet, daß sie nicht in der Lage sind, die Eier abzusetzen, und an Legenot sterben. Weiterhin sind zehrende Allgemeinerkrankungen (Entzündungen, Tumoren) sowie Mangelzustände, insbesondere Vitamin- und Mineralstoffdefizite, mögliche Legenotursachen.

Bei reichlicher Fütterung neigen viele Reptilienarten dazu, übergroße Gelege oder übermäßig viele Gelege in Folge zu produzieren, was durch Erschöpfung und Austrockung (die Eier nehmen gegen Ende der Trächtigkeit viel Wasser auf) zum Tod führen kann.

Eianomalien als Hinderungsgrund für eine normale Eiablage kommen ebenfalls vor. Bei einer *Elaphe guttata* waren die Eier perlschnurartig durch fädige Strukturen miteinander verbunden (Abb. 101). Bei einem Taggecko (*Phelsuma madagascariensis*) füllte ein übergroßes Ei die Leibeshöhle nahezu vollständig aus (Abb. 102). Eine Aldabra-Riesenschildkröte (*Megalochelys gigantea*), die ihr Gelege nachweislich mindestens eineinhalb Jahre übertragen hatte, wurde im Juni 1992 in der University of Florida, Gainesville, operiert. Zum Vorschein kamen drei Eier, die massive unregelmäßige Schalenverdickungen und Kalkauflagerungen aufwiesen.

Eine Legenot äußert sich darin, daß das Weibchen, das vorher auf der Suche nach einem geeigneten Eiablageplatz viel umhergelaufen ist und gegraben hat, ruhiger wird, sich scheinbar wieder normal verhält und sogar zu fressen beginnt. Gerade dann wird es kritisch, denn nicht abgesetzte beschalte Eier können nicht mehr resorbiert werden. Ihr Inhalt verkäst, und sie verkleben mit dem Eileiter. Nach zwei bis vier Wochen stirbt das Weibchen schließlich an einer eitrigen Eileiterentzündung, meist in Verbindung mit einer Peritonitis.

Im günstigeren Fall kann es zum „Verwerfen" der Eier kommen, was sich darin äußert, daß das Weibchen nach Überschreiten des physiologischen Eiablagetermins das Gelege nicht vergräbt, sondern wahllos im Terrarium verstreut. Dabei ist zu beachten, daß diese Tiere oftmals nicht alle Eier verwerfen, sondern einige wenige im Eileiter verbleiben, wo sie zu oben genannten Komplikationen führen können. Um sicher zu sein, daß auch wirklich das gesamte Gelege abgesetzt worden ist, sollte man diese Weibchen unbedingt röntgen.

Abb. 102. Legenot bei einem Taggecko (*Phelsuma madagascariensis*), hervorgerufen durch ein übergroßes Ei.

Um zu verhindern, daß es zu einer Legenot kommt, muß der Tierarzt, wenn der physiologische Eiablagetermin überschritten ist, die Eiablage rechtzeitig – d. h. bevor es zum klinischen Bild der Legenot kommt – mit Hilfe von **Oxytocin** (1 bis 5 I.E./kg KG i.m.) einleiten. Da man nie ausschließen kann, daß das Weibchen unter Calciummangel leidet, sollte man

Abb. 103. Trächtiges Leguanweibchen (*Iguana iguana*) kurz vor dem physiologischen Eiablagetermin.

ihm 10 bis 15 Minuten vor der Oxytocin-Gabe parenteral Calcium (50 mg/kg KG i.m.) verabreichen (z. B. Calcium-Sandoz 10%). Wenn eine zweite Behandlung mit Oxytocin erfolgen soll, so hat sich eine Pause von 24 Stunden und eine Erhöhung der Initialdosis um 50% bewährt.

In jedem Fall sollte jedoch vor Beginn einer Oxytocintherapie mit Hilfe einer **Röntgen- oder Ultraschalluntersuchung** sichergestellt werden, ob das Tier auch wirklich trächtig ist, da es eine Reihe von Erkrankungen gibt, deren Symptome denen einer fortgeschrittenen Trächtigkeit sehr ähnlich sind. Hierzu gehören z. B. multiple Ovarialzysten und Tumoren mit multiplen Metastasen in der hinteren Leibeshöhle (Köhler 1993b). Auch eine

Abb. 104. Leguanweibchen (*Iguana iguana*) mit Legenot. Man beachte den aufgebogenen Rücken, die geschlossenen Augen, die hervorstehenden Beckenknochen und das stumpfe Schuppenkleid.

Abb. 105. ***Lampropeltis getulus*****, bei der ein zurückgehaltenes Ei nach Absaugen von Dotter mit Hilfe einer Fremdkörperpinzette entfernt werden konnte.**

Follikelretention muß diagnostisch ausgeschlossen werden.

> Vor einem allzu sorglosen und vorschnellen Einsatz von Oxytocin muß allerdings gewarnt werden, da diese Art der Behandlung einen enormen Eingriff in den Hormonhaushalt und die Psyche eines Tiers darstellt, denn der normale Ablauf der Eiablage wird vollkommen durcheinandergebracht.

Dieses Hormonpräparat darf deshalb nur bei strenger Indikation, der (psychogenen) Legenot, zum Einsatz kommen. Sollte die Oxytocin-Therapie keinen Erfolg zeigen, bleibt als letztes Mittel das chirurgische Vorgehen (vgl. S. 76).

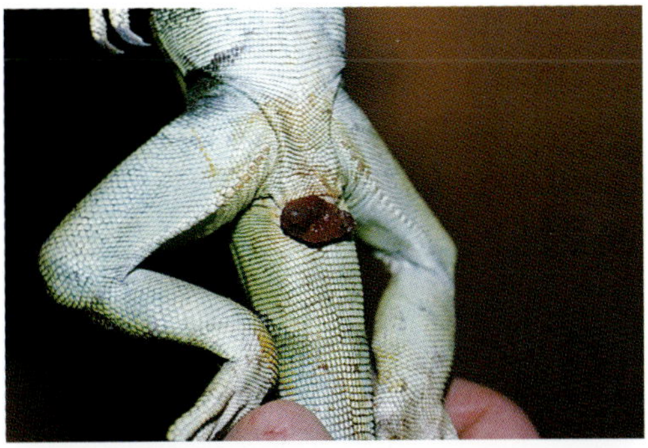

3.5.9 Darm- und Hemipenesvorfälle

Bei Darm- und Hemipenesvorfällen kann es zu mechanischen Verletzungen und Infektionen dieser sehr empfindlichen Organe kommen. Aus diesem Grund muß so rasch wie möglich versucht werden, nach Säuberung und Abspülen mit steriler physiologischer Kochsalz- oder Ringer-Lösung den vorgefallenen Teil vorsichtig manuell zu reponieren. Dabei hat sich die Verwendung eines nicht zu dünnen, abgerundeten Glasstabes bewährt. In vielen Fällen ist es hilfreich, zunächst etwas Zucker auf das meist sehr angeschwollene Organ zu streuen, bis die Schwellung etwas abgenommen hat. Vor der Reponierung muß der Zucker selbstverständlich mit steriler Flüssigkeit abgespült werden. Salz darf zum Wasserentzug keinesfalls verwendet werden, da es zu einer massiven Schädigung des Gewebes führen würde.

Bei Rezidivgefahr empfiehlt sich das Verengen der Kloakenöffnung mit Hilfe einer Tabaksbeutelnaht. Nach spätestens 8 bis 10 Ta-

Abb. 106. Darmvorfall bei einem Grünen Leguan (***Iguana iguana*****).**
Abb. 107. Hemipenisvorfall bei einem Rauhnacken-Waran (***Varanus rudicollis*****).**

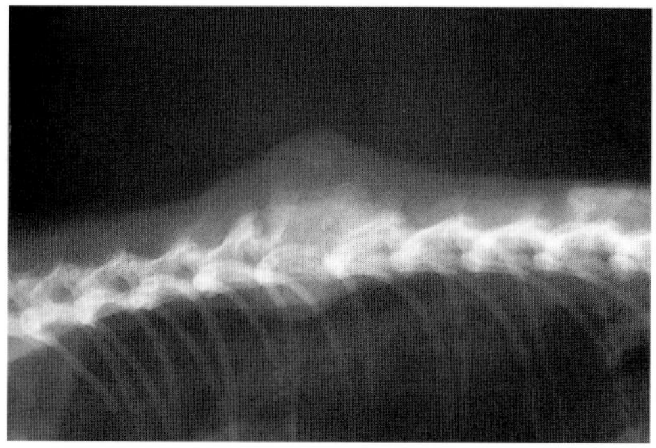

Abb. 108. Bakterielle Entzündung der Wirbelgelenke bei einem Schwarzleguan (*Ctenosaura similis*).

gen muß die Naht wieder entfernt werden. Während dieser Zeit wird der Patient nicht gefüttert.

3.5.10 Gelenkentzündung

Bakteriell bedingte Gelenkentzündungen sind bei Reptilien häufig. Die Erreger können entweder über eine perforierende Verletzung oder über den Blutweg (hämatogen) ins Gelenk gelangt sein. Das betroffene Gelenk ist meist mehr oder weniger stark angeschwollen. Zunächst ist nur die Gelenkflüssigkeit vermehrt. Später kommt es zur Bildung von Eiter, der im weiteren Verlauf der Erkrankung verkäst. Im Endstadium kann es zur Einschmelzung und Ankylose der Knochen und damit zur Versteifung des Gelenkes kommen.

Die Behandlung richtet sich nach dem Grad der Gelenkentzündung. Wenn es sich um eine akute Entzündung handelt, bei der nur die Synovia vermehrt ist, genügt meist die parenterale Gabe eines Breitbandantibiotikums (z. B. Gentamicin, Amikacin). Wenn sich Eiter im Gelenk befindet, muß dieser entfernt werden. Dies geschieht über eine Spülung des Gelenkes mit steriler physiologischer Kochsalzlösung und anschließender Instillation eines Antibiotikums, das nach einem Resistenztest gewählt worden ist. Günstig sind dabei Antibiotika, die nur in geringem Maße resorbiert werden (z. B. Neomycin). Zusätzlich wird der Patient gemäß des Resistenztests systemisch mit Antibiotika versorgt.

Eine Gelenkentzündung kann auch durch Harnsäureablagerungen verursacht werden (Arthritis urica, Gelenkgicht). Dabei ruft die Harnsäure eine Fremdkörperentzündung hervor. Eine Therapie ist nicht bekannt.

3.6 Narkose

3.6.1 Narkose bei Reptilien

Vor jeder Narkose sollte der Patient gründlich untersucht werden, um Hinweise auf bestehende Erkrankungen zu erhalten. Insbesondere ist auf eine mögliche Austrocknung, auf Herz-Kreislauf-Probleme und Atemwegserkrankungen zu achten. Gegebenenfalls muß der Patient zunächst stabilisiert werden (z. B. durch Infusionen). Wenn es die Kondition des Patienten erlaubt, ist ein zwei- bis dreitägiges Fasten und ein eintägiger Wasserentzug vor der Narkose empfehlenswert. Damit wird zum einen die Gefahr des Erbrechens verringert, zum anderen nimmt der Magen in der Leibeshöhle weniger Platz ein, so daß die Lungenflügel sich frei entfalten können.

Während der Narkose sollte eine **Überwachung von Atmung, Herztätigkeit und Reflexen** erfolgen. Die Überwachung der Atmung geschieht visuell durch die Beobachtung von Brustkorbbewegungen. Zur Kontrolle der Herztätigkeit kann entweder ein Ultraschall-Doppler-Flow-Detektor im Bereich des Herzens auf der äußeren Haut befestigt oder eine elektrokardiographische Überwachung (EKG) genutzt werden. Hierzu können hypodermische Nadeln mit Alligator-Clips verbunden und in konventioneller Weise angebracht werden (CRANE et al. 1980). Bei Schlangen befestigt man die Anschlüsse für den rechten und linken Arm beide kranial des Herzens und den Anschluß für das linke Bein kaudal des Herzens (BENNETT 1991).

Mehrere Reflexe sind geeignet, die **Narkosetiefe** zu beurteilen (BRAZENOR & KAYE 1953, BETZ 1962, CALDERWOOD 1971, BONATH 1975, BONATH & ZSCHEGE 1979, RUSSO 1979, BENNETT 1991).

Die **spinalen Reflexe** überprüft man, indem man mit einem Finger in Rückenmitte entlangstreicht und die Tiere in die Zehenzwischenräume (Echsen) bzw. in den Bauch kneift. Kommt es weder zum Heben der Rippen noch zu Bewegungen des Schwanzes, so zeigt dies den Verlust der spinalen Reflexe an. Bei Schildkröten ist der **Hals-Rückzieh-Reflex** ein guter Indikator für die Narkosetiefe. Ist der Reflex erhalten, so wird der manuell herausgezogene Kopf sofort wieder unter den Panzer zurückgezogen. Weiterhin sollten der **Korneal-Reflex** (Schließen der Augenlider, wenn man die Hornhaut berührt; nicht möglich bei Schlangen und Geckos mit „Brille" über der Hornhaut), und der **Zungen-Rückzieh-Reflex** bei Schlangen (die aus der Zungenscheide vorgelagerte Zunge wird sofort wieder zurückgezogen) geprüft werden. Korneal-Reflex und Zungen-Rückzieh-Reflex sollten während der Narkose erhalten bleiben. Erlöschen diese, so zeigen sie eine zu tiefe Narkose an (BENNETT 1991). Neben den erwähnten Schmerzreaktionen eignet sich die Beurteilung des **Muskeltonus** zur Narkoseüberwachung. Auch die rosafarbene Mundschleimhaut ist ein guter Indikator für den Zustand des Patienten während der Narkose.

Eine **präanästethische Medikation** ist in der Regel nicht notwendig. FRYE (1991) empfiehlt die Gabe von Atropin-Sulfat (0,001 bis 0,004 mg/kg KG i.m. oder i.p.) 10 bis 15 Minuten vor Beginn der Narkose, um dem Risiko einer tiefen Bradykardie vorzubeugen und die Speichelbildung während der Narkose zu reduzieren. Durch den Einsatz von Azepromazin in einer Dosierung von 0,1 bis 0,5 mg/kg KG i.m. etwa eine Stunde vor der Narkose kann die Einleitungszeit verkürzt und die Dosis verringert werden. Auch mit Chlorpromazin (10 mg/kg KG i.m.), Benzodiazepin (0,22 bis 0,62 mg/kg KG i.m.) und Metomidat (10 mg/kg KG i.m.) wurden gute Erfahrungen gemacht (YOUNG & KAPLAN 1960, KAPLAN 1969, MARCUS 1981, SPIEGEL et al. 1984, MILLICHAMP 1988, FRYE 1991).

Die **Hypothermie** ist als Narkosetechnik bei Amphibien und Reptilien abzulehnen, da sie zum einen das Risiko birgt, einen ohnehin schon geschwächten Patienten zu schädigen oder zu töten, und auf der anderen Seite die Schmerzausschaltung kaum gewährleistet ist. Durch die tiefere Körpertemperatur kommt es lediglich zu einer Verzögerung und Verlangsamung von Reflexen und Reaktionen.

Für kleinere chirurgische Eingriffe, wie Abszeßspaltung, Naht von Wunden, Entfernung kleiner Hauttumoren reicht oftmals eine **Lokalanästhesie** aus, also eine vorübergehende Ausschaltung des Schmerzempfindens in einem umschriebenen Bezirk ohne Beeinträchtigung des Bewustseins. Hierzu hat sich die Infiltration von Lidocain (2 %) oder Procain (1 %) bewährt. Man sollte allerdings beachten, daß die lethale Dosis von Procain bei 250 mg/kg KG s.c. liegt (BURKE 1986). Vor der Injektion des Lokalanästhetikums muß aspiriert werden, um eine intravasale Applikation zu vermeiden.

Für die Allgemeinnarkose stehen verschiedene **Injektions- und Inhalationsnarkotika** zur Verfügung. Da die Wirkung eines Narkotikums bei Reptilien temperaturabhängig ist, sollte die Körpertemperatur bei 24 bis 27 °C gehalten werden. Dies kann entweder über eine Heizmatte oder über die Umgebungstemperatur erreicht werden. Auch während der Aufwachphase sollte die Temperatur in diesem Bereich liegen. Übersteigt sie diesen wesentlich, kann es durch Freisetzung von Narkosemittel aus den Fettkörpern zu einem Rückfall in tiefere Narkosestadien kommen. Ist die Körpertemperatur zu tief, wird der Abbau und die Ausscheidung des Narkotikums und damit die Aufwachphase unnötig verlängert.

Ketamin-HCl ist das wohl geeignetste **Injektionsnarkotikum** für Reptilien, weil es nur geringe Atemdepression und eine Herzstimulation hervorruft (GLENN et al. 1972, CUSTER & BUSH 1980, SCHUMACHER et al. 1992, HOLZ & HOLZ 1994). Allerdings verursacht es Schmerz bei der Injektion und bewirkt nur eine geringe Muskelrelaxation. Zur Sedation wird eine Dosis von 20 bis 40 mg/kg KG i.m. und zur Allgemeinnarkose eine Dosis von 50 bis 80 mg/kg KG i.m. eingesetzt (GLENN et al. 1972, WALLACH 1974, HARDING 1977, JONES 1977, TERPIN & DODSON 1978, MILLICHAMP 1988, FRYE 1991). Bei Dosierungen über 110 mg/kg KG kann es zu verlangsamter Herzaktivität und Atemstillstand kommen, was eine künstliche Beatmung erfordern würde. Bei derart hohen Dosierungen kann die Aufwachphase bis zu sechs Tagen betragen (GLENN et al. 1972). Die Einleitungszeit beträgt bei Ketamin normalerweise 10 bis 30 Minuten und die Aufwachphase 12 bis 96 Stunden, wobei Echsen schneller aufwachen als die übrigen Vertreter der Reptilien (BENNETT 1991).

Der Einsatz von Barbituraten und Ethorphin bei Reptilien ist ebenfalls beschrieben worden (HINSCH & GANDAL 1969, WALLACH & HOESSLE 1970, JACOBSON 1984). Sie haben jedoch gegenüber Ketamin deutliche Nachteile. Ethorphin ist teuer, und es sind hohe Dosierungen notwendig, um ein chirurgisches Narkosestadium zu erreichen (WALLACH & HOESSLE 1970, BENNETT 1991). Barbiturate bedingen eine lange und unberechenbare Einleitungszeit und eine sehr lange Aufwachphase (JONES 1977, JACOBSON 1984). Herz- und Atemdepressionen sowie Todesfälle wurden im Zusammenhang mit Barbituratnarkosen beschrieben (PLEUGER 1950, BETZ 1962, BENNETT 1991).

Die **Inhalationsnarkose** hat – abgesehen von der Notwendigkeit eines Narkosegerätes – gegenüber der Injektionsnarkose deutliche Vorteile und ist das Narkoseverfahren der Wahl bei Reptilien. Dauer und Tiefe der Narkose sind besser steuerbar und das Tier wacht in der Regel innerhalb von Minuten nach Beenden der Narkosegaszufuhr auf. Als Narkosegase eignen sich vor allem Isofluran und Halothan, wobei ersterem von vielen Untersuchern der Vorzug gegeben wird (BENNETT 1991, HOCHLEITHNER 1993). Es hat gegenüber Halothan den Vorteil, daß es ausschließlich über die Lungen ausgeschieden wird und nicht metabolisiert werden muß (MUIR & HUBBELL 1989). Für beide Gase wird eine Konzentration von 2,0 bis 5,0 % zur Einleitung und 1,0 bis 2,5 % zur Aufrechterhaltung der Narkose empfohlen (JACKSON 1970, RUSSO 1979, FAGGELLA & RAFFE 1987, BENNETT 1991).

Die Verwendung von Ether sollte der Vergangenheit angehören, da es aufgrund des hohen Blut/Gas-Verteilungskoeffizienten (Ether: 15,2; Halothan: 2,36; Isofluran: 1,4) eine lange Anflutdauer und eine noch längere Aufwachphase bedingt. Da es zudem atemdepressiv wirkt, kann es bei entsprechender Narkosetiefe zu Zwischenfällen mit tödlichem Ausgang kommen (BETZ 1962, JACKSON 1970, CALDERWOOD 1971). Die Verwendung von Methoxyfluran kann zumindest bei Patienten mit Leberproblemen nicht empfohlen werden, da 50 % des Gases in der Leber abgebaut werden (MUIR & HUBBELL 1989). Auch sind Todesfälle bei der Verwendung dieses Gases beschrieben worden (BURKE & WALL 1970).

Die Patienten erhalten entweder zunächst zur Einleitung der Narkose Ketamin (30 bis 50 mg/kg KG i.m.) oder werden direkt per Maske oder durch Einleiten des Gases in den Behälter des Tieres mit dem Narkosegas beatmet. Man muß dabei bedenken, daß viele Reptilien über längere Zeit die Luft anhalten können und dies insbesondere bei ungewohnten Gerüchen oder Streßsituationen auch tun.

Wenn es die Körpergröße des Reptils zuläßt, sollte, sobald es narkotisiert ist, ein Atemtubus in die Luftröhre eingeführt werden, damit eine kontrollierte Beatmung gewährleistet ist. Bei Schildkröten ist die Trachea nur kurz und gabelt sich früh in die beiden Hauptbronchien. Deshalb besteht bei dieser Tiergruppe besonders die Gefahr, daß in einen Hauptbronchus intubiert und somit nur ein Lungenflügel beatmet wird. Bei kleineren Exemplaren kann das Gasgemisch mit Hilfe einer Atemmaske verabreicht werden. Dabei können z. B. abgeschnittene Spritzen oder deren Schachteln verwendet werden.

Die nur schwach ausgeprägte Muskelaktivität während der Atmung bei Reptilien verbietet insbesondere bei kleineren Exemplaren die Verwendung eines geschlossenen Systems. Ein halboffenes System mit manueller Beatmung des Patienten hat sich hingegen bewährt. Der Totraum innerhalb des Systems muß auf ein Minimum reduziert werden. Bei der Beatmung von intubierten Reptilien muß mit großer Vorsicht vorgegangen und jeweils geprüft werden, ob der Brustkorb sich auch wieder senkt. Sonst kann es zur Überdehnung der Lunge und zur Ruptur von Alveolen und Luftsäcken kommen. Automatische Beatmungsmaschinen können deshalb nicht verwendet werden.

Wenn ein Tier anästhesiert wird, durchläuft es verschiedene Stadien, darunter auch das sogenannte Exzitationsstadium. Bei Echsen und Schlangen beobachtet man aufgeregtes Umherkriechen sowie Versuche, sich zu verstecken. Etwas später kommt es zu schnellen, unkoordinierten Exzitationsbewegungen. Schlangen kriechen in diesem Stadium oftmals auf dem Rücken durch den Behälter.

Die Patienten sollten in einer ruhigen, sauerstoffreichen Umgebung aufwachen. Während der **Aufwachphase** nach einer Inhalationsnarkose sollte der Patient so lange mit Sauerstoff beatmet werden, bis Anzeichen eines Aufwachens aus der Narkose festgestellt werden. Die Temperatur sollte bei den meisten Reptilienarten während der Aufwachphase bei 25 bis 27 °C liegen, um ein rasches Abbauen und Ausscheiden der Narkotika zu gewährleisten (MILLICHAMP 1988, BENNETT 1991).

3.6.2 Narkose bei Amphibien

Auch bei Amphibien kann über das Testen von Reflexen die **Narkosetiefe** eingeschätzt werden. Um den Umkehrreflex zu überprüfen, wird das Tier in Rückenlage verbracht. Versucht es sich, wenn auch langsam, wieder in Bauchlage zu drehen, so ist die Narkose noch zu flach. Der Schmerzreflex kann durch Kneifen oder Nadelstich in die Zwischenzehenhaut, in die Zehe oder in den Schwanz beurteilt werden. Das chirurgische Narkosestadium ist dann erreicht, wenn beide Reflexe erloschen sind (ZWART 1985).

Auch bei Amphibien wird Ketamin (40 bis 50 mg/kg KG i.m.) mit gutem Erfolg als **Injektionsnarkotikum** eingesetzt (KÖHLER, unveröff.). Die Narkose kann auch über ein **Wasserbad**, dem ein Narkotikum hinzugefügt wird, durchgeführt werden. Dabei ist Tricain-Methan-Sulphonat (MS-222, Sandoz) in einer Dosierung von 150 mg/l Badewasser das Mittel der Wahl (TEMPLE & FOWLER 1986, ZWART 1985, ZWART et al. 1991). In Notfällen, wenn dieses Medikament nicht vorhanden ist, kann Ether (2 ml gesättigte Ether-Lösung pro Liter Wasser) oder Ethylalkohol (10 %ige Lösung) eingesetzt werden (TEMPLE & FOWLER 1986, ZWART et al. 1991). Das ebenfalls von TEMPLE & FOWLER (1986) empfohlene Urethan (Ethylcarbamat) ist wegen seiner Karzinogenität jedoch abzulehnen.

LETCHER (1992) hat Tricain-Methan-Sulphonat (MS-222) mit Erfolg als Injektionsnarkotikum bei Fröschen (*Rana catesbeiana* und *Rana pipiens*) eingesetzt. Allerdings waren deut-

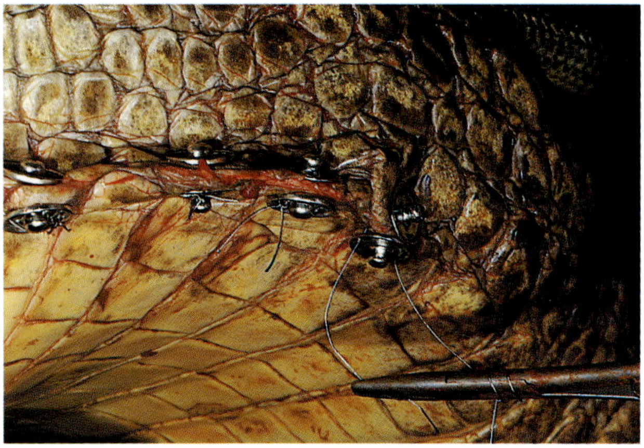

Abb. 109. Bei sehr großen Reptilien wie Krokodilen werden bei der Hautnaht als Zugentlastung sterile Metallknöpfe verwendet.

liche speziesabhängige Wirkungsunterschiede festzustellen, so daß er für *Rana catesbeiana* eine Dosierung von 250 bis 400 mg/kg KG i.p. und für *Rana pipiens* 100 bis 250 mg/kg KG i.p. empfiehlt. Da bei letzterer Art bereits bei Dosierungen über 250 mg/kg KG Todesfälle auftraten, ist die intraperitoneale Applikation von Tricain-Methan-Sulphonat nicht ungefährlich. ZWART (1985) empfiehlt die Applikation von 50 mg/kg KG Pentobarbital in den dorsalen Lymphsack. Das chirurgische Narkosestadium wird nach etwa 30 Minuten erreicht und dauert mehrere Stunden.

Auch bei Amphibien ist eine Inhalationsnarkose möglich. Bei aquatischen Arten kann Halothan oder Isofluran in feinen Bläschen durch das Wasser geleitet werden, während man bei terrestrischen Arten das Narkosegas in den geschlossenen Behälter strömen läßt. Beide Gase können in einer Konzentration von 2,0 bis 5,0% verwendet werden (ZWART 1985, ZWART et al. 1991).

3.7 Chirurgische Maßnahmen

Hinsichtlich chirurgischer Eingriffe gelten bei Amphibien und Reptilien für Sterilität und Technik die gleichen Prinzipien wie bei Säugetieren. Allerdings sind einige Spezialkenntnisse zur Physiologie und Anatomie dieser Tiergruppen erforderlich.

Vor jedem chirurgischen Eingriff muß die Haut im OP-Bereich sorgfältig abwechselnd mit Alkohol (70%) und Betaisodona-Lösung gereinigt und desinfiziert werden. Vor dem Hautschnitt sollte die Haut mit sterilen Tupfern abgetrocknet werden, damit kein Desinfektionsmittel in die Wunde laufen kann.

Hautschnitte sollten nach Möglichkeit immer **zwischen** den Schuppen und nicht durch diese hindurch gemacht werden. Da die Haut bei den meisten Reptilien sehr fest ist, empfiehlt sich die Verwendung von schneidenden Nadeln und Nadel-Faden-Kombinationen zum Verschließen der Hautwunden. Bei Krokodilen ist die Verwendung von chirurgischem Draht in Verbindung mit Metallknöpfen notwendig. Für die meisten Nähte in der Bauchhöhle und zum Verschließen von Peritoneum und Muskulatur muß resorbierbares Nahtmaterial (z. B. Vicryl) in fortlaufender Naht verwendet werden. Für die Hautnaht empfehlen sich U-Hefte aus nicht-resorbierbarem Material wie Nylon, Seide oder Prolene. Dabei soll die Nadel zwischen den Schuppen einstechen und diese nicht perforieren. Da Reptilienhaut die Neigung hat, sich nach innen zu rollen, muß man darauf achten, sie so zu vernähen, daß ein nach außen gestülpter Wundrand entsteht.

Ein **Wundverband** ist bei vollständig verschlossenen chirurgischen Hautwunden nicht nötig. Es sollte jedoch sichergestellt sein, daß die Patienten während der ersten Woche nach der Operation nicht baden können. Zeitungs- oder Vliespapier sind ein adäquates Bodensubstrat. Bei aquatilen Arten, die nicht längere Zeit außerhalb von Wasser gehalten werden

Abb. 110. Subkutaner Abszeß bei einer Eidechse.

können, kommt man nicht umhin, die Wunde mit einem **Wundspray** wasserdicht zu verschließen. Man sollte aber auf peinliche Hygiene mit häufigem Wasserwechsel achten, um Wundinfektionen zu vermeiden. Wenn aquatile Arten postoperativ außerhalb des Wassers gehalten werden, ist es notwendig, sie mindestens zweimal täglich für jeweils eine Stunde in sauberem Wasser zu baden.

Hautnähte werden vier bis sechs Wochen nach der Operation entfernt. Wenn sich das Tier vorher häutet, muß darauf geachtet werden, daß es sich auch im Nahtbereich vollständig von der alten Haut befreit hat.

3.7.1 Chirurgische Entfernung von subkutanen Abszessen, Haut- und Unterhauttumoren und subkutanen Parasitenstadien

Zur Entfernung von subkutanen Abszessen, kleinen Haut- und Unterhauttumoren und subkutanen Parasitenstadien (z. B. Plerocercoide; FOREYT et al. 1983, vgl. Abb. 116 und 117) ist meist nur eine Sedation des Tieres in Verbindung mit einer Lokalanästhesie erforderlich (siehe S. 67). Nach einem Hautschnitt wird das subkutan liegende Gebilde stumpf freipräpariert und mitsamt seiner Bindegewebshülle entfernt. Der Verschluß der chirurgischen Wunde erfolgt durch Einzel-U-Hefte. Eine Nachbehandlung ist in der Regel nicht erforderlich.

Abb. 111. Gespaltener subkutaner Abszeß bei einer *Boa constrictor*.

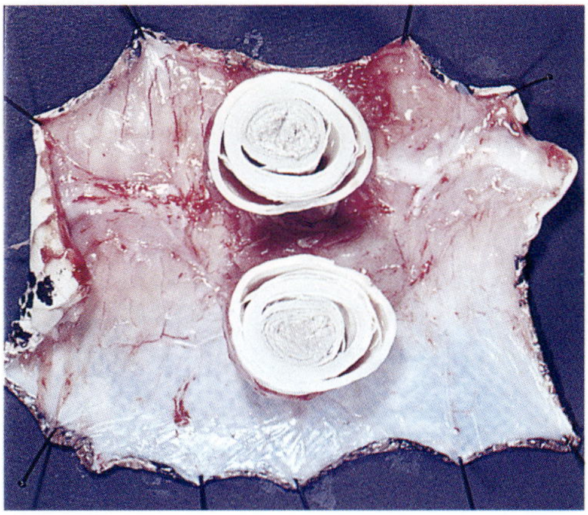

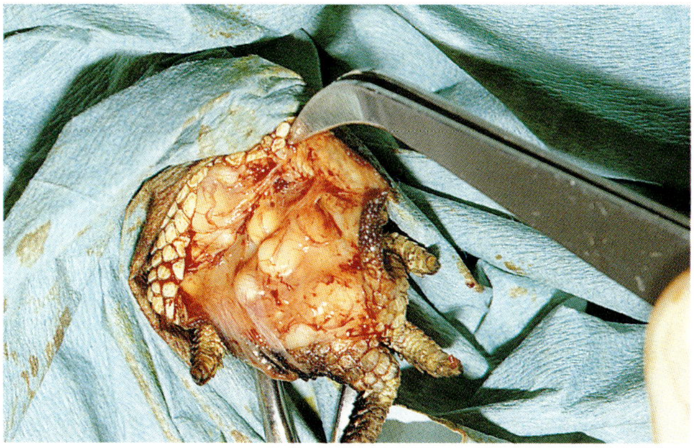

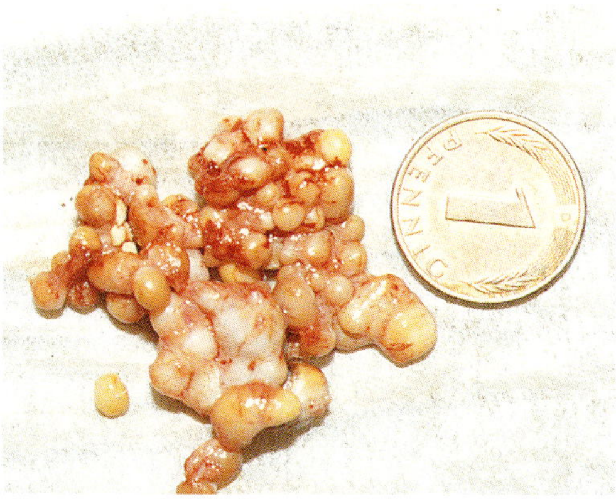

Abb. 112 und 113 (oben). Abszesse im Fuß einer Dornschwanzagame (*Uromastyx acanthinura*).
Abb. 114 (Mitte links). Großer Abszeß im Mundhöhlenboden bei einem Grünen Leguan.

Abb. 115 (Mitte rechts). Leberabszesse bei einem Schwarzleguan (*Ctenosaura similis*).
Abb. 116 und 117 (unten). Entfernung einer *Acanthocephala*-Larve bei einer *Ahaetulla nasuta*.

3.7.2 Panzerverletzungen bei Schildkröten

Schildkröten, die heruntergefallen oder vom Auto überfahren worden sind, können schwere Panzerbrüche aufweisen (Abb. 118). Bei kleinen Defekten genügt es, die Wunden zu reinigen, eine desinfizierende Salbe aufzutragen und sie mit Hilfe von sterilem Klebeverband vor Infektionen zu schützen. Einfache Fissuren im Panzer können mit Hilfe von **Drahtnähten** repariert werden. Hierzu werden angrenzend an den Frakturspalt Löcher gebohrt, durch die der Draht gezogen wird. Der Draht sollte nach vier bis sechs Monaten entfernt werden.

Bei tiefergehenden Verletzungen (z. B. auch durch Hundebisse, Abb. 120) muß immer mit einer Perforation des Bauchfelles und nachfolgenden Infektionen in der Leibeshöhle gerechnet werden. In solchen Fällen ist die parenterale Gabe eines Breitspektrumantibiotikums zur Infektionsprophylaxe empfehlenswert. Das Wundgebiet wird sorgfältig ausgeräumt und mit Betaisodona-Lösung und Wasserstoffperoxid (3 %) gereinigt. Knochenfragmente werden in ihre ursprüngliche Position gebracht oder entfernt. Die Wunde wird daraufhin mit Zinkoxidsalbe abgedeckt und mit einem sterilen **Verband** vor Infektionen

Abb. 118. Panzerfraktur bei einer Landschildkröte (*Gopherus polyphemus*).

Abb. 119 (unten). Reparatur einer Panzerfraktur bei einer Landschildkröte (*Gopherus polyphemus*) mit Epoxidharz und Fiberglasmatten.

Abb. 120. Panzerverletzung bei einer Landschildkröte (*Gopherus polyphemus*), verursacht durch einen Hund.

geschützt. Über einen Zeitraum von mehreren Wochen muß die Wunde täglich gereinigt und mit neuer Salbe und frischem Verband abgedeckt werden, bis sie von gesundem Granulationsgewebe bedeckt ist. Erst dann kann an ein endgültiges Verschließen des Defekts gedacht werden. Zu früh verschlossene Panzerverletzungen können durch übersehene Infektionen zu tiefgehenden granulomatösen oder eitrigen Entzündungen führen.

Zum langfristigen Verschluß von Panzerdefekten eignen sich **Fiberglasmatten** in Verbindung mit Epoxidharz (ZEMAN et al. 1967, FRYE 1973). Dazu wird der Bereich rings um die Wunde zunächst mit Aceton gereinigt und entfettet, wobei darauf zu achten ist, daß kein Aceton in die Wunde selbst gelangt. Danach trägt man einen Film von Zwei-Komponenten-Epoxidharz rings um die Wunde auf und bedeckt diese mit einem runden oder ovalen Stück autoklavierter Fiberglasmatte. Nachdem das Harz in der Peripherie auspolymerisiert ist, bestreicht man auch die Fiberglasmatte über der Wunde vorsichtig mit Harz, wobei keinesfalls Epoxidharz in die Wunde selbst tropfen darf. Nun wird jeweils gewartet, bis das Harz ausgehärtet ist, und abwechselnd Fiberglasmatte und Harz auf die Wunde gebracht, bis der Verschluß ausreichend fest ist. Die bei der Polymerisation entstehende Wärme bedeutet kein ernsthaftes Problem. Die vollständige Heilung unter der Fiberglasmatte erfordert in unseren Breiten mindestens zwei Jahre (JACKSON 1978, HOLT 1981b). Bei jungen Tieren kann es durch das rasche Wachstum zu Problemen mit der dauerhaften Wundabdeckung kommen. Man muß dann gegebenenfalls in regelmäßigen Abständen an den Wachstumszonen der Hornschilder die Abdeckung mit einer oszillierenden Säge durchtrennen.

3.7.3 Eröffnung der Leibeshöhle bei Krokodilen, Echsen und Schlangen

Bei der Eröffnung der Leibeshöhle muß darauf geachtet werden, daß die in der Medianen verlaufende Bauchvene nicht verletzt wird (OLDHAM & SMITH 1975, MILLICHAMP 1988, GOMEZ et al. 1989). Um dieses Risiko zu umgehen, sollte die Schnittführung bei Echsen und Krokodilen immer etwas seitlich von der Mittellinie (paramedian) erfolgen. Dann ist auch die Gefahr, dieses Blutgefäß beim Verschließen der Leibeshöhle mit einzunähen, kaum gegeben. Bei Schlangen sollte der Hautschnitt zwischen den letzten beiden ventralen Reihen von Lateralschuppen geführt werden und nicht durch die Ventralschilde.

Das subkutane Gewebe wird stumpf und die darunterliegenden Muskelschichten durch Spreizen mit der Schere durchtrennt. Nach Durchschneiden des Bauchfells ist die Leibeshöhle eröffnet. Bei Schlangen muß darauf geachtet werden, den weit nach hinten reichenden Luftsack nicht zu verletzen. Die abdominalen Fettkörper werden beiseite geschoben, um Zugang zu den Eingeweiden zu erhalten.

3.7.4 Eröffnung der Leibeshöhle bei Schildkröten

Bei Schildkröten ist die Eröffnung der Leibeshöhle wegen des starren Panzers mit besonderen Schwierigkeiten verbunden und verlangt erhebliche Kenntnisse der Reptilienchirurgie sowie einen großen operativen Aufwand. Der Zugang durch den Plastron bedingt, daß ein quadratisches oder rechteckiges Stück des Panzers mit Hilfe einer oszillierenden Säge herausgeschnitten werden muß (Frye & Schuchman 1974, Jordan & Kyzar 1978, Holt 1981b, Gabrisch 1985). Dabei sollte man sehr vorsichtig sein und nicht tiefer als unbedingt nötig sägen, um eine Verletzung von inneren Organen zu vermeiden. Es ist günstiger, den Schnitt nicht genau senkrecht, sondern etwas schräg in Richtung Zentrum der Knochenplatte zu machen, da dann das spätere Reponieren des Fragments leichter fällt. Dabei sollte sterile Elektrolytlösung zur Kühlung des Wundgebietes verwendet werden. Der beim Sägen entstandene Staub muß vor Eröffnung der Leibeshöhle entfernt werden. Eine Seite der Knochenplatte wird mit einer Pinzette ergriffen und ihre Verbindung zur Faszie und zum darunterliegenden Bauchfell stumpf durchtrennt. Wenn möglich sollte die Bauchfellverbindung an der vorderen (kranialen) Seite bestehen bleiben, damit die Blutversorgung nicht vollständig unterbrochen ist – eine gute Versorgung mit Blut begünstigt die Heilung. Die Knochenplatte wird mit Gaze umgeben, die in steriler Ringer-Lösung getränkt wurde, um ein Austrocknen des Gewebes zu verhindern. Wenn die Knochenplatte ganz herausgelöst worden ist, wird sie in ein Bad mit physiologischer Kochsalz- oder Ringer-Lösung gelegt. Das Bauchfell wird zwischen den gut sichtbaren und parallel verlaufenden Bauchvenen durchschnitten, um die Leibeshöhle zu eröffnen. Dabei muß an jeder Vene ausreichend Gewebe für die spätere Naht verbleiben.

Das Bauchfell wird nach dem erforderlichen Eingriff mit resorbierbarem Nahtmaterial mit einer fortlaufenden Naht verschlossen und die Knochenplatte in ihre ursprüngliche Position gebracht. Nun bohrt man in jede der vier Ecken des Fragments und des Panzers Löcher, wobei man einen steriler Holzspatel unter den Knochen hält, in den man gerade bohrt, um ein Eindringen des Bohrers in tieferes Gewebe zu vermeiden. Chirurgischer Draht (0,7 bis 0,8 mm Durchmesser) wird in die Löcher des Panzers geschoben, auf Bauchhöhlenseite mit einer gebogenen Arterienklemme ergriffen und durch das korrespondierende Loch der Knochenplatte gezogen. Wenn alle Drahtnähte plaziert sind, werden sie verdrillt, um eine Fixation des Fragments zu gewährleisten. Danach wird der Panzer von Blutresten gereinigt und mit Aceton entfettet. Der nun folgende dauerhafte Verschluß mit Hilfe von schnell härtendem Epoxidharz und Fiberglasmatten erfolgt wie bei der Reparatur von Panzerverletzungen (siehe S. 73). Die Heilungsphase ist extrem langwierig und kann bis zur vollständigen Heilung der operationsbedingten Panzerwunde mehrere Jahre betragen (Holt 1981b). Aufgrund ihrer Lage am Bauchpanzer ist die Operationswunde besonders anfällig für Verschmutzungen und Infektionen.

Alternativ kann die Laparotomie bei Schildkröten auch über einen Zugang zwischen Hinterbein und seitlichem Panzer erfolgen (Isenbügel & Barandun 1981, Brannian 1984a, Page 1985, Schildger & Häfeli 1989). Hierzu wird die Schildkröte in Rückenlage verbracht und das Hinterbein der Seite, an der der Eingriff erfolgen soll, maximal gestreckt. Nach einem horizontalen Hautschnitt im Kniefaltenbereich werden das subkutane Gewebe und das Bauchfell weitgehend stumpf durchtrennt. Durch die anatomischen Gegebenheiten ist der Zugang in diesem Bereich recht eng, genügt aber, um z. B. Teile des Eileiters oder des Darmes vorzulagern. Bauchfell und Muskulatur werden mit einer fortlaufenden Naht und die äußere Haut mit U-Einzelheften verschlossen. Der Vorteil dieser Technik gegenüber dem Zugang durch den Panzer ist neben dem geringeren Aufwand vor allem die schnellere und unkompliziertere Heilung.

3.7.5 Chirurgische Therapie der Legenot bei Reptilien

Das chirurgische Entfernen von Eiern stellt wohl die häufigste Indikation für eine Eröffnung der Leibeshöhle bei Reptilien dar (FRYE & SCHUCHMAN 1974, VAN DEVANDER & SCHMIDT 1977, JORDAN & KYZAR 1978, MULDER et al. 1979, PATTERSON & SMITH 1979, CHIODINI & SUNDBERG 1980, RODRICK & SUNDBERG 1980, HOLT 1981b, MILLICHAMP et al. 1983, BRANNIAN 1984, GRAIN & EVANS 1984, GABRISCH 1985, PAGE 1985, MAAS & GERRITSEN 1987, SCHILDGER & HÄFELI 1989, DIVERS & WILLIAMS 1993, KÖHLER 1993b).

Bei der Eröffnung der Leibeshöhle sollte der Hautschnitt mindestens der Länge eines Eies entsprechen.

Nachdem die abdominalen Fettkörper beiseite geschoben wurden, sind die mit Eiern gefüllten Eileiter meist gleich zu sehen, da sie große Teile der Leibeshöhle ausfüllen. Zunächst wird der Eileiter der einen Seite vorgelagert und über einem Ei unter Schonung der sichtbaren Blutgefäße gegenüber dem Gekröse mit einem Längsschnitt eröffnet. Meist ist es nötig, über jedem Ei einen solchen Schnitt zu machen, nur selten lassen sich zwei oder sogar drei Eier durch eine Öffnung schieben. Nur bei Schlangen, bei denen sich die Eileiter oft nur wenig vorlagern lassen, sollten die langgestreckten Eier von einer Hilfsperson vorsichtig zur Operationswunde hin geschoben werden. Wichtig ist, daß alle Eier sowie Eireste, Entzündungsprodukte und Harnsäure restlos entfernt bzw. herausgespült werden.

Abb. 121. Fidji-Leguan (*Brachylophus fasciatus*) mit einem gut mineralisierten Ei.

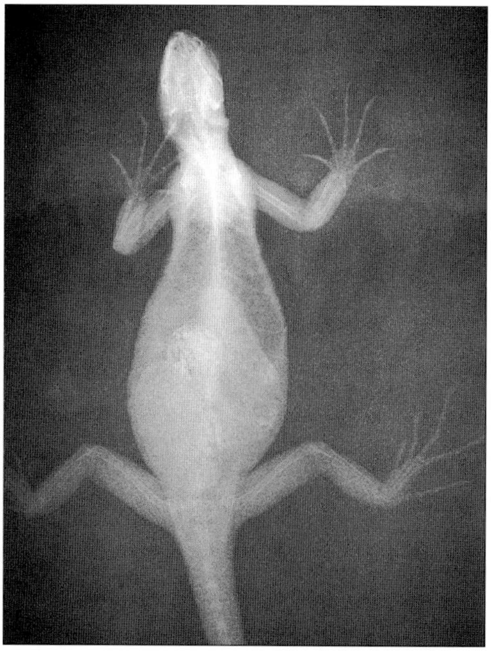

Abb. 122. Grüner Leguan (*Iguana iguana*) mit Eiern.

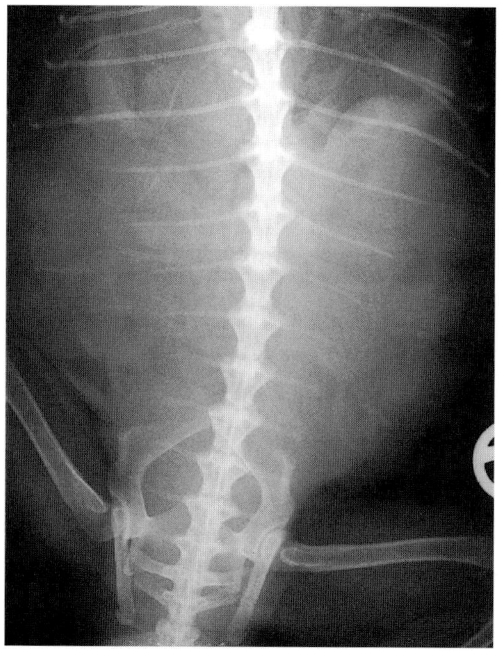

Die Wundränder werden unmittelbar nach Entnehmen des Eies zusammengeführt. Ein Vernähen der Eileiteröffnungen ist zumindest bei Echsen und kleinen bis mittelgroßen Schlangen nicht notwendig (Schildger & Häfeli 1989, Köhler 1994). Wenn man die Eileiter mit einem Längsschnitt öffnet und nach der Eientnahme die Wundränder entsprechend adaptiert, kommt es durch Kontraktion der Eileitermuskulatur und Verkleben der Wundränder rasch zu einem sauberen Verschluß der chirurgischen Wunde. Das Vernähen der hauchdünnen Eileiter kann leicht zu Einengungen des Eileiterlumens führen, was bei der nächsten Trächtigkeit ein Passagehindernis darstellen kann. Bei Krokodilen, Schildkröten und größeren Schlangen werden die Eileiter mit einer fortlaufenden Lembertnaht verschlossen, die durch eine Cushingnaht gesichert werden kann (Mulder et al. 1979, Chiodini & Sundberg 1980, Millichamp et al. 1983, Schildger & Häfeli 1989).

Abb. 123. Schildkröte mit gut mineralisierten Eiern.

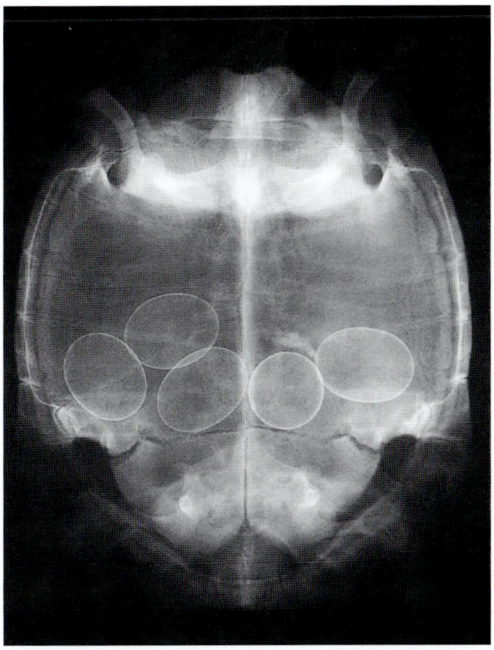

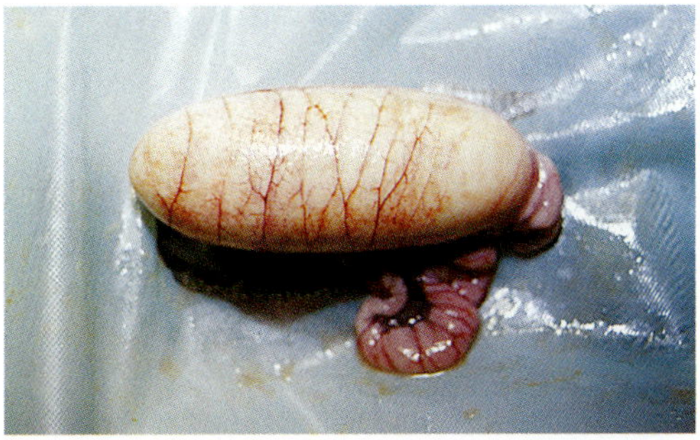

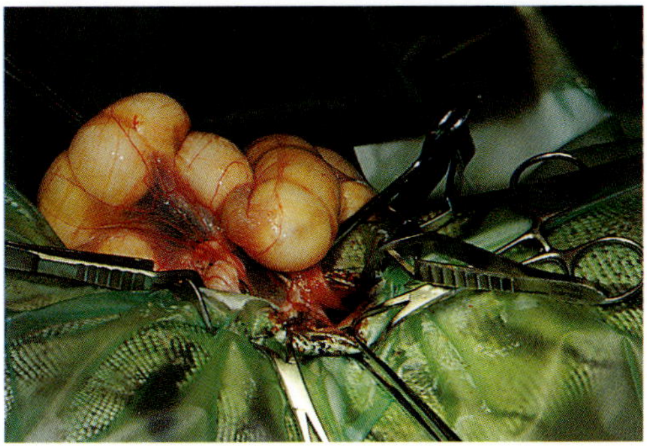

Abb. 124. Vorgelagerter Eileiter mit Ei bei einer Legenotoperation an einem *Varanus indicus*.
Abb. 125 (unten). Vorgelagerter Eileiter mit Eiern bei einer Legenotoperation an einem Grünen Leguan (*Iguana iguana*).

In Fällen, bei denen die Eileiter durch die lange andauernde Legenot bereits stark entzündet sind, kann es notwendig sein, diese zu resezieren (Grain & Evans 1984). Dazu werden am proximalen und am distalen Ende zunächst Haltefäden gesetzt, der Eileiter abgebunden und abgesetzt. Die Eileiterstümpfe werden mit einer einstülpenden Naht verschlossen. Wenn bei einem Tier die Eileiter entfernt werden müssen, ist es selbstverständlich, daß man auch eine Ovariektomie (= Entfernung beider Eierstöcke) durchführt, da es sonst beim nächsten Fortpflanzungszyklus zu Komplikationen kommen würde. Dabei wird wie bei der chirurgischen Behandlung von Follikelretention vorgegangen (siehe S. 78).

3.7.6 Chirurgische Therapie der Follikelretention bei Echsen

Insbesondere beim Grünen Leguan, aber auch bei anderen Echsen kommt es vor, daß die Weibchen zwar Follikel anbilden, es aber nicht zum Eisprung kommt (OROSZ et al. 1992, BACKUES & RAMSAY 1994). Physiologischerweise findet die Ovulation bei freilebenden Grünen Leguanen etwa fünf Wochen nach der Paarung und drei bis vier Wochen vor der Eiablage statt, wenn die Follikel einen Durchmesser von 20 mm erreicht haben (DUGAN 1982). Als Ursache für eine Follikelretention kann eine ungenügende oder unzeitgemäße Ausschüttung von Luteinisierungshormon (LH) durch die Adenohypophyse angenommen werden. Ein fehlender oder nicht artgemäßer klimatischer Jahreszyklus und andere Haltungsfehler spielen hierbei möglicherweise eine Rolle.

Die Diagnose „Follikelretention" kann gestellt werden, wenn durch wiederholte Ultraschall- oder Röntgenuntersuchung nachgewiesen werden konnte, daß reife Follikel (Durchmesser mindestens 20 mm, DUGAN 1982) über einen Zeitraum von vier und mehr Wochen bestanden haben oder die gefundenen Follikel eindeutig hypertroph (größer als

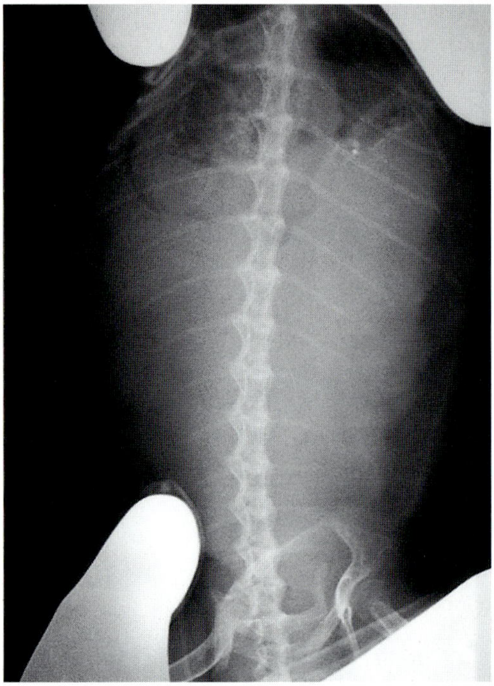

Abb. 126. Röntgenaufnahme eines Grünen Leguans (*Iguana iguana*) mit Follikelretention.

Abb. 127 (links). Galapagos-Riesenschildkröte (*Chelonoides elephantopus*) mit zahlreichen großen Follikeln.
Abb. 128 (rechts). Chirurgische Operation einer Follikelretention bei einem Grünen Leguan (*Iguana iguana*).

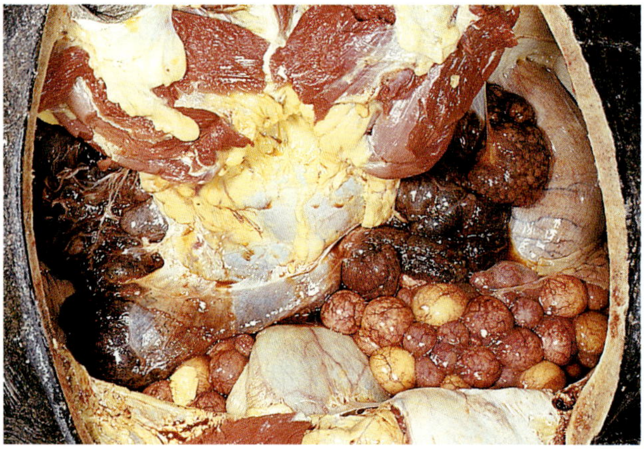

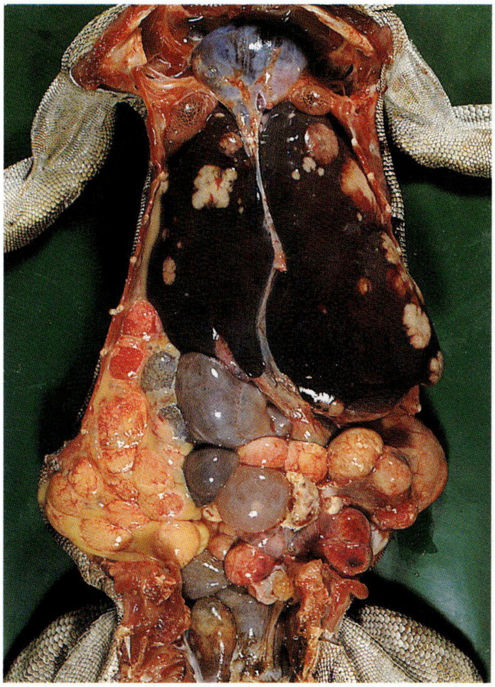

Abb. 129. Grüner Leguan (*Iguana iguana*) mit zahlreichen Follikeln und soliden Tumoren in der Leibeshöhle.

25 mm im Durchmesser) sind. Bei diesen Follikeln ist es unwahrscheinlich, daß sie noch ovulieren oder daß sie vollständig zurückgebildet werden. Von einem Endoskopieren muß in diesen Fällen abgeraten werden, da die Gefahr einer Follikelruptur sehr groß ist.

Als mögliche Komplikationen der Follikelretention sind Entzündungen, Rupturen sowie zystische und tumoröse Entartung der Follikel zu nennen. Bei Rupturen kann es durch Austritt von Dotter zur Ausbildung einer Fremdkörperperitonitis, aber auch zum Verbluten in die Leibeshöhle kommen.

Eine Follikelretention kann chirurgisch durch das Entfernen der Follikel zusammen mit den Eierstöcken behandelt werden. Hierzu müssen die Follikel, die am Ovar traubenförmig zusammenhängen, vorsichtig vorgelagert werden, ohne daß es zu Rupturen der Follikel kommt. Dann werden die im Periovarium verlaufenden Blutgefäße ligiert, wozu sich 4.0 Vicryl eignet. Dabei ist zu beachten, daß die Nebenniere unmittelbar neben dem Ovar gelegen ist und keinesfalls mit abgebunden oder gar entfernt werden darf!

Man kann auch versuchen, den Inhalt der Follikel zunächst abzusaugen und sie dann zu entfernen, dabei die Eierstöcke selbst aber unangetastet zu lassen (Orosz et al. 1992). Dabei ist jedoch das Risiko höher, daß Dotter in die Leibeshöhle gerät und zu einer Peritonitis führt. Der große Vorteil bei Gelingen dieser Operation ist aber, daß die Fortpflanzungsfähigkeit des Tieres erhalten bleibt. Allerdings kann es dann in der nächsten Fortpflanzungsperiode erneut zu den gleichen Problemen kommen.

3.7.7 Chirurgische Eingriffe an Magen und Darm

Indikationen für eine Gastro- oder Enterotomie sind das Beseitigen von Fremdkörpern, Darmverschlüssen, Darminvaginationen, Neoplasien, Abszessen und Granulomen (Hartmann 1976b, Jacobson & Ingling 1976, Jacobson et al. 1980a). Dabei muß daran erinnert werden, daß gesunde Krokodile physiologischerweise Steine im vorderen Teil des Magens haben, die natürlich nicht zu entfernen sind.

Die Magen- oder Darmwand wird nach dem Eingriff je nach Größe des Tieres mit 2.0 bis 4.0 chromiertem Catgut oder Vicryl in zwei Schichten mit einer einstülpenden Naht (Cushing oder Connell) verschlossen. Tiere, bei denen eine Gastro- oder Enterotomie durchgeführt worden ist, erhalten zwei bis drei Wochen nach dem Eingriff kein Futter und bekommen auch danach zunächst nur kleine Rationen. Stattdessen erhalten die Tiere Flüssignahrung (z. B. Amynin).

3.7.8 Blasensteinoperationen

Die Bildung von Steinen in der Analblase von Schildkröten und Echsen kommt häufig vor (siehe auch S. 59ff.), erfordert aber nur in wenigen Fällen ein chirurgisches Eingreifen (FRYE 1972, 1983, RYER 1983, KÖHLER 1992a). Soll ein Blasenstein entfernt werden, wird die Analblase, nachdem die Leibeshöhle eröffnet ist, vorgelagert und auf eine mit steriler physiologischer Kochsalzlösung getränkte Mullbinde gelegt. Um den späteren Verschluß der Blasenwand zu erleichtern, werden auf jeder Seite entlang des geplanten Einschnitts eine Reihe Haltefäden gesetzt, deren Enden mit Mosquito-Klemmen festgehalten werden. Bei der Eröffnung der Analblase werden größere Blutgefäße gemieden. Mit Hilfe einer Saugvorrichtung oder einer großlumigen Spritze wird die Blasenflüssigkeit weitgehend abgesaugt, damit sie nicht über das Operationsfeld und möglicherweise in die Leibeshöhle läuft.

Die Blasensteine können mit Hilfe eines Löffels aus der Blase gehoben werden. Das Blasenlumen muß gründlich nach kleineren Steinen oder abgebrochenen Fragmenten des entfernten Steines untersucht werden, da diese als Kristallisationskerne für zukünftige Steine fungieren können.

Die Wundränder neigen dazu, sich nach innen zu rollen, was beim Verschluß vermieden werden muß. Die Haltefäden werden miteinander verknotet, so daß die erste Lage des Wundverschlusses entsteht. Danach folgen zwei fortlaufende Lembert-Nähte, um einen dichten Verschluß der Analblase zu erreichen. Nachdem die Blase in die Leibeshöhle reponiert worden ist, wird Bauchfell, Muskulatur und Haut verschlossen.

3.7.9 Chirurgische Therapie von Kloaken- und Darmvorfällen

Bereits eingetrocknete und nekrotische Kloaken- oder Darmvorfälle und auch immer wieder rezidierende Vorfälle dieser Organe können eine Amputation notwendig machen. Hierzu wird das vorgefallene Gewebe gereinigt und mit Betaisodona-Lösung desinfiziert. Danach wird ein leichter Zug auf das vorgefallene Organ ausgeübt, um gesundes Gewebe freizulegen. Der als Urodeum bezeichnete Abschnitt der Kloake sollte identifiziert werden, um eine Verletzung von Strukturen in diesem Bereich zu vermeiden. Nachdem ein Schnitt durch die äußeren und die inneren Schichten des vorgefallenen Organs geführt wurde, schiebt man eine gleitfähig gemachte Sonde in das Rektum, um das Nähen zu erleichtern. 3.0 Vicryl wird in einer einfachen fortlaufenden Naht verwandt, um das Rektum zu verbinden, wobei Mukosa auf Mukosa zu liegen kommt. Danach wird das vernähte Rektum wieder in seine physiologische Lage umgestülpt und zurück in die Kloakenöffnung geschoben. Eine kloakale Spülung mit warmer physiologischer Kochsalzlösung ist empfehlenswert, damit sich der zurückgelagerte Darm wieder in seine normale Lage begibt.

Die so operierten Tiere erhalten zwei bis drei Wochen nach dem Eingriff nur Flüssignahrung (z. B. Amynin) und bekommen auch danach zunächst nur kleine Rationen.

3.7.10 Chirurgische Therapie von Hemipenesvorfällen

Wenn eine Reponierung des vorgefallenen Organs nicht möglich ist, z. B. bei eingetrockneten und verletzten Hemipenes, muß der vorgefallene Bereich des Organs amputiert werden. Da im Hemipenes der Reptilien keine Harnröhre verläuft, kann das Organ nach sorgfältiger Reinigung und Desinfektion abgeklemmt, abgebunden und abgetrennt werden.

3.7.11 Chirurgische Therapie von Eileitervorfällen

Durch starke Wehentätigkeit kann es zum Vorfall eines oder beider Eileiter kommen. Meist steckt dann jeweils ein Ei im vorgefallenen Organ (Abb. 130). Wenn der Vorfall noch frisch ist, kann man versuchen, das Ei chirurgisch aus dem vorgefallenen Eileiter zu entfernen und dann den Eileiter wieder zu reponieren. Dazu muß allerdings eine Laparotomie durchgeführt und der Eileiter von innen wieder hineingezogen werden. Wenn aber das sehr empfindliche Eileitergewebe schon entzündet, eingetrocknet oder stark verletzt ist, kommt man an einer Amputation des vorgefallenen Gewebes nicht vorbei. Dazu klemmt man es im gesunden Bereich ab, ligiert es und schneidet es mit einer Skalpellklinge ab. Der verbliebene Stumpf wird mit einer einstülpenden Naht verschlossen. Wenn die Eileiter entfernt werden müssen, kommt man an einer Entfernung beider Eierstöcke nicht vorbei. Dabei wird wie bei der chirurgischen Behandlung von Follikelretention vorgegangen (siehe S. 78).

3.7.12 Therapie von Knochenbrüchen

Die chirurgische Behandlung von Knochenbrüchen ist – eine Mindestgröße des Patienten vorausgesetzt – bei Reptilien genauso möglich wie bei Säugetieren (DAVID 1976, HARTMAN 1976a, REDISH 1977, PHILLIPS 1978, REDISH 1978, CRANE et al. 1980, MADER & KERR 1986).

So lange die Bruchfragmente nicht zu sehr verschoben sind, genügt eine konservative Therapie. Eine Stabilisierung der betroffenen Extremität kann beispielsweise mit Hilfe eines Thomas-Splint erfolgen (REDISH 1977). Bei Zehenfrakturen von Echsen hat sich ein Pflasterverband zur Ruhigstellung der Fraktur bewährt. Dabei müssen die Zehenzwischenräume mit Watte ausgepolstert werden. Die Heilungstendenz von Knochenbrüchen ist bei Amphibien und Reptilien im allgemeinen sehr gut.

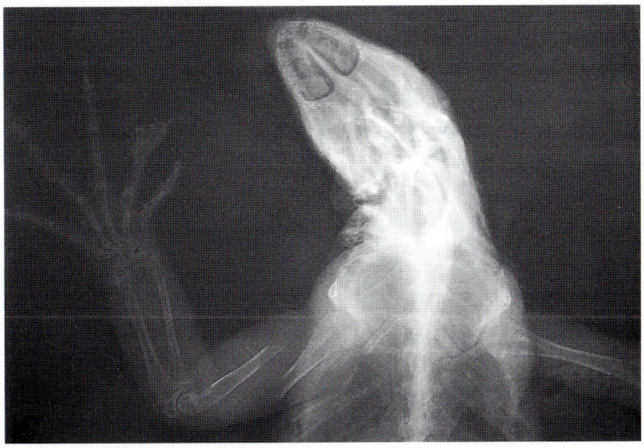

Abb. 130. Kragenechse (*Chlamydosaurus kingi*) mit beidseitigem Eileitervorfall. In jedem der vorgefallenen Eileiter befindet sich ein Ei.
Abb. 131. Röntgenaufnahme eines Grünen Leguans (*Iguana iguana*) mit Humerusfraktur.

Wenn die Bruchfragmente stark verschoben sind, kann eine chirurgische Therapie erfolgreich sein (DAVID 1976, HARTMAN 1976a, MADER & KERR 1986). Auf die Osteosynthese-Technik einzugehen, ist im Rahmen dieses Buches nicht möglich. Hier sei auf die entsprechende Spezialliteratur verwiesen (WINGFIELD & RAWLINGS 1983).

4 Anomalien

Anomalien kommen sowohl bei unter Terrarienbedingungen gezüchteten als auch bei freilebenden Amphibien und Reptilien vor. Die Mißbildungen können unauffällig sein, wie z. B. geringgradige Beschuppungsanomalien, aber auch zu hochgradig entstellten Mißgeburten führen. Die Ursachen für die Entstehung von Mißbildungen sind vielfältig und können in der Regel im Einzelfall nicht eindeutig geklärt werden.

Im Schrifttum finden sich zahlreiche Berichte von Mißbildungen bei diesen Tiergruppen (DORNER 1873, WALL 1905, GLAESNER 1924, HILDEBRAND 1930, WILLES 1932, CLAY 1935, LYNN & ULLRICH 1950, BELLAIRS & BOYD 1957, DERANIYAGALA 1958, BELLAIRS & GAMBLE 1960, BECHTEL & BECHTEL 1962, BELLAIRS 1965, RUBIN et al. 1967, BUSTARD 1969, PROSCHA & LEHMANN 1970, JACKSON et al. 1971, WERMUTH 1971, DAVIES 1974, FRYE & CARNEY 1974, WEBB & MESSEL 1977, BRANCH 1979, DEAN et al. 1980, LASHER 1980, COOPER 1983, WEBB & MANOLIS 1983, KHAIRE & KHAIRE 1984, MIENIS 1986,

Abb. 133. Schuppenanomalien auf der Bauchseite bei einer *Python regius*.

MONTAGUE 1984, PAVALCO 1986, RYAN 1986, TYURIN 1986, ULBER 1986, BREGULLA 1987, PADGETT 1987, KUCH & SCHNITZLER 1988, MEISTER 1988, GAD 1989, HERRMANN 1989, KABISCH 1989, HERRMAN & KABISCH 1990). Übersichtsarbeiten mit Zusammenstellungen der bei Amphibien und Reptilien festgestellten Anomalien finden sich bei IPPEN (1982), IPPEN et al. (1985) und FRYE (1991).

◁ **Abb. 132. Normales Jungtier von *Sceloporus cyanogenys* (rechts) und Doppelmißbildung (links).**

Abb. 134. Schuppenanomalien auf dem Carapax einer Aldabra-Riesenschildkröte (*Megalochelys gigantea*). ▷

5 Tumoren

Geschwulste unterschiedlicher Genese und Natur sind bei Amphibien und Reptilien häufig beobachtet worden. Übersichtsarbeiten mit Zusammenstellungen der bei Amphibien und Reptilien festgestellten Tumoren finden sich bei LUCKE & SCHLUMBERGER (1949), BALLS & CLOTHIER (1974), MACHOTKA (1984), IPPEN et al. (1985) und FRYE (1991, 1994).

Unter Terrarienbedingungen erreichen viele Amphibien und Reptilien ein wesentlich höheres Alter als ihre freilebenden Artgenossen. Da alte Tiere eher zur Ausbildung von Tumoren neigen, geht die Steigerung des Haltungserfolges mit einer Zunahme der festgestellten Tumoren einher.

Abb. 135. Papillome am Unterschenkel eines Grünen Leguans (*Iguana iguana*).

Die meisten bei diesen beiden Tiergruppen festgestellten Tumoren sind auch von Säugetieren und von Menschen bekannt. Andere sind jedoch nur von Amphibien oder Reptilien bekannt, was an den bei diesen Tiergruppen einzigartigen Strukturen und Zelltypen liegt. Beispiele hierfür sind Tumoren verschiedener Pigmentzellen (Erythrophorome, Xanthome und Iridiphorome). Auch bei den Blutzellen findet man Zellarten, die bei Säugetieren entweder selten sind oder ganz fehlen, wie z. B. Heterophile Granulozyten. Die Roten Blutkörperchen der Reptilien behalten Zeit ihres Lebens den Zellkern und werden wesentlich älter – bei manchen Reptilienarten mehr als drei Jahre (FRYE 1994a) –, als es bei den bisher untersuchten Säugetierarten der Fall ist. Aus den genannten Gründen gibt es bei Reptilien potentiell eine größere Bandbreite von Neoplasien der verschiedenen Blutzellen als bei Säugetieren.

6 Euthanasie

Zur humanen Euthanasie von Amphibien und Reptilien stehen mehrere Methoden zur Verfügung. Welche angewandt wird, hängt neben Größe und Gefährlichkeit des Tieres unter anderem davon ab, was mit ihm nach seinem Tode geschehen soll (Sektion inklusive parasitologische, mikrobiologische und histologische Untersuchungen und/oder Präparation für museale Sammlungen).

Das einfache Dekapitieren ohne vorhergehende Narkose ist abzulehnen, da das Nervensystem der Amphibien und Reptilien gegenüber einer Hypoxie sehr widerstandsfähig ist und ein dekapitiertes Tier noch mehrere Minuten lang auf Berührungsreize reagiert; auch der Pupillenreflex bleibt noch eine Weile erhalten (COOPER et al 1984, WARWICK 1985). KLAUBER (1956) berichtet von einer Klapperschlange, die noch 59 Minuten nach der Dekapitation Reaktionen zeigte. Es ist deshalb damit zu rechnen, daß auch das Bewußtsein und das Schmerzempfinden über die Dekapitation hinaus für mehrere Minuten erhalten bleibt.

Eine humane Methode ist es, das Tier zunächst zu narkotisieren, wobei gleichermaßen Injektionsnarkotika wie Ketamin und Barbiturate oder Inhalationsnarkotika wie Halothan, Isofluran oder Methoxyfluran verwendet werden können. In tiefer Narkose kann das Tier dann durch die Gabe eines Muskelrelaxans, durch Blutentzug, durch Dekapitieren oder durch Einfrieren getötet werden. Dabei ist zu beachten, daß beim Einfrieren durch Kristallbildung im Gewebe die normale Gewebsstruktur stark geschädigt werden kann, was die Interpretation von histologischen Untersuchungen sehr erschwert. Auch parasitologische und bakteriologische Untersuchungen sind an diesen durch Einfrieren getöteten Amphibien und Reptilien nur noch stark eingeschränkt möglich.

7 Amphibien und Reptilien als Zoonoseüberträger

Als Zoonoseüberträger haben Amphibien und Reptilien im Vergleich zu Vögeln und Säugetieren nur geringe Bedeutung.

Bei Amphibien und Reptilien treten gelegentlich Fälle von **Tuberkulose** auf (BROWNSTEIN 1984). Neben typischen Kaltblüter-Erregern, wie *Mycobacterium chelonei, M. fortuitum, M. thamnopheos* und *M. xenopi*, deren Bedeutung für den Menschen als gering anzusehen ist, konnte in Einzelfällen auch *M. avium* nachgewiesen werden. An Tuberkulose erkrankte Amphibien und Reptilien sollten euthanasiert werden, da eine erfolgreiche Therapie nicht bekannt und eine Infektion des Menschen nicht auszuschließen ist.

In der Vergangenheit wurde immer wieder versucht, Reptilien als wichtige **Salmonellen-Überträger** für den Menschen darzustellen (z. B. BOYCOTT et al. 1953, COLLARD & MONTEFIORE 1957, ROSENSTEIN et al. 1965, KAUFMANN et al. 1966, DIMOW 1965, 1968, BOCKEMUHL & MOLDENHAUER 1970, HAMEL & MCINNES 1971, ALTMAN et al. 1972, BAKER et al. 1972, LAMM et al. 1972, WEBER 1973, CLEGG & HEATH 1975, SIMS 1980, MADER & DEREMER 1993). Tatsächlich spielen sie diesbezüglich aber eine weit geringere Rolle als immer wieder propagiert wird (FRANK 1986). Bei genauer Durchsicht der Publikationen z. B. von ALTMAN et al. (1972) sowie LAMM et al. (1972), nach deren Angaben jährlich 280000 Salmonellosefälle des Menschen durch Schildkröten hervorgerufen werden, zeigt sich, daß diese Aussage auf statistischen Hochrechnungen basiert. Die Autoren ermittelten aus den Akten des Gesundheitsministeriums Kinder aus 124 Familien, die an einer Salmonellose erkrankt waren und stellten fest, daß 22,6 % dieser Kinder Kontakt zu Schildkröten hatten. Lediglich die Tatsache, daß in einer Kontrollgruppe mit Kindern aus 248 Familien, die nicht an einer Salmonellose erkrankt waren, nur in 5,7 % der Haushalte Schildkröten gehalten wurden, stellte die Grundlage für die Statistik dar. Ein Vergleich zwischen den Serotypen der Patientensalmonellen und denen, die von Schildkröten ausgeschieden wurden, erfolgte nicht.

MCNAMARA et al. (1994) beschreiben einen Fall von systemischer **Cryptococcose** bei einer Anakonda (*Eunectes murinus*), hervorgerufen durch den Pilz *Cryptococcus neoformans*. Tödlich verlaufende Infektionen mit diesem Pilz sind bei zahlreichen Vogel- und Säugetierarten sowie auch beim Menschen bekannt (CHANDLER et al. 1980, GALES et al. 1985).

Die vorwiegend bei Fröschen und Kröten auftretende **Chromomykose** ist eine der wenigen Amphibien-Erkrankungen, bei der eine Übertragung auf den Menschen nicht gänzlich ausgeschlossen werden kann (FRANK & ROESTER 1970, FRANK 1986, SCHMIDT 1984; vgl. Seite 90).

Reptilien werden von einer großen Zahl von Parasiten – entweder von Larven oder Geschlechtstieren – als Wirte genutzt. Eine potentielle Gefährdung des Menschen, die von Reptilien ausgehen kann, besteht durch bestimmte Arten der **Pentastomiden** (Zungenwürmer). Insbesondere Arten der Gattung *Armillifer*, die bei Schlangen in den Lungen leben, durchlaufen ihre Larvalentwicklung in vielen Tierarten. Da die von den Pentastomiden-Weibchen abgegebene Eizahl sehr hoch ist, besteht die Gefahr der Aufnahme durch den Pfleger bei unhygienischem Umgang mit befallenen Schlangen.

Einige **Nematoden** (z. B. Ascariden) durchlaufen ihre Differenzierung zu invasionsfähigen Larven über Zwischenwirte, wobei auch Säugetiere in Betracht kommen. Es wäre vorstellbar, daß oral aufgenommene Eier von Schlangenascariden ihre Entwicklung auch im Menschen beginnen können. Obwohl bisher keine derartigen Fälle nachgewiesen worden sind, gilt wie bei jeder Tierhaltung, daß Hygiene oberstes Gebot sein muß, um derartige Infektionen von vornherein auszuschließen.

Um eine Übertragung der genannten Erreger von Amphibien und Reptilien auf den Menschen zu vermeiden, sollten folgende Hygienemaßnahmen beim täglichen Umgang mit den Terrarientieren eingehalten werden:

- Sorgsames Händewaschen mit warmem Wasser und Seife nach jedem Kontakt mit den Terrarientieren, dem Terrarium oder den damit zusammenhängenden Geräten.
- Tragen von Latex-Handschuhen bei Reinigungsarbeiten und nachfolgende Händedesinfektion.
- Futter- und Trinkgefäße sowie sonstige Geräte, die Kontakt mit den Tieren oder deren Ausscheidungen haben, niemals in der Küche reinigen oder aufbewahren.
- Kleine Kinder nicht unbeaufsichtigt mit den Reptilien alleine lassen.

8 Spezielle Krankheiten der Amphibien

8.1 Kurze Einführung in die Anatomie und Physiologie

Mit Ausnahme dauernd schneebedeckter Polargebiete und der Meere besiedeln die etwa 2500 Amphibienarten praktisch alle Lebensräume. Man unterscheidet Schwanzlurche (Urodela), Froschlurche (Anura) und Blindwühlen (Gymnophiona).

Typisch für alle gliedmaßentragenden Amphibien sind vierfingerige Hände und fünffingerige Füße. Mit Ausnahme einiger lebendgebärender Arten legen Amphibien gallertartige Eier, den sogenannten Laich. Aus ihnen schlüpfen bei den meisten Arten Larven, die eine Metamorphose durchlaufen. Manche Arten verharren zeitlebens im Larvalzustand und pflanzen sich auch als Larve fort; das bezeichnet man als Neotenie. Bei anderen Amphibien, wie beispielsweise Vertretern der Gattungen *Bolitoglossa* und *Eleutherodactylus,* findet die gesamte Larvalentwicklung im Ei statt.

Gemeinsames Merkmal aller Amphibien ist ihre nackte, drüsenreiche Haut. Man unterscheidet Schleim- und Giftdrüsen, deren Anzahl und Verteilung artspezifisch variiert. Bei den meisten Krötenarten konzentrieren sich die Giftdrüsen zu wulstigen Konglomeraten, was bei den Parotoiddrüsen in der Hinterhauptsregion besonders ausgeprägt ist. Amphibien häuten sich in regelmäßigen Abständen, wobei sie ihre alte Haut meist auffressen. Direkt unter der Haut liegen ausgedehnte Lymphsäcke. Über Lymphherzen angetrieben, strömt die Lymphflüssigkeit in die Venen der Nacken- und Hüftregion.

Die sehr dehnbare Speiseröhre ist meist sehr kurz und mündet durch eine ringförmige Einschnürung in den spindelförmigen Magen. Dieser liegt auf der linken Körperseite und ist größtenteils vom linken Leberlappen überdeckt. Am Pylorus öffnet sich der Magen in den Dünndarm, der in unregelmäßigen Schlingen in der Leibeshöhle liegt. Der Übergang zum Dickdarm ist durch eine abrupte Erweiterung gekennzeichnet. Kurz vor der Einmündung in die Kloake verengt sich der Enddarm wieder.

Die blasig erscheinende Bauchspeicheldrüse befindet sich zwischen Magen und aufsteigendem Schenkel des Duodenums. Bei den meisten Arten vereinigt sich ihr Ausführungsgang mit dem Gallengang, bevor sie gemeinsam in den Dünndarm münden. Die mehrlappige Leber ist von dunkel- bis rotbrauner

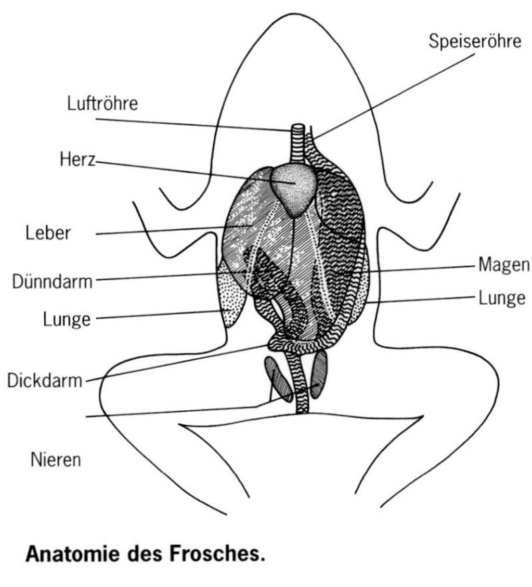

Anatomie des Frosches.

Farbe mit deutlichen Melanineinlagerungen.

Die larvalen Entwicklungsstadien atmen über äußerlich angelegte Kiemen. Während der Metamorphose entwickeln sich die sackförmigen Lungen. Neben der Atmung haben die Lungen auch hydrostatische Funktion beim Schwimmen und werden zur Luftzirkulation bei den Lautäußerungen benötigt. Neben der Lungenatmung spielt die Hautatmung bei landlebenden Arten eine wichtige Rolle. Die lungenlosen Salamander der Familie Plethodontidae sind völlig auf die Hautatmung angewiesen.

Das Amphibienherz besteht aus zwei Vorkammern und einer Kammer. Eine völlige Vermischung von arteriellem und venösem Blut wird aber durch eine spiralige Klappe (Septum bulbi) in der Kammer verhindert. Bei den Amphibien ist ein Nieren-Pfortader-Kreislauf ausgebildet, so daß das Blut der Hinterextremitäten zunächst durch die Nieren strömt.

Die exkretorisch tätige Urniere (Mesonephros) ist länglich und gelappt. Am inneren seitlichen Rand verlaufen die paarigen Harnleiter zur Kloake. Eine Analblase ist bei den meisten Arten als dünnwandige Ausstülpung der vorderen Kloakenwand ausgebildet.

Die sackartigen paarigen Eierstöcke befinden sich ventral der Nieren. Die längsovalen Hoden liegen ebenfalls ventral der Nierenfläche auf. Die Ausführungsgänge der Gonaden münden in die Kloake ein.

8.2 Infektionskrankheiten

8.2.1 Strongyloidose

Bei Schwanzlurchen (Gattungen *Salamandra, Triturus* und *Tylototriton*) konnte der Verfasser mehrfach Erkrankungs- und Todesfälle, hervorgerufen durch Zwergfadenwürmer (Strongyliden), nachweisen (siehe Kap. 2.2).

Symptome: Bei der Sektion war bei den betroffenen Tieren eine schwere hämorrhagische Darmentzündung festzustellen. Histologisch war zudem ein deutliches submuköses Ödem nachzuweisen. Im Darmlumen befanden sich jeweils massenhaft Strongyliden sowie in einigen Fällen auch andere Darmparasiten (überwiegend Flagellaten).

Therapie: Strongyliden können effektiv mit Panacur (Wirkstoff Fenbendazol, 30 mg/kg KG p.o.) behandelt werden. Das Medikament kann über Futtertiere (Regenwürmer oder Grillen) verabreicht werden.

8.2.2 Molchpest

Unter Molchpest wird eine oftmals seuchenhaft auftretende und schnell zum Tode führende Erkrankung bei Schwanzlurchen bezeichnet (ZWART 1985, DUHON 1989).

Symptome: Apathie, Einstellen der Nahrungsaufnahme, Hautpusteln und Hautulzerationen sowie subkutane Blutungen sind meist die ersten Symptome. Im fortgeschrittenen Stadium kommt es zu Blutungen, Ödemen und Bauchwassersucht. In den meisten Fällen tritt der Tod innerhalb von wenigen Tagen ein. Bei Tieren mit länger dauerndem Krankheitsverlauf kann es zur Ausbildung von trüben, geschwollenen Augen kommen.

Ursachen: Offensichtlich bereiten Streßfaktoren, wie zu hohe Wassertemperatur und schlechte Wasserqualität, Überbesetzung der Behälter, Fehlernährung und Parasitenbefall den Weg für potentiell pathogene gramnegative Bakterien, die auch normalerweise im Aquarium der Schwanzlurche nachzuweisen sind.

Therapie: Tritt diese Erkrankung in einem Molchbestand auf, müssen alle Tiere eines Behälters in die Behandlung einbezogen werden. Zunächst sollten die Haltungsbedingungen überprüft und optimiert werden. Die Molche erhalten dann intraperitoneale Gaben von Gentamicin (2,5 mg/kg KG alle 72 Stunden) oder Amikacin (5,0 mg/kg KG alle 48 Stunden) über einen Zeitraum von 7 bis 9 Tagen (STOSKOPF et al. 1987, DUHON 1989).

8.2.3 Red-Leg-Disease

Die sogenannte Red-Leg-Disease tritt bei Schwanz- und Froschlurchen gleichermaßen auf. Es handelt sich um eine septikämische Erkrankung, bei der man gewöhnlich als Erreger *Aeromonas hydrophila* diagnostiziert (GLORIOSO et al. 1974, TEMPLE & FOWLER 1986, ZWART 1985). *Aeromonas hydrophila* ist in aquatischen Lebensräumen ein ubiquitär vorkommender Keim. Geschwächte Abwehrkräfte – durch Überbesatz, zu hohe Umgebungstemperaturen oder unhygienische Verhältnisse – und kleine Verletzungen ermöglichen die Infektion und den Ausbruch der Erkrankung. Betroffene Tiere sterben meist innerhalb von 24 bis 48 Stunden.

Symptome: Klinisch werden Rötungen und Blutungen in der Haut von Bauch und Gliedmaßen sowie unspezifische Symptome wie Nahrungsverweigerung, Apathie und Verblassen der Färbung festgestellt. Kurz vor dem Tod können Krämpfe auftreten. Typische Sektionsbefunde sind Blutungen in inneren Organen, Leberschwellungen mit kleinen blassen Entzündungsherden sowie Ödeme und Entzündungen im Bereich des Verdauungstraktes (TEMPLE & FOWLER 1986, ZWART 1985, ZWART et al. 1991).

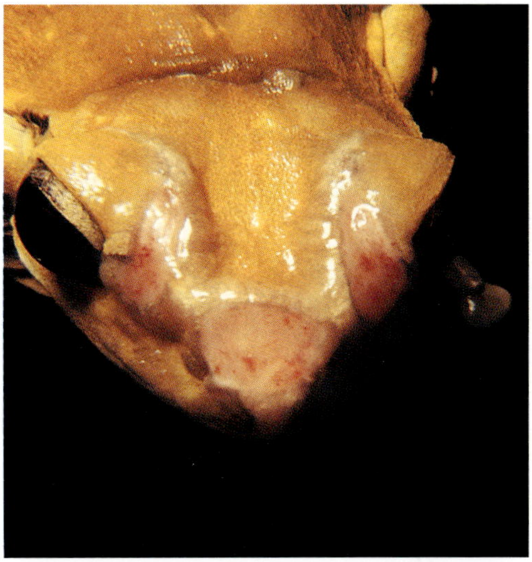

Abb. 137. Durch *Aeromonas* (Red-Leg-Disease) bedingte Geschwüre bei einem Laubfrosch (*Hyla*).

Abb. 136. Red-Leg-Disease bei einem Laubfrosch (*Hyla regilla*).

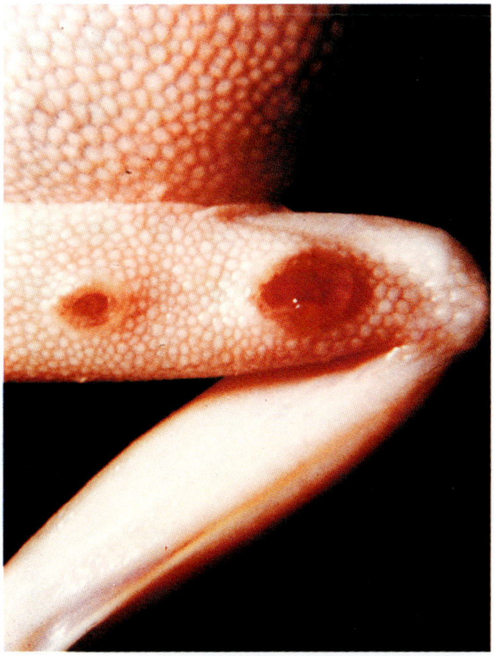

Therapie: Eine Therapie muß ein Erkennen und Beseitigen der oben genannten Streßfaktoren beinhalten. Die Zugabe von Kochsalz zum Aquarienwasser (Endkonzentration 0,65%) wird empfohlen (HUBBARD 1981). Alle Tiere eines betroffenen Bestandes sollten intraperitoneale Gaben von Gentamicin (2,5 mg/kg KG alle 72 Stunden) oder Amikacin (5,0 mg/kg KG alle 48 Stunden) über einen Zeitraum von 7 bis 9 Tagen erhalten (STOSKOPF et al. 1987, DUHON 1989).

READ (1994) beschreibt eine erfolgreiche Behandlung von an Red-Leg-Disease erkrankten Salamanderlarven mit Hilfe eines Bades, dem folgende Medikamente zugegeben wurden (Angaben pro l Wasser): 6 g NaCl, 12 mg Ciprofloxacin, 20 mg Gentamicin, 10000 I.E. Nystatin, 1 ml Amprolium 3,84%, 1 mg Vitamin K.

8.2.4 Chromomykose

Die Chromomykose der Amphibien (selten der Reptilien) ist eine Pilzerkrankung, die durch Schwärzepilze der Familie Dematiaceae verursacht werden. Vertreter der Gattungen *Hormodendrum, Phialophora* und *Fonsecaea* sind bei Amphibien am bedeutsamsten (DEAREA LEAO et al. 1947, TREJOS 1953, FRANK & ROESTER 1970, CICMANIC et al. 1973, ELKAN & PHILPOT 1973, SCHMIDT 1984). Schwärzepilze produzieren einfach gebaute Conidiophoren und haben braun bis schwarz gefärbte Konidien, Sporen oder Hyphen. Die Infektion erfolgt über kleinste Hautverletzungen, möglicherweise aber auch über den Vedauungstrakt. Bei den betroffenen Amphibien kommt es zu einer generalisierten Mykose, bei der neben der äußeren Haut alle inneren Organe betroffen sein können.

Abb. 138. „Pilztumor" bei Chromomykose am Bein einer Erdkröte (*Bufo bufo*).
Abb. 139. Infektion des Auges: Chromomykose bei einer Baumkröte (*Pedostipes hosei*)

Symptome: An Chromomykose erkrankte Tiere weisen in der Regel ulzerative oder papelähnliche Hautläsionen vor allem auf der Bauchseite des Körpers auf. In einigen Fällen können sich die Hautveränderungen als Bläschen oder tumorartige Schwellungen präsentieren. Selten können die Hautsymptome auch fehlen und nur innere Organe betroffen sein. Disseminierte Schwärzepilz-Infektionen wurden in Lunge, Leber, Nieren, Herz, Muskulatur, Knochenmark und Milz nachgewiesen (CICMANIC et al. 1973, SCHMIDT & HARTFIEL 1977, SCHMIDT 1984, FRANK 1985). Meist handelt es sich um einzelne oder auch konfluierende grau-schwarze Knoten, die einen Durchmesser von 3 bis 30 mm aufweisen und große Teile eines Organs verdrängen können.

Klinisch sind die betroffenen Amphibien meist weiterhin aktiv und zeigen normalen Appetit. Erst Wochen und Monate später werden Apathie und Anorexie beobachtet. Der Tod tritt vier bis elf Monate nach der Infektion ein (SCHMIDT 1984).

Histologisch zeigen sich die Läsionen als granulomatöse Entzündungen mit gemischtzelliger Infiltration (überwiegend Makrophagen und vielkernige Riesenzellen), oftmals mit nekrotischem Zentrum. Meist enthalten sie ein dichtes Pilzmyzel. Eine spezielle Anfärbung der Pilzelemente ist nicht erforderlich, da sich die pigmentierten Hyphen auch bei der üblichen Hämatoxylin-Eosin-Färbung deutlich zeigen.

Diagnose: Die Diagnose erfolgt am lebenden Tier über die typischen Hautveränderungen in Verbindung mit einer mikroskopischen Untersuchung einer Nativ-Probe aus einer Hautläsion. Im positiven Fall lassen sich die dunkelbraunen bis schwarzen septierten Pilzhyphen ohne Färbung unter dem Mikroskop nachweisen. Mit einer histologischen Untersuchung kann die Diagnose bestätigt werden. Eine ätiologische Differenzierung der Pilze ist nur über eine Kultur möglich.

Abb. 140. Chromomykose-bedingtes Geschwür bei einer *Bufo asper*.

Therapie: Die Prognose ist bei nachgewiesener Chromomykose für das betroffene Tier und für den Bestand schlecht. Es sind keine Fälle einer erfolgreichen Behandlung bekannt geworden. Selbst in Fällen, bei denen die Diagnose in einem frühen Stadium der Erkrankung gestellt werden konnte, blieb eine Behandlung mit den bislang bekannten Medikamenten und Methoden ohne Erfolg. Ihre Kontrolle beschränkt sich auf effektive Quarantänemaßnahmen, um eine Einschleppung in den Bestand zu verhindern. Dies ist um so wichtiger, als die Chromomykose eine der wenigen Amphibien-Erkrankungen ist, bei der eine Übertragung auf den Menschen nicht ausgeschlossen werden kann (FRANK & ROESTER 1970, FRANK 1986, SCHMIDT 1984).

8.2.5 Lucke-Tumor

Das als Lucke-Tumor bezeichnete Nieren-Adenokarzinom des Leopardfrosches (*Rana pipiens*) ist die wohl am gründlichsten untersuchte Neoplasie bei Amphibien. Seine Erforschungsgeschichte und Bibliographie sind bei MCKINNEL (1984) nachzulesen.

Der Lucke-Tumor tritt bei freilebenden Leopardfröschen auf, wobei sich das Vorkommen dieser Erkrankung auf Gebiete in Minnesota und das nördliche Vermont der U.S.A. beschränkt. Die Prävalenz der Tumorerkrankung innerhalb einer Froschpopulation kann bis zu 8,9% betragen, wobei deutliche jahreszeitabhängige Schwankungen festgestellt wurden (McKinnel 1965, 1967). Seit den sechziger Jahren wurde eine stetige Abnahme der Tumorhäufigkeit in den Wildpopulationen festgestellt, für die es bisher keine sichere Erklärung gibt.

Ursachen: Das Nieren-Adenokarzinom des Leopardfrosches wird durch ein Herpes-Virus (Lucke-Tumor-Herpes-Virus) verursacht. Das Virus wird während der Paarungszeit im Frühjahr von tumorkranken Adulti auf Eier und Kaulquappen übertragen. Wenn sich das Wasser der Teiche erwärmt, werden reife Viruspartikel von den Tumoren freigesetzt, und die Viren können dann im Urin der Frösche nachgewiesen werden (Granoff & Darlington 1969). Sowohl Eier als auch Kaulquappen können von den Viren infiziert werden, was später zur Tumorbildung bei den erwachsenen Fröschen führt (Tweedell 1967, 1969).

Diagnose: Bei der Sektion fallen cremefarbene Knoten auf der Oberfläche oder im Innern der Nieren auf. Metastasen können in Leber, Lunge, Mesenterium, Peritoneum, Pankreas, Analblase, Milz und Ovarien gefunden werden, wobei höhere Umgebungstemperaturen (28 °C) die Metastasierung fördern. Histologisch ist der Tumor aus Tubuli oder Azini, die aus großen Epithelzellen bestehen, aufgebaut. Ein besonderes Merkmal des Lucke-Tumors ist das Vorhandensein von azidophilen intranukleären Einschlußkörperchen.

Therapie: Die Prognose ist bei nachgewiesenem Lucke-Tumor für das betroffene Tier und für den Bestand schlecht. Es sind keine Fälle einer erfolgreichen Behandlung bekannt geworden.

8.3 Stoffwechselstörungen

8.3.1 Streichholzbeinchen

Die als „Streichholzbeinchen" bezeichnete Unterentwicklung der Vorderbeine (Arthrogrypose) kann ein ernsthaftes Problem für Froschzüchter darstellen (Schulte 1980, Heselhaus 1983, Schütte & Spieler 1986, Glaw

1987, KRINTLER 1988, HAKVOORT & GOUDA 1990). Diese Mißbildung tritt nicht nur bei Dendrobatiden, sondern auch bei Vertretern anderer Familien auf (BEUTELSCHIESS 1995). Bei Schwanzlurchen ist dieses Phänomen hingegen unbekannt.

Symptome: Die Erkrankung äußert sich in dünnen, verkrüppelten Vorderbeinen mit Unterentwicklung der Muskulatur. Bei manchen Tieren können die Vorderbeine ein- oder beidseitig auch vollständig fehlen. Die betroffenen Jungfrösche nehmen keine Nahrung auf und verhungern nach kurzer Zeit.

Ursachen: Die Ursachen für das Auftreten von „Streichholzbeinchen" sind unbekannt. Es werden sowohl genetische Ursachen, Mangelernährung von Kaulquappen und Elterntieren als auch Umweltfaktoren (Wassertemperatur, pH-Wert des Wassers) diskutiert. Solange die Ursachen unklar sind, gibt es auch keine sicheren Vorbeugungsmaßnahmen.

8.3.2 Keratopathie der Anuren

Bei der Keratopathie der Anuren handelt es sich um eine Augenerkrankung, die mit einer Trübung der Hornhaut einhergeht. Sie wurde zunächst bei Kuba-Laubfröschen (*Osteopilus septentrionalis*) (CARPENTER et al. 1986, RUSSEL et al. 1990), später aber auch bei anderen Froschlurchen diagnostiziert (DZIEZYC & MILLICHAMP 1989, WILLIAMS & WHITAKER 1994). Interessanterweise waren bisher ausschließlich weibliche Frösche betroffen (WILLIAMS & WHITAKER 1994).

Symptome: Bei dieser Erkrankung treten dichte, weiße Hornhauttrübungen auf, die oftmals mit erheblichen, unregelmäßigen Verdickungen der Hornhaut einhergehen. Histologisch waren in allen Fällen Cholesterinablagerungen in Keratocyten und Makrophagen in der Hornhaut nachzuweisen (WILLIAMS & WHITAKER 1994).

◁ **Abb. 141. Streichholzbeinchen-Syndrom bei Nachzuchttieren von *Discoglossus pictus*.**

Abb. 142. Hornhauttrübung bei einem Kuba-Laubfrosch (*Hyla septentrionalis*), bedingt durch Cholesterinablagerungen.

Ursachen: Die Ursachen dieser Erkrankung sind nicht bekannt. Der Befund, daß bisher nur Weibchen betroffen waren, die in den meisten Fällen zum Zeitpunkt der Untersuchung massiv Eier bildeten, legt den Verdacht nahe, daß die exzessive Lipidmobilisierung im Rahmen der Eibildung im Zusammenhang mit dem Auftreten von Cholesterinablagerungen in der Hornhaut steht.

Therapie: Eine erfolgreiche Behandlung der Keratopathie der Anuren ist nicht bekannt.

8.4 Sonstige Erkrankungen

8.4.1 Gasblasenkrankheit

Symptome: Frisches Leitungswasser ist zunächst mit Gasen übersättigt. Erst wenn es eine Weile steht, entweicht das überschüssige Gas. Wenn aquatile Amphibien wie Axolotl oder Krallenfrösche plötzlich frischem Leitungswasser ausgesetzt werden (z. B. bei einem vollständigen Wasserwechsel), kommt es zur Bildung von Gasblasen unter der Haut, was zu Entzündungen, Blutungen und Nekrosen führen kann (Colt et al. 1984, Zwart et al. 1991). Bei Krallenfröschen sind diese Läsionen im Bereich der Schwimmhäute zunächst besonders ausgeprägt. Im Verlauf der Erkrankung sind zahlreiche, teilweise auch zusammenfließende Gasblasen unter der Haut zu sehen, und die Tiere treiben an der Wasseroberfläche. Sie sterben schließlich an Gasblasenbildung in den Blutgefäßen und an bakteriellen Sekundärinfektionen.

Therapie: Das Überführen betroffener Tiere in Wasser mit reduziertem Gehalt an gelösten Gasen, z. B. durch Verwendung von vorher kurzzeitig erhitztem Wasser, kann zum Abklingen der klinischen Symptome und zur Genesung der Tiere führen. Um das Auftreten der Gasblasenkrankheit zu vermeiden, sollte immer nur ein Teilwasserwechsel mit gut abgestandenem Wasser durchgeführt werden.

9 Spezielle Krankheiten der Reptilien

Die etwa 6300 rezenten Reptilienarten sind wechselwarme (poikilotherme) luftatmende Wirbeltiere, deren Körperoberfläche mit Schuppen oder Hornplatten bedeckt ist. Sie legen Eier (Ovoparie) oder tragen diese so lange aus, daß sie vollentwickelte Jungtiere gebären (Ovoviviparie). Wie bei den Säugetieren ist der Embryo von einem Amnion umgeben. Reptilien werden auf allen Kontinenten außer der Antarktis gefunden. Sie besiedeln die verschiedenartigsten und extremsten Lebensräume wie Regen-, Trocken- und Nebelwälder, Savannen, Wüsten und Halbwüsten und die Meere. Die meeresbewohnenden Seeschlangen und Meeresschildkröten müssen zur Eiablage an das Land zurückkehren.

Reptilien variieren in ihrer Größe von Geckos, die kaum 3 cm Gesamtlänge erreichen, bis hin zu 7 m langen Krokodilen und 9 m langen Pythons und Anakondas. Zahlreiche Schlangen, aber nur zwei Echsenarten (*Heloderma*) sind zu Giftbissen fähig.

9.1 Krokodile

9.1.1 Kurze Einführung in die Anatomie und Physiologie

Diese großen, wasserbewohnenden Reptilien repräsentieren eine sehr alte Wirbeltiergruppe. Die Körperoberfläche der Krokodile ist mit festen, lederartigen Schuppen bedeckt, die durch eine etwas dünnere Haut miteinander verbunden sind. Die Rückenschuppen sind meist mehr oder weniger stark gekielt, während die Bauchschuppen flach sind. Unter den dorsalen Epidermalschuppen befinden sich dermale Hautknochen, die die Körperoberfläche verfestigen.

Der Kopf ist abgeflacht und mit seinen hervorstehenden Augen und Nasenlöchern hervorragend an das Driften an der Wasseroberfläche angepaßt. Die Kopfhaut ist in innigem Kontakt mit dem darunterliegenden Schädel, so daß sich dessen Konturen deutlich abzeichnen. Die Augenlider sind gut entwickelt. Im oberen Augenlid befindet sich ein kleiner Knochen. Das dritte Augenlid, die sogenannte Membrana nictitans, ist sehr dünn und durchsichtig. Es gibt am Auge zwei Drüsen, eine kleinere Tränendrüse am oberen Augenrand und die größere Hardersche Drüse.

Die Maulhöhle ist groß und tief und wird kaudal in Höhe der Zungenbasis und des Gaumensegels von einer quer verlaufenden Hautfalte begrenzt. Dies erlaubt es den Tieren, auch bei mit Wasser gefüllter Maulhöhle zu atmen. Die Zunge ist breit und fleischig und füllt den gesamten Mundhöhlenboden aus. Die Speiseröhre ist lang und sehr dehnbar. Der Magen besteht aus einer größeren dickwandigen und einer kleineren dünnerwandigen Kammer. In der größeren Kammer befinden sich oftmals mehrere Steine. Die Schleimdrüsen sind in beiden Magenkammern in Struktur und Verteilung gleichartig. In den Dünndarm münden der Gallen- und der Pankreasgang. Am Übergang zum Dickdarm ist kein Blinddarm ausgebildet. Der Dickdarm ist kurz und mündet durch einen deutlich ausgeprägten Ringmuskel in die Kloake. Der Kloakenspalt ist bei Krokodilen längs verlaufend.

Die Eierstöcke befinden sich – axial etwas gegeneinander verschoben – bei den Weib-

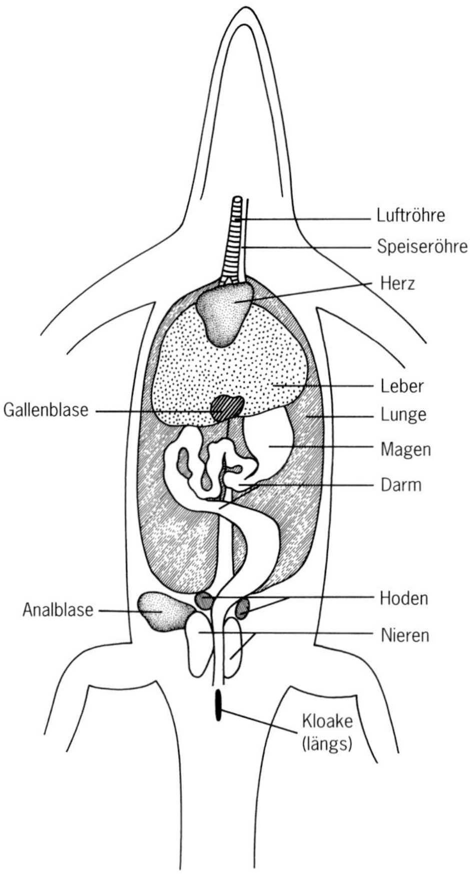

Anatomie des Krokodils.

chen vor den Nebennieren dorsal seitlich von der Körpermitte etwa am Übergang vom 2. zum 3. Drittel der Leibeshöhle. Die Follikel sind als blasige Gebilde je nach Funktionsstadium des Organs mehr oder weniger deutlich erkennbar. Die Eileiter haben kranial jeweils eine schlitzförmige Öffnung. Die im inaktiven Zustand flachen Eileiter verlaufen seitlich von jedem Eierstock nach hinten zur Kloake, in die sie dicht vor der Harnleiterpapille münden.

Die länglichen Hoden befinden sich etwa an der gleichen Stelle wie die Eierstöcke der Weibchen und sind wie diese etwas gegeneinander versetzt. Ihre Größe unterliegt wie die der Ovarien zyklischen Veränderungen. Der schlauchförmige Nebenhoden befindet sich seitlich vom Hoden und mündet in den Samenleiter, der über die Ventralfläche der entsprechenden Niere bis hin zur Kloake verläuft, in welche er gemeinsam mit dem Harnleiter durch eine Papille (Urogenitalpapille) mündet.

Männliche Krokodile haben ein unpaares Kopulationsorgan (Penis). In ihm verläuft keine Harnröhre, sondern es dient lediglich dazu, den Kloakenkontakt während der Kopulation aufrechtzuerhalten und das Sperma in die weibliche Kloake zu leiten. Auf der Ventralseite findet sich bei jedem Hemipenis eine Rinne (Sulcus spermaticus), über die die Spermien in die weibliche Kloake gelangen. In Ruhestellung liegt das Organ am Grund der Kloake.

Die Nieren sind gelappt und liegen caudodorsal in der Leibeshöhle. Die Harnleiter sind groß und verlassen die Nieren am hinteren Pol.

Das Herz der Krokodile ist funktionell vierkammerig, obwohl anatomisch noch eine Verbindung zwischen rechtem und linkem Ventrikel besteht (Foramen de Panizza). Das venöse Blut fließt über die rechte und die linke Vena cava cranialis und die unpaare Vena cava caudalis in den Sinus venosus der rechten Vorkammer. Das Blut fließt aus der rechten Vorkammer in die rechte Hauptkammer (Ventrikel) und von dort aus in die Pulmonararterien, die zur Lunge führen. Von der Lunge fließt das arterielle Blut zurück in die linke Hauptkammer und von dort in die Aorta und somit in den Großen Kreislauf.

Die Lunge der Krokodile ist groß und in viele Primär- und Sekundärkammern unterteilt, die alle mit der Zentralkammer in Verbindung stehen.

9.1.2 Infektionskrankheiten

9.1.2.1 Blutegel- und Trematodenbefall

Bei den im Wasser lebenden Krokodilen wird häufig ein Befall mit Blutegeln und monogenen Trematoden festgestellt (YOUNGPRAPAKORN et al. 1994).

Symtome: Bei starkem Befall findet sich bei den betroffenen Tieren zwischen den Zehen eine gelbgrüne, schleimige Masse, in der die Parasiten massenhaft nachgewiesen werden können.

9.1.2.2 Escherichia-coli-Enteritis

Unter Farmbedingungen kann es zu einem seuchenhaften Ausbruch einer durch *Escherichia coli* bedingten Enteritis kommen (SINHA et al. 1988).

Symptome: Die betroffenen Krokodile sind zunächst apathisch und halten sich vermehrt auf dem Landteil auf. Die Mortalität kann über 30 % betragen.

Bei der Sektion wird eine schwere hämorrhagische Enteritis festgestellt, wobei vorwiegend der Dickdarm betroffen ist. Zur Diagnosestellung werden bakteriologische Proben aus Herzblut und Darm gewonnen. Im positiven Fall kann *E. coli* in Reinkultur isoliert werden.

Therapie: Die noch lebenden Tiere werden gemäß einem vorangegangenem Resistenztest antibiotisch behandelt. Die orale Gabe einer Glucose-Glycin-Mischung wird empfohlen (WALLACH 1969, SINHA et al. 1988).

9.1.2.3 Chlamydien-Hepatitis

In den Krokodilfarmen Südafrikas ist die durch Chlamydien verursachte Erkrankung, bei der eine Hepatitis im Vordergrund steht, ein ernsthaftes Problem (HUCHZERMEYER et al. 1994). Möglicherweise spielt der Afrikanische Krallenfrosch (*Xenopus laevis*) als natürliches Reservoir für Chlamydien eine Rolle.

Symptome: Von der Krankheit sind vorwiegend Jungtiere im Alter von weniger als sechs Monaten betroffen, wobei plötzliche Todesfälle die Regel sind. Bei der Sektion fällt eine blasse und vergrößerte Leber mit unregelmäßiger Fleckung sowie eine leicht vergrößerte Milz auf. Histologisch zeigt sich eine schwere, diffuse lymphoplasmozytäre Hepatitis mit Blutstau und vakuolärer Hepatozytendegeneration sowie herdförmigen Nekrosen. Zahlreiche Kolonien von intrazytoplasmatischen Organismen, die sich elektronenmikroskopisch als Chlamydien erweisen, befinden sich in den Hepatozyten.

Therapie: Da Chlamydien empfindlich gegenüber Tetrazyklinen sind, wird zur Behandlung mit gutem Erfolg Oxytetracyclin (6 bis 10 mg/kg KG alle 24 h i.m.) oder Doxycyclin (50 mg/kg KG als Initialdosis, gefolgt von 25 mg/kg KG nach 72 h i.m.) eingesetzt.

9.1.2.4 Mykosen

Haut- und Systemmykosen sind bei Krokodilen mehrfach beschrieben worden (PALLASKE 1957, JASMIN et al. 1968, TREVINO 1972, KEYMER 1974, 1976, KUTTIN et al. 1977, JONES 1978, FROMTLING et al. 1979, MIGAKI et al. 1984, FOREYT et al. 1985, FRELIER et al. 1985, IPPEN et al. 1985). Bei den Hautmykosen konnten *Aspergillus, Fusarium, Trichoderma, Trichosporon, Rhizopus* und *Mucor* isoliert werden, während bei den Systemmykosen *Aspergillus, Fusarium, Penicillium, Cephalosporium, Beauveria, Metarhizium, Paecilomyces* und *Mucor* nachgewiesen wurden.

Ursachen: Wie bei allen Pilzerkrankungen müssen zunächst Faktoren auftreten, die das Immunsystem des Tieres schwächen, bevor es zur Ausprägung von klinischen Symptomen kommt. Bei Krokodilen scheinen vor allem die tieferen Temperaturen im Winter Wegbereiter für Mykosen zu sein (FROMTLING et al. 1979). Aber auch Mangelernährung und starker Parasitenbefall können das Auftreten von Mykosen fördern.

Therapie: Die Behandlung richtet sich nach

Art und Lokalisation der Erkrankung (vgl. Seite 53).

9.1.2.5 Pocken

Ausbrüche von Krokodilpocken sind aus Nordamerika, Europa und Afrika bekannt geworden (JACOBSON et al. 1979, VETESI et al. 1981, HORNER 1988, PANDEY et al. 1990, GERDES 1991, HUCHZERMEYER et al. 1991, BUORO 1992). Die Erkrankung wurde bisher nur bei Jungtieren, die jünger als ein Jahr waren, festgestellt, während ältere Exemplare offensichtlich nicht betroffen sind. Die Mortalität ist unterschiedlich, kann aber 27% erreichen (PANDEY et al. 1990).

Symptome: Die Infektion erfolgt über das Badewasser, wobei kleine Hautverletzungen als Eintrittspforten für das Pox-Virus fungieren. Die grauweißen bis dunkelbraunen, krustigen Hautveränderungen können über den ganzen Körper verteilt anzutreffen sein und finden sich bevorzugt auf Bauch- und Seitenflächen von Körper und Schwanz, den Gliedmaßen (einschließlich Krallen) und in der Umgebung von Maul und Augen. Die meist zwischen den Schuppen gelegenen, rundlich-ovalen Pockenläsionen erreichen einen Durchmesser von 2 bis 3 mm (selten bis 6 mm) und weisen eine deutliche, zentrale, kraterähnliche Einbuchtung auf.

Die durch Pocken hervorgerufenen Hautveränderungen sind histologisch durch Epithelproliferationen mit Hyper- und Parakeratose gekennzeichnet. Die Epithelzellen sind vergrößert und enthalten je einen großen, eosinophilen, intrazytoplasmatischen Einschlußkörper. In diesen Einschlußkörperchen lassen sich elektronenmikroskopisch die dicht gepackten Viruspartikel nachweisen.

Therapie: Die Behandlung beschränkt sich auf Isolierungsmaßnahmen sowie das lokale Bepinseln der Pocken mit Antiseptika (z.B. Gentiana-Violett). Beim Auftreten von bakteriellen Sekundärinfektionen sind Antibiotikagaben erforderlich.

Abb. 143. Pocken bei Kaimanen (*Caiman crocodilus*).

9.1.3 Stoffwechselstörungen

9.1.3.1 Hypoglykämischer Schock

Streß kann unter bestimmten Bedingungen bei Krokodilen einen sogenannten hypoglykämischen Schock auslösen. Prädisponierende Faktoren sind ein ohnehin schon verringerter Blutzuckerspiegel während der Wintermonate sowie eine verminderte Nahrungsaufnahme. Durch Streß, der durch den Menschen, aber auch durch vergesellschaftete Krokodile verursacht sein kann, kommt es zu einem rapiden Glucoseabfall im Blut.

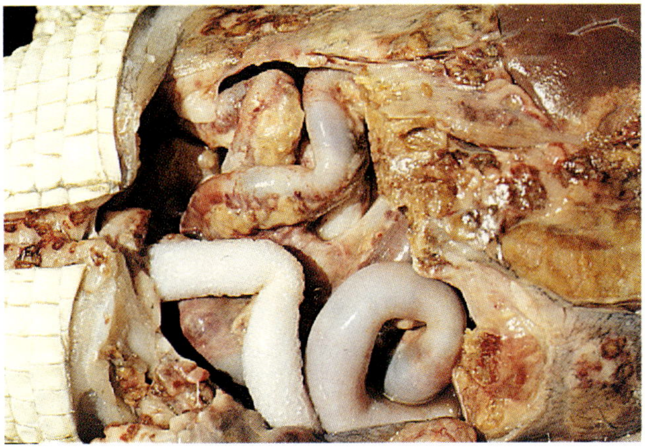

Abb. 144. Fettgewebsnekrose als Symptom einer Steatitis bei einem Kaiman.

Symptome: Klinisch zeigen solche Tiere erweiterte Pupillen, Zittern und eine nach oben gerichtete Schnauze („star gazing"), Verlust des Umkehrreflexes und eine stark verminderte Stoffwechselrate.
Therapie: Die orale Gabe von Glucose (3 g/kg KG) oder die parenterale Verabreichung von Dextrose-Lactat führt innerhalb von zwei bis drei Tagen zur vollständigen Erholung der betroffenen Tiere.

9.1.3.2 Steatitis

Krokodile erkranken nach übermäßiger Aufnahme hochungesättigter Fettsäuren – z. B. bei ausschließlicher Fischfütterung – an einer Entzündung des Fettgewebes (Steatitis), wenn gleichzeitig ein absoluter Mangel oder ein relativer Mangel infolge erhöhten Bedarfs an antioxidativ wirkendem Tocopherol (Vitamin E) herrscht (WALLACH & HOESSLE 1968a, FRYE & SCHELLING 1973, LARSEN et al. 1983, LADDS et al. 1995).

Wenn die Fische nicht ganz frisch sind, werden die Fettsäuren durch Peroxidation zu Zeroid umgewandelt. Das Zeroid wird nach Aufnahme mit der Nahrung im Tierkörper zunächst in Fett- und Retikuloendothelzellen angereichert. Durch Nekrose der Fettzellen wird das Zeroid freigesetzt, was dann eine entzündliche Fremdkörperreaktion hervorruft.
Symptome: Betroffene Krokodile stellen die Nahrungsaufnahme ein und zeigen meist Algenansammlungen im Kieferbereich (YOUNGPRAPAKORN et al. 1994). Innerhalb von mehreren Wochen magern die Tiere ab und entwickeln umschriebene Bereiche von verhärtetem Fett. In fortgeschrittenen Fällen kommt es zu nekrotischen Ulzerationen auf der Schwanzoberseite.
Diagnose: Bei der Sektion findet man herdförmige, gelbbraun verfärbte und knollig verfestigte Entzündungsherde im Fettgewebe, die bis zu 15 cm Durchmesser aufweisen können. Neben dem Bauchfettkörper ist das Fettgewebe des Schwanzes besonders stark betroffen. Histologisch bestehen die Läsionen aus homogenem, gelblichem, nekrotischem Gewebe mit Blutungen. Peripher werden diese Gebiete durch Bindegewebe und Entzündungszellen (Makrophagen, Lymphozyten und vielkernige Riesenzellen) vom umliegenden Gewebe abgegrenzt.

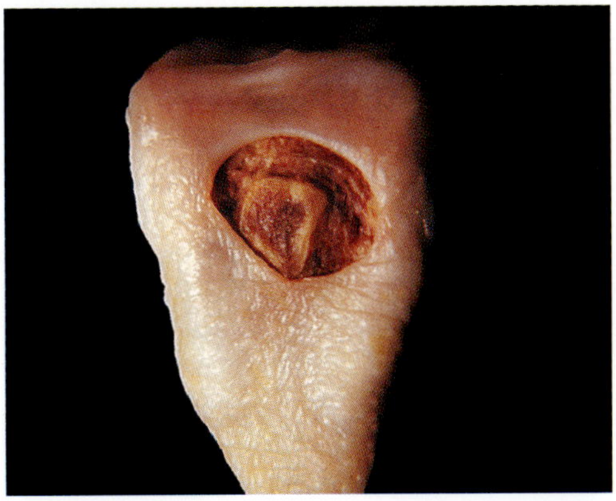

Abb. 145. Steatitis-bedingte Läsionen in der Zunge eines Kaimans.

Prophylaxe: Um einer Steatitis vorzubeugen, sollte man darauf achten, daß Fische, die einen hohen Anteil an ungesättigten Fettsäuren aufweisen, nicht die hauptsächliche Nahrung der Krokodile bilden. Die Ernährung von Krokodilen sollte nur zu etwa 25% aus Süßwasserfischen und zu 25% aus Vögeln, zu 50% aus Säugetieren bestehen (TRUTNAU 1994). Regelmäßige Gaben von Vitamin E über das Futter sind empfehlenswert.

9.1.3.3 Vitamin-B-Mangel

Viele Süßwasserfische enthalten große Mengen des Enzyms Thiaminase, welche das Thiamin (Vitamin B_1) inaktiviert. Durch übermäßige Fischfütterung kann es zu einem Mangel an Vitamin B_1 kommen.

Symptome: Krokodile mit akutem Vitamin-B_1-Mangel zeigen als auffälligste Symptome eine Lähmung der Vorderbeine sowie einen Verlust des Umkehrreflexes: Betroffene Tiere treiben, auf einer Seite liegend, bewegungslos und mit geöffneten Kiefern im Wasser (JUBB 1992, YOUNGPRAPAKORN et al. 1994). Dabei besteht die Gefahr, daß die Tiere ertrinken.

Therapie: Die Behandlung besteht aus intramuskulären Vitamin-B_1-Gaben (30 mg/kg KG zweimal im Abstand von 24 Stunden). Die Prognose ist gut und in der Regel kehrt der Umkehrreflex innerhalb von 24 Stunden nach der ersten Spritze zurück.

9.2 Schildkröten

9.2.1 Kurze Einführung in die Anatomie und Physiologie

Während die großen Meeres- und Riesenschildkröten eine Masse von über 400 kg erreichen können, bleiben die meisten Arten deutlich kleiner und erreichen nicht einmal ein Kilogramm Lebendgewicht. Alle Schildkrötenarten legen Eier, die je nach Spezies eine feste oder eine flexible Schale haben.

Charakteristisch ist für Schildkröten ein knöcherner Rückenpanzer (Carapax) und ein Bauchpanzer (Plastron), der von epidermalen Hornplatten oder einer weichen Haut bedeckt wird. Rücken- und Bauchpanzer werden auf jeder Seite durch eine knöcherne Brücke miteinander verbunden. Einige Arten (z. B. *Terrapene, Kinosternon, Cuora*) verfügen über eine gelenkig verbundene Fissur am Bauchpanzer, die es ihnen ermöglicht, den Panzer dicht zu verschließen, nachdem sie Kopf und Extremitäten eingezogen haben. Die Hornplatten des Schildkrötenpanzers sind in artspezifischem, regelmäßigem Muster angelegt. Größe und Anordnung der Hornplatten entsprechen nicht den darunterliegenden Knochenplatten.

Die Augenlider sind gut entwickelt. Wie die Krokodile haben auch die Schildkröten eine Tränen- und eine Hardersche Drüse. Meeresschildkröten weisen zusätzlich eine Salzdrüse auf. Ein horniger Schnabel bedeckt die Ränder von Ober- und Unterkiefer und ist bestens zum Abbeißen der Nahrung geeignet. Bei einigen Arten ist dieser Hornschnabel gesägt. Die Zunge ist kurz und fleischig. Bei den großen Meeresschildkröten finden sich in Maulhöhle und Pharynx nach hinten gerichtete, konische Papillen. Die Speiseröhre mündet in den dickwandigen, spindelförmigen Magen, der teilweise eingebettet im linken Hauptlappen der Leber liegt. Die Leber ist dick und groß und kann entweder in deutliche Lappen unterteilt sein oder aus zwei eng miteinander verbundenen Lappen bestehen. In der Nähe des Pylorus münden Gallen- und Pankreasgang in den Dünndarm. Der Dünndarm ist unregelmäßig aufgeknäult und mündet in den Dickdarm, der sich seinerseits in die Kloake öffnet.

Die kompakten Nieren liegen caudo-dorsal in den Carapax eingepaßt. Die kurzen Harnleiter münden in die Kloake. Die Eierstöcke der Weibchen sind paarig angelegt und zeigen je nach Zyklusstand mehr oder weniger prominente Follikel. Am Eileiter sind ähnlich wie beim Vogel Infundibulum, Magnum und Isthmus zu unterscheiden. Die Hoden liegen beim Männchen an der gleichen Position wie bei den Weibchen die Eierstöcke. Die Samenleiter verlaufen parallel zu den Harnleitern und münden ebenfalls in die Kloake. Männliche Schildkröten haben ein unpaares Kopulationsorgan, das in Ruhestellung am Grund der Kloake liegt.

Das Herz der Schildkröten ist dreikammerig, da es nur ein unvollständiges Septum in der Hauptkammer aufweist. Allerdings kontrahiert erst die eine und dann die andere Hälfte der Kammer, was eine funktionelle Trennung mit sich bringt. Auch Schildkröten verfügen über einen Nieren-Pfortader-Kreislauf, so daß das Blut der Hinterextremitäten zunächst durch die Nieren strömt. Die nur kurze Luftröhre hat zahlreiche Knorpelringe, die ein Kollabieren verhindern. Die Lungen sind groß und sackähnlich. Sie liegen über den Eingeweiden direkt dem Rückenpanzer von innen an.

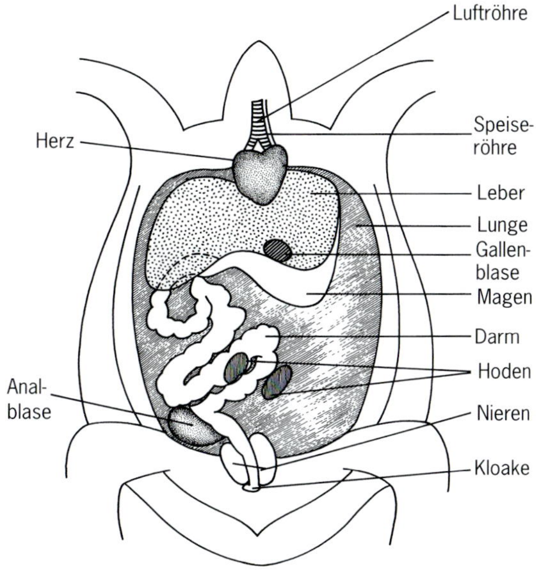

Anatomie der Schildkröte.

9.2.2 Infektionskrankheiten

9.2.2.1 Hexamitiasis

Hexamiten sind etwa 8 µm lange, längsovale bis birnenförmige Flagellaten, die sich schnell und vorwiegend geradlinig fortbewegen. Dadurch lassen sie sich im mikroskopischen Nativpräparat leicht von den Flagellaten der Trichomonas-Gruppe unterscheiden, die sich eher taumelnd und im Kreis drehend bewegen. Schon 1924 hat Grass über das Auftreten von *Hexamita parva* in der Analblase einer Europäischen Sumpfschildkröte (*Emys orbicularis*) berichtet. Die Bedeutung von Hexamiten als Krankheitserreger bei Schildkröten wurde von Zwart & Truyens (1975) sowie von Zwart et al. (1979) herausgestellt.

Symptome: Primär leben diese Flagellaten im Darm der Schildkröten. Sekundär kommt es aber zur Invasion in Organe, die in direktem Kontakt zum Darmkanal stehen. Dies betrifft vorrangig die Analblase und die Nieren, aber

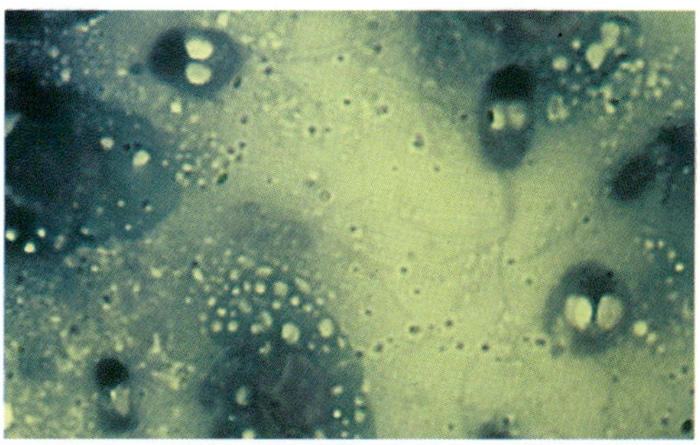

Abb. 146. Hexamiten im Darminhalt einer Landschildkröte.

Abb. 147. Umschriebene Panzernekrose bei einer Schmuckschildkröte (*Chrysemys picta*).

auch die Leber kann von einer Hexamitiasis betroffen sein. Da die drei genannten Organe jeweils separate Verbindungen zum Darm haben, muß der Befall des einen Organs nicht zwangsläufig zu einer Mitbeteiligung der anderen Organe führen. Bei einer Nierenhexamitiasis sind die Nieren vergrößert und auffällig blaß. In einigen Fällen sind die Harnröhrchen sichtbar erweitert. Bei der histologischen Untersuchung zeigt sich, daß die Veränderungen überwiegend in den distalen Abschnitten der Harnröhrchen zu beobachten sind. Ohne Behandlung führt eine Nieren- oder Leberhexamitiasis nach Wochen oder Monaten zum Tod der Schildkröte.

Diagnose: Die Diagnose erfolgt über den Nachweis der Hexamiten in Kot und Urin, wobei das bloße Vorhandensein dieser Parasiten im Probenmaterial noch kein Beweis für eine Nieren- oder Leberhexamitiasis ist.

Über eine Untersuchung der entsprechenden klinisch-chemischen Blutparameter können Hinweise auf Schädigungen dieser Organe erhalten werden, ebenso über eine Ultraschalluntersuchung.

Therapie: Da bei allen Hexamitenträgern früher oder später mit einem Befall von Nieren oder Leber mit Hexamiten gerechnet werden muß, sollten alle Schildkröten, bei denen in Kot oder Harn Hexamiten nachgewiesen worden sind, gegen diese behandelt werden. Hierbei hat sich Ronidazol (12 mg/kg KG alle 24 Stunden über einen Zeitraum von 12 Tagen per os) bewährt. Um Reinfektionen zu vermeiden, muß das Terrarium während der Behandlung gereinigt und desinfiziert werden.

9.2.2.2 Panzernekrosen

Oberflächliche oder tiefergehende Entzündungen und Nekroseprozesse des Panzers werden bei Schildkröten häufig diagnostiziert. Meist sind nur die Hornschilder betroffen. In schweren Fällen kann die Entzündung aber auch auf den knöchernen Panzer übergehen und schließlich in die Leibeshöhle durchbrechen.

Ursachen: Mehrere verschiedene Mikroorganismen (Bakterien und Pilze) konnten aus diesen Läsionen isoliert werden, wobei *Beneckia chitinovora* zumindest bei aquatilen Arten eine besondere Bedeutung zukommt (Wallach 1977, Frye 1991). Offensichtlich sind mechanische Vorschädigungen durch rauhe Steine und immunschwächende Faktoren wie Überbesetzung und unhygienische Verhältnisse die Voraussetzung für die Entstehung von Panzernekrosen.

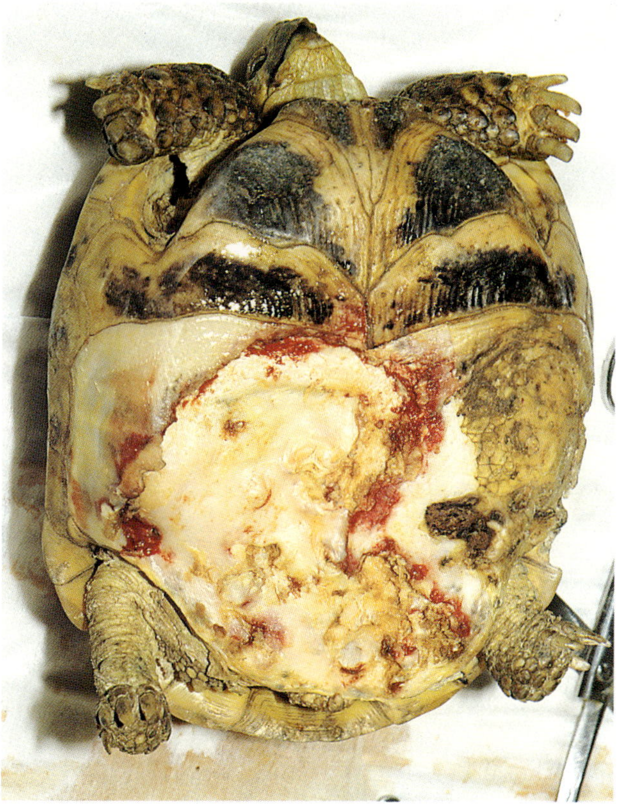

Abb. 148. Großflächige profunde Panzernekrose bei einer Vierzehen-Landschildkröte (*Agrionemys horsfieldi*).

Therapie: Zur Behandlung muß zunächst das abgestorbene Panzermaterial vorsichtig, aber gründlich abgetragen werden. Danach werden die betroffenen Bereiche mit Betaisodona-Lösung eingepinselt. Man kann auch dem Aquarienwasser etwas Betaisodona-Lösung hinzufügen (FRYE 1991). Bei tiefergehenden Ulzerationen empfiehlt es sich, die Wunde mit 10%igem Wasserstoffperoxid zu desinfizieren und mit wasserabweisender Creme, z.B. Penaten Hautcreme, abzudecken (HEMPEL 1989).

9.2.2.3 Septikämische ulzerative Hauterkrankung (SCUD) der Wasserschildkröten

Als wichtigster Keim dieser im Englischen als SCUD (Septicemic Cutaneous Ulcerative Disease) bezeichneten Allgemeinerkrankung wird *Citrobacter freundii* angesehen (KAPLAN 1957, ROSSKOPF 1986).

Symptome: Diese Krankheit ist vor allem charakterisiert durch Hautulzerationen. Weiterhin treten unspezifische klinische Symptome wie Apathie, Nahrungsverweigerung und häufig Lähmungen auf. Bei der Sektion werden zusätzlich Nekrosen in der Leber festgestellt.

Therapie: Betroffene Tiere müssen gemäß eines Resistenztests antibiotisch behandelt werden. Bis dessen Ergebnis vorliegt, können Breitbandantibiotika wie Gentamicin (2,5 mg/kg KG alle 72 h i.m.), Kanamycin (10 bis 15 mg/kg KG alle 12 bis 24 h i.m.) und Amikacin (5 mg/kg KG als Initialdosis, gefolgt von 2,5 mg/kg KG alle 72 h i.m.) eingesetzt werden. Die Prognose ist bei dieser Erkrankung vorsichtig zu stellen.

Abb. 149. Mittelohrentzündung bei einer Europäischen Landschildkröte. Man beachte das durch Vereiterung des Mittelohres nach außen gewölbte Trommelfell.

9.2.2.4 Mittelohrentzündung

Symptome: Eine abszedierende Entzündung des Mittelohres ist bei Schildkröten nicht selten. In diesen Fällen führt der Eiter im Mittelohr dazu, daß sich das Trommelfell nach außen wölbt (Abb. 149).

Therapie: Erfolg verspricht nur das chirurgische Vorgehen. Hierzu wird nach Hautdesinfektion ein Schnitt durch das Trommelfell gesetzt und die meist käsige Eitermasse entfernt. Die Wunde soll über einen Zeitraum von mehreren Tagen offen gehalten und täglich mit antibiotikumhaltiger Lösung (z. B. Neomycin) gespült werden, bis die Eiterbildung aufgehört hat. Erst dann läßt man sie verwachsen.

Abb. 150 (oben links). Klinisch gesunde Wüstenschildkröte *(Gopherus agassizii)*.
Abb. 151 (oben rechts). Wüstenschildkröte mit klarem Nasenausfluß bei beginnender URTD.
Abb. 152 (unten links). Wüstenschildkröte mit mukösem Nasenausfluß und beginnender Abszedierung der Mandibulardrüsen.

9.2.2.5 Upper-Respiratory-Tract-Disease (URTD) der Kalifornischen Wüstenschildkröte

Seit 1988 ist eine Erkrankung der oberen Atemwege mit zum Teil hoher Befallsquote (bis 43 %) bei freilebenden Kalifornischen Wüstenschildkröten (*Gopherus agassizii*) festgestellt worden (JACOBSON 1991a, JACOBSON et al. 1991b). In den folgenden Jahren wurden vielfältige und sehr intensive Untersuchungen zur Ätiologie, Pathogenese, Epidemiologie und Therapie dieser Erkrankung durchgeführt (SCHUMACHER, I. M. et al. 1993).

Symptome: Die Erkrankung äußert sich zunächst durch serösen Nasenausfluß, der später schleimige und eitrige Beimengungen aufweist. Im weiteren Verlauf abszedieren die Mandibulardrüsen. Die Tiere werden zunehmend lethargisch und stellen die Nahrungsaufnahme ein. Erkrankte Tiere weisen ernied-

Abb. 153 (unten rechts). Wüstenschildkröte mit massiver Verkrustung nach Abszedierung der Mandibulardrüsen.

rigte Hämoglobin- und Phosphorwerte und erhöhte Natrium-, Harnstoff-, GOT- und Cholesterin-Werte im Serum auf.

Als **Erreger** konnten mit Hilfe von elektronenmikroskopischen und kulturellen Untersuchungen Mycoplasmen identifiziert und durch Übertragungsversuche verifiziert werden (JACOBSON et al. 1991b, SCHUMACHER I. M. et al. 1993).

Die **Diagnose** erfolgt über die klinischen Symptome. Mit Hilfe eines ELISA zum Nachweis von *Mycoplasma*-Antikörpern kann eine Infektion mit diesen Erregern nachgewiesen werden (SCHUMACHER, I. M. et al. 1993).

Therapie: Zur Behandlung kommen Tetrazykline wie Oxytetracyclin (6 bis 10 mg/kg KG alle 24 h i.m.) oder Doxycyclin (50 mg/kg KG als Initialdosis, gefolgt von 25 mg/kg KG nach 72 h i.m.) zum Einsatz.

9.2.2.6 Rhinitis der Europäischen Landschildkröten

Symptome: Auch bei Europäischen Landschildkröten werden häufig Erkrankungen der oberen Atemwege festgestellt, die sich überwiegend in chronischem, serösem Nasenausfluß äußern. Bisher konnte kein spezieller Keim für die Erkrankung verantwortlich gemacht werden. Vielmehr wurden jeweils eine Reihe verschiedener Bakterien, aber auch Mycoplasmen und Viren aus den erkrankten Tieren isoliert (JACKSON & NEEDHAM 1983, LAWRENCE & NEEDHAM 1985). Auch Mangelerscheinungen, wie z. B. ein Vitamin-A-Mangel, bei dem es zur Hyperplasie des Epithels im oberen Respirationstrakt kommt, kann ursächlich an der Entstehung einer Rhinitis beteiligt sein.

Therapie: Man sollte zunächst über eine bakteriologische Untersuchung des Nasensekrets versuchen, einen möglichen bakteriellen Erreger nachzuweisen und einen Resistenztest durchzuführen. Meist ist allerdings selbst eine gezielte Antibiotikagabe nach einem Resistenztest nur von vorübergehendem Erfolg. Die bakteriellen Sekundärinfektionen werden so zwar unterdrückt, die Primärursache (z. B. Virusätiologie, Vitamin-A-Mangel) wird aber dadurch nicht beseitigt. Daher ist es wichtig, die Haltungsbedingungen zu optimieren, wobei Klima, Unterbringung und Ernährung eine besondere Bedeutung zukommt. Vitamin A als Nahrungsergänzung kann hilfreich sein. Man muß aber vorsichtig dosieren (Gesamtdosis nicht über 10.000 I.E. Vitamin A/kg KG), um eine schädliche Überdosierung zu vermeiden. Inhalationen mit ätherischen Ölen (siehe S. 130) können den Heilungsprozeß günstig beeinflussen.

9.2.2.7 Herpes-Virus-Erkrankung der Landschildkröten

In den vergangenen Jahren wurde mehrfach eine seuchenhaft und verlustreich verlaufende Erkrankung bei Landschildkröten (vorwiegend bei *Testudo hermanni* und *T. graeca*) beobachtet, bei der als Ursache Herpes-Viren nachgewiesen werden konnten (COOPER et al. 1988, BRAUNE et al. 1989, HELDSTAB & BESTETTI 1989, LANGE et al. 1989, MÜLLER et al. 1990, AHNE 1993). Die Infektion erfolgt auf jeden Fall direkt von Tier zu Tier, möglicherweise gibt es aber auch eine Übertragung über die Eier auf die Nachkommen. Einmal infizierte Schildkröten bleiben ihr Leben lang Träger des Virus, so daß die Krankheit bei Streßsituationen (Winterschlaf, Parasitosen, Mangelernährung), die zu einer Schwächung des Immunsystems führen, erneut ausbrechen kann.

Symptome: Meist kurze Zeit nach dem Erwerb von neuen Tieren beobachtet man die ersten Symptome in Form von Nahrungsverweigerung, Atembeschwerden durch Verlegung des Kehlkopfes, Bindehautentzündung und gelblichen Belägen auf der Zunge, die bei Ablöseversuchen zu Blutungen führen. Die betroffenen Tiere sterben in der Regel innerhalb von einigen Tagen bis wenigen Wochen. Bei der Sektion findet man zusätzlich zu der ausgeprägten Stomatitis eine gelbliche, geschwollene Leber und oftmals noch pathologische Veränderungen in Lunge, Darm, Nieren und seltener auch im Gehirn. In den degenerierenden Zellen der betroffenen Gewebe können eosinophile intranukleäre Einschlußkörperchen festgestellt werden.

Diagnose: Klinisch läßt sich mittels Zungenabklatsch eine Frühdiagnose stellen. Ein serologischer Test (ELISA) ist in der Entwicklung und wird hoffentlich bald für Einzeltier- und Bestandsuntersuchungen zur Verfügung stehen.

Therapie: Eine Behandlung ist weitgehend erfolglos. Man sollte aber als unterstützende Therapie die Schildkröten antibiotisch gegen bakterielle Sekundärinfektionen behandeln und durch Infusionen (20 bis 25 ml/kg KG Ringer-Lösung täglich) die Nierenperfusion sicherstellen. COOPER et al. (1988) berichten über erste Erfolge bei dem Einsatz des Virostatikums Acyclovir, das als 5%ige Lösung lokal im Rachenraum aufgetragen wird. Gerade wegen Viruserkrankungen sind Quarantänemaßnahmen unbedingt notwendig, um die Einschleppung der Erreger in einen gesunden Bestand zu verhindern.

9.2.2.8 Irido-Virus-Erkrankung der Landschildkröten

Bei in der Schweiz gepflegten Griechischen Landschildkröten (*Testudo hermanni*) trat bereits mehrfach und zum Teil seuchenhaft eine Erkrankung auf, für die Irido-Viren verantwortlich gemacht wurden (HELDSTAB & BESTETTI 1982, MÜLLER et al. 1988, AHNE 1993).

Symptome: Erkrankte Schildkröten verweigern die Nahrung und zeigen eitrigen Nasenausfluß, Bindehautentzündung und Stomatitis. Bei der Sektion fallen nekrotisierende Leberveränderungen und Nekroseherde in zahlreichen anderen inneren Organen auf.

Therapie: Die Behandlungsmöglichkeiten sind ebenso eingeschränkt und die Prognose ist ebenso ungünstig wie bei der Herpes-Virus-Erkrankung (s.o.).

9.2.3 Stoffwechselstörungen

9.2.3.1 Hypovitaminose A der Wasserschildkröten

Die Hypovitaminose A ist als Erkrankung der Wasserschildkröten schon lange bekannt (REICHENBACH-KLINKE 1963, MEBS 1965a, REICHENBACH-KLINKE & ELKAN 1965, ELKAN & ZWART 1967, BURKE 1970, HIME 1972, FRYE 1989, PARRY-HEFLYNN 1993). Frischgeschlüpfte Wasserschildkröten verfügen über einen gewissen Vorrat an Vitamin A, der in der Leber und im Fettkörper gespeichert ist. Werden die wachsenden Schildkröten einseitig mit Fleisch und getrockneten Shrimps ernährt, kommt es, sobald der von Geburt an vorhandene Vitamin-A-Vorrat aufgezehrt ist, schnell zum klinischen Bild der Hypovitaminose A.

Symptome: Das auffälligste Symptom sind die hervortretenden, aber fest geschlossenen Augen, die durch eine Vergrößerung der in den Augenlidern gelegenen Drüsen (vor allem der Harderschen Drüse) und eine squamöse Metaplasie der Bindehaut bedingt sind. Zwischen Hornhaut und Augenlidern findet sich bei den betroffenen Schildkröten eine käsige Masse aus abgeschilfertem Epithel und Entzündungszellen. Weiterhin kommt es zur Metaplasie mit exzessiver Verhornung des Schleimhautepithels in Pharynx, Atemwegen, Pankreas, Nieren, Ureteren und Analblase. Diese pathologisch veränderten Schleimhäute sind anfällig für opportunistische bakterielle Infektionen. Da die Tränensekretion einen wichtigen Beitrag zum Flüssigkeits- und Elektrolythaushalt leistet, kommt es im Verlauf der Erkrankung zu ödematösen Gewebsschwellungen, so daß sich Weichteilgewebe unter dem Panzer hervorschiebt. Die erblindeten Schildkröten stellen die Nahrungsaufnahme ein, werden apathisch und magern ab, um nach Wochen, manchmal auch erst nach Monaten zu sterben.

Therapie: Zur Therapie erhalten die betroffenen Schildkröten parenteral Vitamin A in

Abb. 154. Schmuckschildkröte (*Trachemys scripta*) mit Rachitis und Hypovitaminose A. Man beachte den weichen, eindrückbaren Panzer und die zugeschwollenen Augen.

wäßriger Lösung (500 bis 1000 I.E. Vitamin A/kg KG s.c.). Die käsigen Massen unter den Augenlidern werden vorsichtig mit einem stumpfen Glasstab entfernt und die Augen anschließend mit Borwasser gespült. Zum Schutz vor bakteriellen und mykotischen Infektionen versorgt man die Augen mehrfach täglich mit entsprechenden Augensalben (z. B. Pima Biciron).

Prophylaxe: Zur Vorbeugung müssen die Schildkröten abwechslungsreich mit Fisch, Wasserschnecken, Regenwürmern, Insekten, Wasserpflanzen und Forellentrockenfutter ernährt werden und regelmäßig Multivitamin- und Mineralstoffpräparate erhalten. Gewarnt sei aber vor einer Überversorgung mit den fettlöslichen Vitaminen A und D.

9.2.3.2 Hypervitaminose A

Bereits mehrfach wurde über großflächige Epithelablösungen bei Landschildkröten infolge einer Hypervitaminose A berichtet (Mettler et al. 1982, Palmer et al. 1984, Frye 1989). Reptilien, bei denen keine akkurate Diagnose gestellt wurde, erhalten oft als „Standard-Therapie“ neben einem Breitband-Antibiotikum eine Injektion der Vitamine A, D und E, ohne den wirklichen aktuellen Bedarf der Patienten für diese Stoffe zu kennen. Insbesondere bei den Vitaminen A und D kommt es bei Überversorgung zu schweren Schädigungen.

Symptome: Schildkröten, die eine Dosis von 100 000 I.E. Vitamin A in wäßriger Lösung per Injektion erhalten, zeigen ein bis zwei Wochen später eine nekrotisierende Dermatitis mit großflächigen Epithelablösungen. Dabei hebt sich die Haut in Blasen von der Unterlage ab und wird schließlich in großen Stücken abgestoßen. Die flächenhaften Epithelablösungen

Abb. 155. Hypervitaminose A mit großflächiger Epithelablösung bei einer Landschildkröte.

beginnen in den vom Panzer geschützten Regionen, wo die Haut relativ dünn ist, also am Hals, an den Oberarmen und Oberschenkeln. Von dort breiten sich die Läsionen zum Kopf und an den Gliedmaßen nach distal aus, während der Panzer unversehrt bleibt. Unbehandelte Tiere trocknen aus und sterben innerhalb weniger Tage.

Therapie: Betroffene Schildkröten erhalten Infusionen mit Ringer-Lösung und zum Schutz vor Sekundärinfektionen parenterale Antibiotikagaben. Äußerlich werden sie mit Betaisodona-Lösung behandelt. Die Prognose ist vorsichtig zu stellen, und auch bei erfolgreicher Therapie dauert die vollständige Genesung mehrere Monate.

9.2.3.3 Höckerbildung des Panzers

Ein bei der Aufzucht von Landschildkröten häufig beobachtetes Phänomen ist die starke Höckerbildung des Rückenpanzers. In der Vergangenheit wurden zahlreiche Vermutungen zur Ätiologie dieser Erkrankung geäußert (Jungnickel 1986, Weser 1988b, Steehouder 1989, Weichmann 1989). Histologisch handelt es sich bei den pathologischen Veränderun-

Abb. 156. Höckerbildung des Rückenpanzers bei einer Europäischen Landschildkröte.

gen um eine fibröse Osteodystrophie, so daß eine ähnliche Ätiologie wie bei der fibrösen Osteodystrophie der ebenfalls pflanzenfressenden Leguane angenommen werden kann (vgl. Seite 116).

Ursachen: Durch ein ungünstiges Calcium-Phosphor-Verhältnis in der Nahrung kommt es über eine Aktivierung der Nebenschilddrüse zur Entmineralisierung der Knochen. Die darauf folgende Zubildung von Bindegewebe führt zu einer Umfangsvermehrung der Knochen. Im Panzerbereich, wo durch das Aneinanderstoßen der Knochenplatten eine Ausdehnung in der Fläche nicht möglich ist, kommt es zu einer Aufwölbung der einzelnen Platten, was zum klinischen Bild der Höckerbildung führt.

Prophylaxe: Da bereits bestehende osteodystrophische Knochenveränderungen nicht rückgängig gemacht werden können, muß man versuchen, dieser Erkrankung vorzubeugen. Der Ernährung kommt hierbei entscheidende Bedeutung zu. Jungtiere, die besonders anfällig für diese Stoffwechselstörung sind, erhalten zusätzlich zu den Mineralstoffgaben täglich Calcium-Lactat über das Futter. Pflanzen mit einem ungünstigen Ca:P-Verhältnis sollte man nicht zu häufig füttern bzw. das Verhältnis durch Calciumgaben verbessern. Zu diesen Pflanzen bzw. deren Früchten zählen z. B. Banane, Apfel, Honigmelone, Paprika, Pfirsich und Tomate. Ein sehr günstiges Ca:P-Verhältnis haben hingegen Alfalfa (= Luzerne), Karotte, Klee, Löwenzahn, Spinat und Kresse (vgl. Tabelle S. 143).

9.2.3.4 Kropfbildung (Hypothyreose)

Landschildkröten, die entweder jodarm ernährt werden oder deren Nahrung kropffördernde Stoffe enthält, neigen dazu, eine Unterfunktion der Schilddrüse mit Kropfbildung zu entwickeln (Wallach 1970, Frye & Dutra 1974, Meister 1984, Norton et al. 1989). Zu solchen kropffördernden Stoffen gehören in erster Linie Senfölglykoside, die

Abb. 157. Kropfbildung (Hypothyreose) bei einer Galapagos-Riesenschildkröte (*Chelonoides elephantopus*).

in Brassicaceen (z. B. Kohl, Broccoli) enthalten sind.

Symptome: Schildkröten mit einer chronischen Schilddrüsenunterfunktion zeigen neben der Kropfbildung meist ein ausgeprägtes Myxödem in Unterhautbindegewebe und Muskulatur, so daß sich Weichteilgewebe unter dem Panzer hervorschiebt. Die Schwellung kann solche Ausmaße annehmen, daß die Schildkröte den Kopf und die Extremitäten nicht mehr einziehen kann. Die betroffenen Tiere sind lethargisch und freßunlustig.

Diagnose: Eine Messung der Schilddrüsenhormone im Blut ergibt bei Tieren mit Hypothyreose deutlich erniedrigte Werte. Für Galapagos-Riesenschildkröten (*Chelonoides elephantopus*) werden für Trijodthyronin (T_3) und Thyroxin (T_4) als Normalbereiche 33,2 bis 93,3 ng T_3/dl bzw. 1,08 bis 1,54 µg T_4/dl angegeben (Norton et al. 1989). Eine Aldabra-Riesenschildkröte (*Megalochelys gigantea*) mit klinisch manifester Hypothyreose wies 4,5 ng T_3/dl und 0,29 mg T_4/dl auf (Norton et al. 1989).

Therapie: Zur Behandlung erhalten die betroffenen Schildkröten Jodgaben über das

Trinkwasser. Dazu wird eine Vorratslösung (200 mg Kaliumjodid pro Liter Wasser) angesetzt und davon dem Trinkwasser jeweils 1 ml pro Liter zugegeben (GABRISCH & ZWART 1985). Bei Fällen von chronischer Hypothyreose kann es notwendig sein, dem Tier langfristig Thyroxin (0,02 mg Levo-Thyroxin/kg KG alle 48 Stunden p.o.) zu verabreichen (NORTON et al. 1989).

9.2.4 Sonstige Erkrankungen

9.2.4.1 Übermäßiges Schnabelwachstum

Durch das Abbeißen der Nahrung sind Abnutzung und Wachstum der Hornanteile der Schildkrötenkiefer normalerweise im Gleichgewicht. Wenn aber die gefütterte Nahrung zu weich ist, kann es zu überlangen Hornleisten insbesondere am Oberkiefer kommen. Dies kann für das betroffene Tier ein ernsthaftes Problem bedeuten, da es das Schließen der Kiefer und damit die Nahrungsaufnahme be- oder sogar verhindern kann. Noch kritischer als das Überwachstum der Oberkiefer sind hyperplastische Hornanteile der Unterkiefer, da diese zu einem unphysiologischen Kieferschluß führen, bei dem der Unterkiefer vor dem Oberkiefer schließt. Dies führt durch die ausgeübte Hebelwirkung zu einer Schädigung des Kiefergelenks.

Therapie: Das überschüssige Hornmaterial muß vom Tierarzt sorgfältig entfernt werden. Bei kleinen und mittelgroßen Arten leistet eine kleine, aber kräftige, scharfe Schere in Verbindung mit einer Feile gute Dienste. Bei großen Tieren muß man für die „Grobarbeit" zunächst eine oszillierende Säge verwenden. Ziel ist es, den anatomischen und funktionellen Ursprungszustand soweit wie möglich wieder herzustellen, ohne zuviel wegzuschneiden. In schwerwiegenden Fällen sollte man die Schnabelkorrektur in mehreren Etappen vornehmen. Abb. 150 zeigt eine Schildkröte mit normalen Kiefern.

9.2.4.2 Posthibernale Anorexie

Um den Krankheitskomplex der Futterverweigerung und Lethargie nach der Winterruhe verstehen zu können, muß man sich die Veränderungen vergegenwärtigen, die sich im Stoffwechsel einer Schildkröte während der Ruhephase ergeben.

Nachdem die Schildkröte im Herbst mit sinkenden Umgebungstemperaturen die Nahrungsaufnahme reduziert und schließlich einstellt, leert sich der Verdauungstrakt innerhalb von vier bis sechs Wochen weitgehend. Während der Winterruhe zehrt das Tier von seinen Fettreserven, so daß die Fettkörper kleiner werden, und es verliert Flüssigkeit über die Atmung. Der Wasserverlust spiegelt sich in einem Anstieg des Hämatokrits von 25 bis 30 % auf 35 bis 40 % wider. Da die Urinausscheidung stagniert, kommt es zu einer Anreicherung der harnpflichtigen Stoffe im Blut, so daß der Harnstoffgehalt des Blutes von 4,0 bis 13,0 mg/dl auf Werte über 600 mg/dl ansteigen kann (LAWRENCE & JACKSON 1983). Der hohe Harnstoffgehalt im Blut führt über eine toxische Schädigung der Leukozyten-Stammzellen zu einem Absinken der Weißen Blutkörperchen (LAWRENCE 1987), so daß die betroffenen Schildkröten gegenüber opportunistischen Infektionen besonders anfällig sind.

Bei Schildkröten, die mit ungenügenden Reserven in den Winterschlaf gegangen sind, kommt es nach Aufzehren der Fettkörper zum Abbau der körpereigenen Muskulatur, um den Blut-Aminosäurepool aufrechtzuerhalten und Energie bereitzustellen. Ein vollständiger Abbau der Fettreserven führt aber auch zu einem akuten Mangel an den fettlöslichen Vitaminen A, E und D, die normalerweise im Fettgewebe gespeichert werden.

Bei gesunden Schildkröten steigt der Blutglucosespiegel unmittelbar nach Beendigung des Winterschlafes sprunghaft an, was offensichtlich ein wesentlicher Stimulus für das Beginnen der Nahrungs- und Flüssigkeitsaufnahme ist. Bei Schildkröten mit posthibernaler Anorexie fehlt dieser Glucose-Anstieg und die Tiere zeigen keinen Appetit. Da die Tiere nicht trinken, stagniert auch weiterhin die Harnstoffausscheidung. Wenn der Blut-Harnstoffspiegel zunimmt, steigt auch die Blutosmolarität, was zunehmend die Nierenfunktion hemmt, so daß sich eine Art Teufelskreis entwickelt.

Symptome: Typische Symptome einer Schildkröte mit posthibernaler Anorexie sind Austrocknung (eingesunkene Augen, faltige Haut, erhöhter Hämatokrit), erhöhte Blut-Harnstoffwerte und erniedrigte Blut-Glucosewerte.

Therapie: Ziel der Behandlung muß es zunächst sein, den Wasserhaushalt zu stabilisieren, die Blutosmolarität zu senken und die Nierenperfusion zu gewährleisten, so daß die Schildkröte Harnstoff ausscheiden kann. Deshalb erhält das Tier oral und parenteral (subkutan und/oder intra- bzw. epiperitoneal) 30 bis 40 ml/kg KG Ringer-Lösung pro Tag. Wenn die Urinausscheidung erst einmal wieder in Gang gekommen ist, sinkt der Blut-Harnstoffspiegel innerhalb weniger Tage. Selbstverständlich müssen Begleiterkrankungen wie Erkältungen, Durchfall oder Verletzungen entsprechend behandelt werden. Die Injektion von Vitamin-B-Komplex (0,25 bis 0,50 mg/kg KG s.c.) kann appetitstimulierend wirken.

Es ist empfehlenswert, eine Schildkröte, die nicht innerhalb von 10 Tagen nach Beendigung der Winterruhe getrunken und nicht innerhalb von drei bis vier Wochen gefressen hat, einem Tierarzt vorzustellen, der eine posthibernale Anorexie diagnostizieren und behandeln kann.

9.2.4.3 Gasblasenkrankheit

Bei aquatilen Schildkröten kann durch Einsetzen in frisches Leitungswasser das klinische Bild der Gasblasenkrankheit auftreten (Mayeaux 1994). Die Ursache ist die gleiche wie bei der Gasblasenkrankheit der Amphibien (vgl. Seite 93).

Therapie: Das Überführen betroffener Tiere in Wasser mit reduziertem Gehalt an gelösten Gasen (z. B. durch Verwendung von vorher kurzzeitig erhitztem Wasser), kann zum Abklingen der klinischen Symptome und zur Genesung der Tiere führen. Um das Auftreten der Gasblasenkrankheit zu vermeiden, sollte immer nur ein Teilwasserwechsel mit abgestandenem Wasser durchgeführt werden.

9.3 Echsen

9.3.1 Kurze Einführung in die Anatomie und Physiologie

Echsen variieren in der Größe von wenigen Zentimeter großen Geckos bis hin zu mehrere Meter langen Waranen. Die Formenvielfalt ist gerade bei dieser Tiergruppe faszinierend, denkt man an Gattungen wie *Phrynosoma, Moloch, Chlamydosaurus* und *Amblyrhynchus*. Viele Arten bilden Hautanhänge wie Rückenkämme, Kehlwammen und Halskrausen aus. Die meisten Geckos und Anolis haben Haftlamellen an den Zehen, die sie befähigen, an senkrechten und überhängenden Wänden zu laufen. Bewohner der Dünenwüsten weisen oftmals häutige Verbreiterungen der Zehen auf, die es ihnen ermöglichen, sich auf dem losen Sand rasch und sicher fortzubewegen. Bei zahlreichen Skinken (Scincidae) und Schleichen (Anguidae) sind die Beine reduziert oder fehlen völlig.

Allen Echsen ist gemeinsam, daß ihre Körperoberfläche mit Schuppen bedeckt ist. Diese können klein und zart, aber auch vergrößert und dornig sein. In regelmäßigen Abständen häuten sie sich, wobei die Frequenz mit dem Alter abnimmt. Viele Arten haben Präanal- und/oder Femoralporen, die ein fett- und proteinhaltiges Sekret produzieren. Diese Sekretion ist während der Paarungszeit am stärksten.

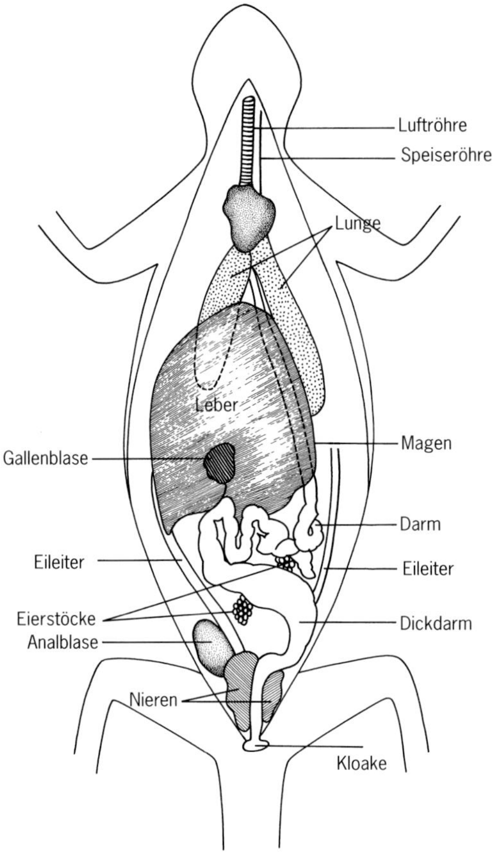

Anatomie der Echse.

Die Augen und Augenlider sind bei den meisten Echsenarten gut entwickelt, wobei das untere Lid größer und beweglicher ist als das obere. Mit Ausnahme der Lidgeckos (Eublepharinae) sind bei allen Geckoarten die Augen von einer durchsichtigen, von den verwachsenen Lidern gebildeten „Brille" bedeckt. Auch bei Echsen mit gut entwickelten Lidern kann sich im unteren Augenlid ein transparentes Fenster befinden (z.B. bei *Mabuya*). Bei Chamäleons sind die Lider zu einer Halbkugel verwachsen und umschließen das sehr bewegliche Auge, so daß nur in der Mitte eine runde Öffnung vorhanden ist. Bei grabenden und unterirdisch lebenden Arten sind die Augen zurückgebildet und erscheinen meist nur als kleine Pigmentflecken unter der Haut. Die Pupille ist bei den tagaktiven Arten rund und bei den meisten dämmerungs- und nachtaktiven Geckos und Nachtechsen (Xantusiidae) vertikal schlitzförmig.

Das Herz der Echsen ist wie das der Schildkröten und Schlangen dreikammerig, da es nur ein unvollständiges Septum in der Hauptkammer aufweist. Allerdings kontrahiert erst die eine und dann die andere Hälfte der Kammer, was eine funktionelle Trennung mit sich bringt. Auch Echsen verfügen über einen Nieren-Pfortader-Kreislauf, so daß das Blut der Hinterextremitäten zunächst durch die Nieren strömt.

Mund- und Rachenhöhle, Speiseröhre und Magen bilden den vorderen, der Dünndarm den mittleren und der Dickdarm (Colon und Rektum) sowie die Kloake den hinteren Abschnitt des Verdauungstraktes. Statt eines Blinddarmes besitzen die pflanzenfressenden Leguane nur eine blinddarmartige Erweiterung des Colons. Als Anhangsorgane des Verdauungstraktes sind insbesondere die Leber und die Bauchspeicheldrüse zu nennen.

Echsen haben Lippen, die jedoch nicht muskulös und daher unbeweglich sind. Die sehr bewegliche Zunge kann fleischig, aber auch länglich und an ihrer Spitze gegabelt sein und dient neben der Nahrungsaufnahme auch als ein wichtiges Hilfsorgan bei der Duftstoffkontrolle. Die durch das „Züngeln" an ihr haftengebliebenen Duftstoffe werden beim Zurückziehen der Zunge zu dem im vorderen Mundhöhlendach befindlichen Jacobsonschen Organ befördert und dort wahrgenommen. Bei den Chamäleons kann die Zunge, deren keulenförmiges Ende zum Greifen geeignet ist, zum Beutefangen mehr als eine halbe Körperlänge herausgeschleudert werden. Die meist nur wenig differenzierten Zähne befinden sich entweder auf dem Kiefer oder an seiner Innenseite. Bei den einzigen giftigen Echsen, den Krustenechsen (*Heloderma* sp.), befinden sich die Giftdrüsen im Unterkiefer.

Die Speiseröhre (Ösophagus) beginnt hinter der Luftröhrenöffnung und ist verhältnismäßig lang. Sie weist Längsfalten auf, die notwendig sind, um eine entsprechende Dehnung beim Durchtritt von Nahrungsbestandteilen zu ermöglichen. Die Speiseröhre verläuft dorsal von der Leber und mündet schließlich in den Magen. Der vordere (kardiale) Teil des Magens ist erweitert, weist noch wesentlich stärker ausgebildete Längsfalten als die Speiseröhre auf und befindet sich auf der linken Körperseite. Dorsal des Magens liegt die längliche Milz, die je nach Blutfülle eine blau- bis purpurrote Färbung besitzt. In seinem weiteren Verlauf zieht der Magen zur rechten Körperseite, wobei ihm die Bauchspeicheldrüse (Pankreas) eng anliegt. Am Magenausgang (Pylorus) befindet sich vor der Einmündung in den Dünndarm ein wallförmiger Ringmuskel. Nahe des Pylorus münden Gallen- und Pankreasgang in den Dünndarm.

Der Dünndarm öffnet sich schließlich in das mächtig erweiterte Colon. Der Anfangsteil dieses Darmabschnitts ist bei vielen Arten von einer großen Aussackung, der blinddarmartigen Erweiterung, geprägt. Im weiteren Verlauf des Colons befinden sich bei den pflanzenfressenden Großleguanen (Iguaninae) mehrere Querfalten, die diesen Darmabschnitt in Kompartimente unterteilen, welche für die mikrobielle Verdauung von großer Bedeutung sind.

Das Colon verengt sich schließlich zum Rektum, welches in die Kloake mündet. Die Kloake wird in drei Abschnitte unterteilt, und zwar in das Coprodaeum, in welches der Enddarm mündet, das Urodaeum mit den Öffnungen der Harn- und Geschlechtsorgane und schließlich das Proctodaeum, welches den hinteren Abschnitt der Kloake bildet (siehe untenstehende Grafik). Die Analblase ist eine Aussackung des Urodaeums und hat keine direkte Verbindung zur Niere.

Die braun- bis schwarzrote Leber beansprucht einen beträchtlichen Teil des vorderen Bauchraumes. Sie liegt hinter dem Herzen und besitzt einen Dorsal- sowie einen Ventrallappen. Die grüne Gallenblase ist am vorderen Teil des Ventrallappens lokalisiert.

Unmittelbar hinter der Zungenbasis befindet sich die knorpelige Luftröhrenöffnung (Glottis), die während der Atempausen von einem Deckel (Epiglottis) verschlossen wird. Die von Knorpelringen gestützte Luftröhre

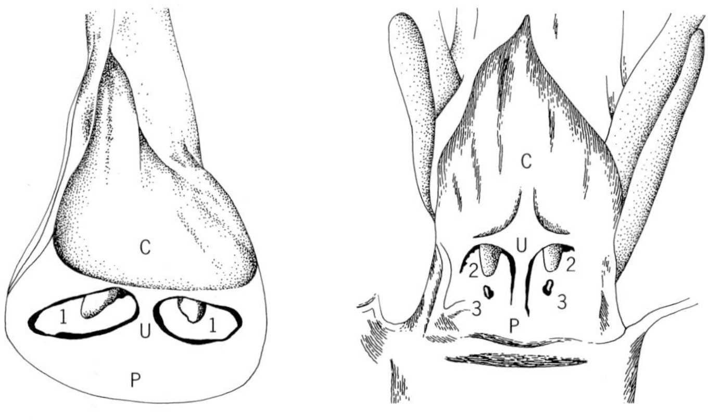

Kloakenregion eines männlichen (links) und weiblichen (rechts) Grünen Leguans.
C = Coprodaeum, U = Urodaeum, P = Proctodaeum.
1 = Urogenitalpapille, 2 = Genitalpapille, 3 = Harnleiterpapille (nach Oldham & Smith 1975).

(Trachea) teilt sich in Höhe des Herzens in die beiden Hauptbronchien, welche je einen Lungenflügel versorgen. Die Lungen liegen dorsal von der Leber im oberen Teil der Leibeshöhle. Der vordere Teil eines jeden Lungenflügels zeigt eine deutliche Kammerung, während der hintere von sackartiger Struktur ist.

Die paarigen Nieren sind von braunroter Farbe. Sie liegen extrem weit hinten in der Leibeshöhle und reichen bis ins Becken (retroperitoneale Lage). Der hintere Teil der rechten und linken Niere ist miteinander verwachsen. Die Harnleiter verlaufen entlang der Ventralfläche der entsprechenden Niere. Die Nebennieren sind klein und liegen dicht bei den Gonaden.

Bei weiblichen Echsen münden die Harnleiter durch die Harnleiterpapille, die sich dicht hinter der Genitalpapille (Öffnung des Eileiters) befindet, in die Kloake. Bei männlichen Echsen münden Harnleiter und Samenleiter gemeinsam durch eine Papille (Urogenitalpapille) in die Kloake (siehe Grafik S. 113). Die Eierstöcke der Weibchen befinden sich vor den Nebennieren dorsal seitlich von der Körpermitte etwa am Übergang vom 2. zum 3. Drittel der Leibeshöhle. Die Follikel sind als blasige Gebilde je nach Funktionsstadium des Organs mehr oder weniger deutlich erkennbar. Die im inaktiven Zustand flachen Eileiter verlaufen seitlich von jedem Eierstock nach hinten zur Kloake.

Die länglichen Hoden befinden sich bei der männlichen Echse an der gleichen Stelle wie die Eierstöcke der Weibchen und sind wie diese etwas gegeneinander versetzt. Ihre Größe unterliegt wie die der Ovarien zyklischen Veränderungen. Der schlauchförmige Nebenhoden befindet sich seitlich vom Hoden und mündet in den Samenleiter, welcher über die Ventralfläche der entsprechenden Niere bis hin zur Kloake verläuft.

Die männlichen Echsen besitzen ein paariges Kopulationsorgan (Hemipenes, Einzahl: Hemipenis), das allerdings keine direkte Verbindung mit den Samenleitern aufweist. Vielmehr besitzt jeder Hemipenis auf der Ventralseite eine Rinne (Sulcus spermaticus), über welche die Spermien in die weibliche Kloake gelangen. Die Hemipenes liegen an der Unterseite der Schwanzwurzel und können durch die hintere Kloakenwand wie Handschuhfinger nach außen aus- und umgestülpt werden. Bei der Paarung wird stets nur der dem Weibchen zugewandte Teil in dessen Kloake eingeführt.

9.3.2 Infektionskrankheiten

Zur Amöbiasis siehe Seite 124.

9.3.2.1 Entzündung der Femoraldrüsen

Viele Echsen besitzen an der Innenseite der Oberschenkel Drüsen, deren Sekret vor allem aus Fetten und Proteinen besteht und wahrscheinlich auch Pheromone enthält. Gelegentlich werden eitrige Entzündungen dieser Drüsen festgestellt. Die Oberschenkel können dabei stark anschwellen.

Therapie: Zur Behandlung empfiehlt sich das chirurgische Ausräumen der Entzündungsherde durch den Tierarzt. Die Wundversorgung erfolgt mit Antiseptika (z. B. Betaisodona-Salbe). Bei großflächigen Entzündungen erhält der Patient zusätzlich Antibiotika, nachdem zuvor ein Resistenztest durchgeführt wurde.

9.3.2.2 Entzündung der Hemipenes

Bei einer Entzündung der ventral am Schwanzansatz liegenden Hemipenes kommt es zu einer Schwellung in diesem Bereich. Bei einer Bartagame mit einer fibrinösen Hemipenesentzündung konnte vom Autor aus den angeschwollenen Hemipenistaschen je ein länglicher Fibrinpfropf entfernt werden.

Therapie: Zur Behandlung werden die Hemipenistaschen mehrfach täglich mit verdünnter Betaisodona-Lösung gespült.

Abb. 158. Fibrinpfropf aus der entzündeten Hemipenistasche einer Bartagame (*Pogona vitticeps*).

9.3.2.3 Dermatophilose

Bei Agamen (*Pogona barbata* und *Calotes mystaceus*) wurde verschiedentlich über das Auftreten einer Infektion mit dem Actinomyceten-ähnlichen Keim *Dermatophilus congolensis* berichtet (SIMMONS et al. 1972, MONTALI et al. 1975, ANVER et al. 1976).

Symptome: Die Erkrankung, die auch als kutane Streptotrichose bezeichnet wird, äußert sich in multiplen, 3 bis 5 mm großen, krustigen, goldbraunen Hautknoten auf Kopf, Körper und Extremitäten. Der Allgemeinzustand der an Dermatophilose erkrankten Echsen ist meist schlecht und die Tiere sind abgemagert und apathisch.

Diagnose: Die Diagnose erfolgt über eine Anzüchtung und Identifizierung der Erreger auf Blut-Agar-Nährböden und durch den histologischen Nachweis der fadenförmigen, sich verzweigenden Mikroorganismen in den Hautläsionen. Eine Gewebsfärbung mit Azur-Eosin färbt die Erreger besser an als Hämatoxylin-Eosin (MONTALI et al. 1975).

Therapie: Zur Behandlung werden die Läsionen gereinigt und lokal mit Betaisodona-Salbe behandelt. Zusätzlich erhält das Tier parenteral Antibiotika gemäß eines vorher durchgeführten Resistenztests. Die Prognose ist vorsichtig bis schlecht.

Da eine Übertragung von *Dermatophilus congolensis* auf den Menschen nicht ausgeschlossen werden kann, sollten beim Umgang mit Echsen, die mit diesem Erreger infiziert sind, hygienische Vorsichtsmaßnahmen getroffen werden.

Einmal-Handschuhe schützen sowohl beim Anfassen der Tiere als auch beim Reinigen des Terrariums vor einer Infektion.

Abb. 159. Papillome („Borkengeschwulste“) bei einer *Lacerta schreiberi*.

Abb. 160. Papillome bei einer *Lacerta viridis*.

9.3.2.4 Papillomatose der Eidechsen

Obwohl die als „Borkengeschwulst" bezeichnete Papillomatose der Eidechsen schon seit über hundert Jahren bekannt ist (BLANCHARD 1890 zit. in FRANK 1985, KOCH 1904, KLEIN 1952, STOLK 1953, SCHNABEL 1954, LOPEZ & BONS 1981), ist die Ätiologie dieser Erkrankung immer noch nicht befriedigend geklärt. RAYNAUD & ADRIAN (1976) und COOPER et al. (1982) haben elektronenmikroskopisch in den Geschwulsten sowohl Herpes- und Reoviren als auch Papova-Viren nachweisen können.

Symptome: Bei den Weibchen sind die braun bis schwarz gefärbten Geschwulste meist in der Nähe der Schwanzbasis, bei den Männchen hingegen auf dem Rücken lokalisiert. Histologisch handelt es sich um fibroepitheliale Papillome mit reichlicher Hornproduktion, die bis in Epidermis und Korium reichen und fingerförmige Fortsätze aufweisen (KLEIN 1952).

Therapie: Die Tumoren können vom Tierarzt chirurgisch entfernt werden, beeinträchtigen die Tiere aber in der Regel nicht. Spontane Rückbildungen der Papillome sind ebenso möglich wie das Wiederauftreten an anderen Körperstellen.

9.3.3 Stoffwechselstörungen

9.3.3.1 Knochenstoffwechselstörungen

Fibröse Osteodystrophie

Diese Knochenstoffwechselerkrankung tritt besonders häufig bei Pflanzenfressern wie den Leguanen der Gattungen *Ctenosaura, Cyclura* und *Iguana* sowie bei Landschildkröten (vgl. Seite 108) auf (WALLACH & HOESSLE 1968b, ANDERSON & CAPEN 1976a, b, c, KÖHLER 1992c).

Ursachen: Die Nebenschilddrüse (Parathyreoidea) spielt im Calciumstoffwechsel eine wichtige Rolle. Die Grundursache der Stoffwechselstörung, die zur fibrösen Osteodystrophie führt, ist ein falsches Verhältnis von Calcium zu Phosphor in der Nahrung. Optimal ist ein Ca:P-Verhältnis von 1,0 bis 1,5 : 1,0 (FRYE 1981, BURGMANN et al. 1993).

Wenn nun über längere Zeit dieses Verhältnis zugunsten des Phosphors verschoben wird, kommt es zu einer Überfunktion der Nebenschilddrüse (Hyperparathyreoidismus), so daß sie vermehrt Parathormon produziert und ins Blut abgibt. Dieses Hormon bewirkt eine Mobilisierung des Calciums der Knochen, so daß das Skelett entmineralisiert wird.

Symptome: Insbesondere bei Knochen, die einer stärkeren mechanischen Belastung ausgesetzt sind, also vor allem bei Knochen der

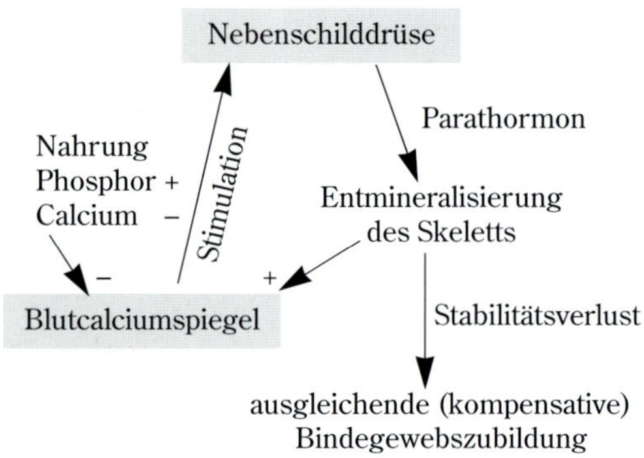

Schema zu den Ursachen der fibrösen Osteodystrophie.

Abb. 161 (oben). Schwarzleguan (*Ctenosaura similis*) mit fibröser Osteodystrophie. Man beachte die geschwollenen Oberschenkel.
Abb. 162. Grüner Leguan (*Iguana iguana*) mit fibröser Osteodystrophie. Man beachte die Umfangsvermehrungen der Unterkiefer sowie der Ober- und Unterschenkelknochen.

Extremitäten sowie denen der Kiefer, versucht der Organismus den Stabilitätsverlust durch Zubildung von Bindegewebe auszugleichen. Dies führt zu einer Umfangsvermehrung der betroffenen Knochen, welche leicht durch Abtasten feststellbar ist. Andere Knochen, z. B. Schädel, werden durch diese Entmineralisierung weich und verformbar. Man kann diese Stoffwechselstörung mit Hilfe einer klinisch-chemischen Blutuntersuchung frühzeitig diagnostizieren, wobei dem Calcium- und Phosphorspiegel und der Alkalischen Phosphatase-Aktivität im Blutserum eine besondere Bedeutung zukommen. Der ernährungsbedingte Hyperparathyreoidismus ist von dem Hyperparathyreoidismus renalen Ursprungs zu differenzieren, der besonders bei 5 bis 6 Jahre alten Leguanen auftritt (ZWART et al. 1992). Beim renalen Hyperparathyreoidismus kann in der Regel eine Nierenfunktionsstörung diagnostiziert werden (vgl. Seite 59).

Abb. 163. Röntgenaufnahme eines Grünen Leguans (*Iguana iguana*) mit fibröser Osteodystrophie. Die Umfangsvermehrungen der Oberschenkelknochen sind deutlich zu sehen.

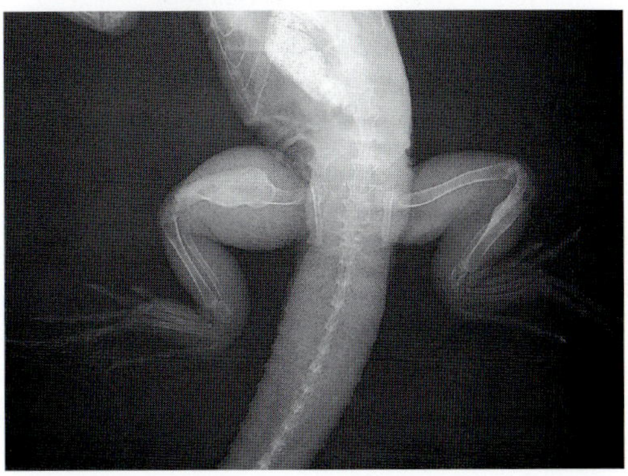

Prophylaxe: Da man Calcium kaum überdosieren kann, gilt zur Vorbeugung, daß man eher zu viel als zu wenig Mineralstoffe ins Futter geben sollte. Außerdem sollte man immer geriebene Sepiaschale anbieten, die in der Regel gern gefressen wird.

Jungtiere, die für diese Stoffwechselstörung besonders anfällig sind, erhalten zusätzlich zu den Mineralstoffgaben täglich Calcium-Lactat über das Futter. Pflanzen mit einem ungünstigen Ca:P-Verhältnis sollte man nicht zu häufig füttern bzw. das Verhältnis durch zusätzliche Calciumgaben ausgleichen. Zu diesen Pflanzen bzw. Früchten zählen z. B. Banane, Apfel, Honigmelone, Paprika, Pfirsich und

Tomate. Ein sehr günstiges Ca:P-Verhältnis haben hingegen Alfalfa (=Luzerne), Karotte, Klee, Löwenzahn, Spinat und Kresse (vgl. Tabelle S. 143).

Einmal vorhandene Umfangsvermehrungen von Knochen lassen sich nicht wieder rückgängig machen. Man kann nur versuchen, das weitere Fortschreiten des Krankheitsprozesses zu stoppen, indem man dem Tier massiv Calcium (z. B. Calcium-Lactat oder Calcium-Gluconat) über das Futter zuführt.

Rachitis und Osteomalazie

Diesen Stoffwechselstörungen liegt ein Vitamin-D-Mangel zugrunde, der zu einer ausbleibenden Mineralisierung des Knochengewebes führt. Bei Jungtieren bleibt der wachsende Knochen, bei adulten Tieren das im Rahmen des inneren Umbaus entstehende Knochengewebe im unfertigen, noch nicht verknöcherten Zustand erhalten. Bei Jungtieren bezeichnet man diese Erkrankung als Rachitis, bei adulten Tieren nennt man sie Osteomalazie.

Prophylaxe: Im Gegensatz zur Osteodystrophie kommt es bei dieser Stoffwechselstörung nicht zu einer Umfangsvermehrung der weichen Knochen. Um eine Hypovitaminose D, also eine Unterversorgung mit Vitamin D_3 zu vermeiden, sollte man unbedingt auf regelmäßige Vitamingaben achten. Als Richtdosierung empfehle ich entgegen älteren Angaben (Köhler 1993b) 50 bis 100 I.E. D_3/kg KG wöchentlich.

Das Multivitamin-Präparat Multi-Mulsin beispielsweise enthält – soweit das für Reptilien bekannt ist – die einzelnen Vitaminkomponenten in günstiger Zusammensetzung und wird von den Tieren meist anstandslos genommen. Man sollte diese Tropfen jedem Tier gezielt verabreichen, z. B. auf einem Stück Obst, einem Blatt oder einem Futtertier.

9.3.3.2 Fibröse Dysplasie

Symptome: Bei Grünen Leguanen wird manchmal eine Erkrankung beobachtet, die vom klinischen Erscheinungsbild der fibrösen Osteodystrophie ähnelt, der aber eine andere, noch weitgehend ungeklärte Ätiologie zugrunde liegt. Dabei kommt es zu Umfangsvermehrungen der Unterkieferknochen, wobei die Veränderungen ein- oder beidseitig sein können (Frye 1991). Die Schwellungen können so massiv sein, daß die Nahrungsaufnahme eingestellt wird.

Therapie: Das proliferierte Gewebe ist blaßgelblich und hat die Konsistenz einer rohen Kartoffel. Es kann deshalb mit einer Skalpellklinge unter Narkose vom Tierarzt leicht chirurgisch entfernt werden. Histologisch handelt es sich um Bindegewebe, in das Inseln aus neu gebildetem, noch schwach mineralisiertem Knochen eingebettet sind. Die Gewebszubildungen sind gutartiger Natur und tendieren zur spontanen Rückbildung im Laufe des Wachstums des Tieres. Die Behinderungen bei der Nahrungsaufnahme können aber eine chirurgische Korrektur notwendig machen.

Abb. 164. Rachitischer Tokeh (*Gekko gecko*) mit weichen Kiefern.

9.3.3.3 Hypervitaminose D

In der Literatur finden sich mehrere Berichte von Hypervitaminose D beim Grünen Leguan, die zu Verkalkungen an falschen Orten geführt haben (Pallaske 1961, Wallach 1966, Schuchmann & Taylor 1970, Still & Beránek 1984, Zwart et al. 1992).

In Terrarianerkreisen hat es sich mittlerweile herumgesprochen, daß eine Ergänzung der Nahrung mit Multivitamin- und Mineralstoffpräparaten zur Gesunderhaltung der Pfleglinge notwendig ist. Leider ist der Glaube, daß auch bei Vitaminen die Devise „viel hilft viel" gelte, weit verbreitet, so daß Fälle klinisch manifester Hypervitaminose D immer wieder angetroffen werden.

Symptome: Ein Zuviel an Vitamin D_3 führt zu einem ständig erhöhten Blutcalciumspiegel (Hyperkalzämie) und schließlich zu Ablagerungen von Calciumsalzen in Organen, wobei das fibroelastische Gewebe der Arterien, vor allem der Aorta sowie der Pulmonal- und Nierenarterien, in besonderem Maße betroffen ist.

Ab welcher Dosierung es beim Grünen Leguan zur Vitamin-D-Vergiftung kommt, ist nicht sicher bekannt. Bei Leguanen, die über einen Zeitraum von vier bis sechs Monaten eine tägliche Dosis von 100 I.E. Vitamin D_3 erhalten hatten, konnten jedoch bereits Kalkablagerungen im Weichteilgeweben nachgewiesen werden (Zwart & Watering 1969).

Diagnose: Die Diagnose wird über den Nachweis des stark erhöhten Blutcalciumspiegels gestellt, der 90 mg/dl überschreiten kann (physiologisch: 7,2 bis 13,3 mg/dl). Im Spätstadium können die Kalkablagerungen in den großen Blutgefäßen röntgenologisch dargestellt werden.

Therapie: Erste Therapieversuche einer Hypervitaminose D wurden von Frye et al. (1991) bei mehreren Exemplaren mit Erfolg durchgeführt. Ziel der Therapie ist es, den Blutcalciumspiegel bis auf physiologische Werte zu senken, um Ablagerungen von Calciumsalzen in den Organen zu verhindern. Hierzu kann den betroffenen Leguanen synthetisches Calcitonin (je nach Höhe des Blutcalciumspiegels 2 bis 4 I.E./kg KG s.c. alle 8 Stunden) verabreicht werden (Frye et al. 1991). Um die Nierenperfusion zu erhöhen erhält das Tier zusätzlich Infusionen mit physiologischer Kochsalzlösung. Die Blutcalciumspiegel müssen in regelmäßigen Abständen erneut überprüft werden, um die Calcitonin-Dosierung abzustimmen. Die Behandlung wird so lange fortgesetzt, bis der Blutcalciumspiegel wieder im physiologischen Bereich liegt.

9.3.3.4 Vitamin-E/Selen-Mangel

Vitamin E (Tocopherol) spielt im Körper als Antioxidans zum Abfangen giftiger freier Radikale eine wichtige Rolle. Gesunde Echsen haben Blutspiegel von 2,1 bis 7,1 mg a-Tocopherol/ml (Dierenfeld 1989). Bei Leguanen (*Iguana* und *Ctenosaura*) wurde mehrfach über das Auftreten eines klinisch manifesten Vitamin-E/Selen-Mangels berichtet (Rost & Young 1984, Farsworth et al. 1986, Frye 1991). Insbesondere eine einseitige Ernährung mit Mäusen und Fischen kann zu einem Vitamin-E/Selen-Mangel führen.

Symptome: Die durch einen Vitamin-E/Selen-Mangel hervorgerufenen Schäden betreffen vor allem die Muskulatur. Die Diagnose kann über eine Muskelbiopsie gestellt werden. Die veränderten Gewebsbereiche sehen aus wie gekocht – man nennt diese Krankheit deshalb auch „Weißmuskelkrankheit". Histologisch zeigen sich die Muskelfasern im frühen Stadium zunächst geschwollen; später verlieren sie dann ihre Querstreifung und zeigen Kerndegenerationen. Im fortgeschrittenem Stadium ist die „Weißmuskel-Krankheit" durch multifokale Läsionen mit Muskeldegeneration und bindegewebigem Ersatz gekennzeichnet. Klinisch zeigen die betroffenen Tiere Muskelschwäche und Lähmungserscheinungen.

Therapie: Da Selen schon in geringen Mengen (3 bis 4 mg/kg Futter) toxisch sein kann, empfiehlt es sich, bei Tieren mit einem klinisch manifesten Vitamin-E/Selen-Mangel nur Vitamin E (50 mg Vitamin E/kg KG) zu verabreichen. Zudem haben Untersuchungen an Zootieren gezeigt, daß bei Tieren mit erniedrigten Tocopherol-Werten die Selen-Werte meist im physiologischen Bereich liegen (DIERENFELD 1989). Eine frühe Diagnose ist wichtig, da die Wirkung des Tocopherols als Antioxidans zum Zeitpunkt des Auftretens von freien Radikalen wichtig ist und nicht nachdem die freien Radikale bereits zu Muskelschäden geführt haben. Die Prognose ist bei bereits vorhandenen Muskelschäden ungünstig.

9.3.4 Sonstige Erkrankungen

9.3.4.1 Schwanz- und Zehennekrosen (Trockene Gangrän von Schwanz und Zehen)

Häufig kann man bei großen Echsen wie Leguanen (*Iguana, Ctenosaura, Cyclura*) und Tejus (*Tupinambis*) das Absterben und Eintrocknen von Zehen oder der Schwanzspitze beobachten. Hierfür kommen sowohl infektiöse als auch nichtinfektiöse Ursachen in Frage.
Ursachen: Bei Jungtieren und Wildfängen handelt es sich meist um traumatische Ursachen wie z. B. Schlagen mit dem Schwanz auf harte Kanten oder Einklemmen in Türen und Schiebescheiben. Diese Traumata können auch zum Verlust eines mehr oder weniger großen Schwanzabschnittes führen. Die stumpfen Verletzungen führen zur Beschädigung von Blutgefäßen, was eine schlechtere Durchblutung des betroffenen Schwanzabschnittes nach sich zieht. Die Sauerstoffminderversorgung sowie die Anreicherung giftiger Stoffwechselprodukte bewirken schließlich das Absterben des Gewebes (Nekrose).

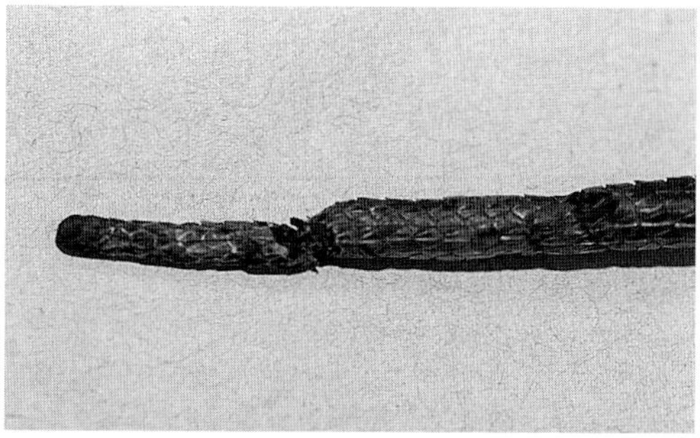

Abb. 165. Schwanzspitzennekrose bei einem Grünen Leguan (*Iguana iguana*).

Werden Leguane über Jahre hinweg falsch ernährt (z. B. zu protein- und purinreich oder durch zu hohe Gaben von Vitamin D), kommt es durch Ablagerungen von Harnsäure- bzw. Calciumsalzen in den Wänden der Blutgefäße zu einem Elastizitätsverlust, der ebenfalls eine Minderdurchblutung zur Folge hat. Körperpartien, die ohnehin schon schlechter durchblutet werden, wie Zehen und Schwanzspitze, sind davon in besonderem Maße betroffen und beginnen als erstes abzusterben. Durch Stoffwechselerkrankungen bedingte Schwanznekrosen gehen progressiv in Richtung Schwanzansatz weiter und können nur durch rechtzeitige Amputation im noch lebenden Bereich gestoppt werden.

Man sollte auch immer darauf achten, daß die Tiere bei der Häutung die Schwanzspitze vollständig häuten, da verbliebene Häutungsreste zu einem Abschnüren und über einen längeren Zeitraum zum Absterben des betroffenen Abschnitts führen.
Therapie: In manchen Fällen kommt es durch Abschnüren und Verlust des abgestorbenen Gewebes zur Selbstheilung. Sollte dies nicht der Fall sein, muß rechtzeitig vom Tierarzt im gesunden Bereich amputiert werden, bevor lebenswichtige Strukturen an der Schwanzbasis von der Nekrose in Mitleidenschaft gezogen werden.

Als infektiöse Ursache für eine trockene **Gangrän** von Zehen und Schwanzspitze kommen in erster Linie Mykosen in Betracht. Bei diesen findet sich eine nekrotisierende gangränöse Dermatitis, die zu Einschnürungen und schließlich zum Verlust von Zehen und Schwanzspitze führt. HAZELL et al. (1985) konnten den Pilz *Trichophyton terrestre* aus derartigen Läsionen isolieren.
Therapie: Zur Behandlung muß täglich abgestorbenes Gewebe entfernt und eine antimykotische Salbe aufgetragen werden.

9.4 Schlangen

9.4.1 Kurze Einführung in die Anatomie und Physiologie

Von den etwa 2600 rezenten Schlangenarten zählt ein Fünftel zu den Giftschlangen im engeren Sinne. Hierzu gehören Giftnattern (Elapidae), Echte Ottern (Viperidae), Grubenottern (Crotalidae), Erdvipern (Atractaspididae) und Seeschlangen (Hydrophiidae). Ihre im vorderen Teil des Maules stehenden Zähne besitzen entweder eine weitgehend geschlossene Furche (proteroglyphe Zähne bei Giftnattern und Seeschlangen) oder sind röhrenförmig und wirken wie eine Injektionskanüle (solenoglyphe Zähne bei Echten Ottern und Grubenottern). Andere Schlangengruppen verfügen ebenfalls über Giftdrüsen, die toxische Sekrete produzieren, deren giftleitende Zähne aber zwischen den hinteren Zähnen im Oberkiefer stehen. Hierzu zählen Trugnattern (Boiginae), Wassertrugnattern (Homalopsinae) und verschiedene Gattungen der Wassernattern (Natricinae). Insbesondere die Baumschlangen der Gattungen *Dispholidus* und *Thelotornis* aus dieser Gruppe produzieren ein äußerst wirksames Gift.

Nur bei wenigen Vertretern ursprünglicher Gruppen (Boas, Pythons und Wurmschlangen) existieren noch Rudimente des Beckengürtels. Die Wirbelsäule zeichnet sich durch ihre Beweglichkeit sowie eine hohe Anzahl (200 bis 300) der Wirbeln aus, die bis auf die ersten beiden alle Rippen tragen. Die Körperoberfläche ist mit überlappenden Schuppen bedeckt. Schlangen häuten sich in regelmäßigen Abständen, wobei die Frequenz mit dem Alter abnimmt. Etwa eine Woche vor der Häutung werden die Augen trüb und nahezu undurchsichtig. Während dieser Zeit ist die Schlange normalerweise inaktiv und nimmt keine Nahrung zu sich. Die oberflächliche Epithelschicht der Zunge wird ebenfalls in gewissen Abständen in einem Stück abgestoßen und – sofern z. B. im Wasserbecken entdeckt – wird dieses Gebilde vom Terrarienbesitzer meist für einen Innenparasiten gehalten.

Der Schlangenkopf zeichnet sich durch eine hohe Beweglichkeit aus. Die einzelnen

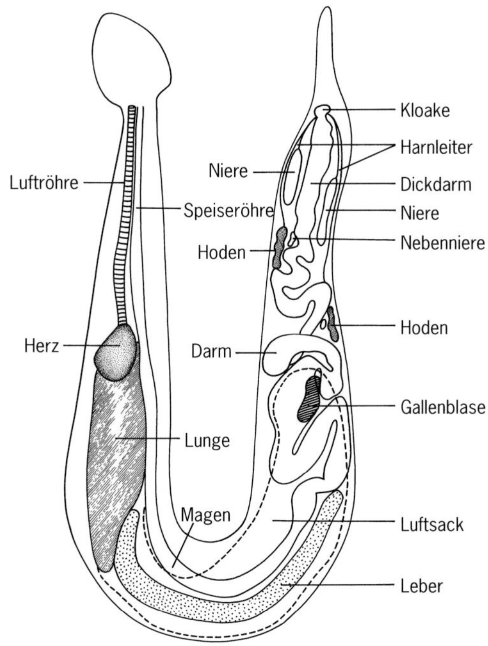

Anatomie der Schlange.

Knochen sind gegeneinander verschiebbar, so daß sehr große Beutestücke verschlungen werden können. Die Zunge ist lang und an der Spitze tief gegabelt. Sie liegt in einer Scheide, die bis unter die Luftröhrenöffnung reicht. Durch eine Rinne im Unterkiefer kann die Zunge aus dem Maul geschoben werden, ohne daß das Maul geöffnet wird. Die Zunge dient als Hilfsorgan zur Geruchswahrnehmung; sie spielt beim Abschlucken der Nahrung keine Rolle. Die durch das „Züngeln" an ihr haftengebliebenen Duftstoffe werden beim Zurückziehen der Zunge zu dem im vorderen Mundhöhlendach befindlichen Jacobsonschen Organ befördert und dort wahrgenommen. Den Schlangen fehlen Paukenhöhle, Trommelfell und Eustachische Röhre, das Innenohr ist hingegen ausgebildet. Die Schlange nimmt deshalb Schallwellen und Erschütterungen über knöcherne Weiterleitung wahr, nicht über den Luftschall. Das Schlangenauge ist von einer durchsichtigen Membran, der Brille, überzogen. Sie entsteht während der Embryonalentwicklung durch Verwachsen von oberem und unterem Augenlid. Die Pupillenform kann rund oder vertikal schlitzförmig sein.

Die Zähne sind, abgesehen von den oben erwähnten giftleitenden Zähnen, weitgehend undifferenziert, nadelartig spitz und nach hinten gerichtet. Das Sekret mehrerer Speicheldrüsen wird in die Maulhöhle entleert und dient zum Einspeicheln der Beutetiere und zur Verdauung. Die Giftdrüsen sind modifizierte Speicheldrüsen, deren Ausführungsgänge direkt zu den giftleitenden Zähnen führen.

Die dünnwandige Speiseröhre ist verhältnismäßig lang und mündet in den spindelförmigen Magen. In der Nähe des Pylorus münden Gallen- und Pankreasgang in den Dünndarm. Ein kleines Caecum ist bei einigen Arten vorhanden und kennzeichnet den Übergang von Dünn- zu Dickdarm. In die Kloake münden der Dickdarm sowie die Ausführungsgänge der Gonaden und Nieren. Die Leber der Schlangen ist sehr langgestreckt und kann bei einigen Arten in zwei oder drei voneinander getrennte Lappen unterteilt sein. Sie liegt kaudal des Herzens. Die grünliche Gallenblase befindet sich kaudal der Leber in der Nähe von Pylorus, Pankreas und Milz.

Die Luftröhrenöffnung liegt weit vorn am Mundhöhlenboden auf der Zungenscheide. Die Luftröhre hat zahlreiche Knorpelringe, die ein Kollabieren verhindern. Noch vor der Aufspaltung in die beiden Hauptbronchien können Gruppen von Alveolen mit respiratorischem Epithel vorhanden sein. Die Bronchien öffnen sich in die länglichen, sackförmigen Lungen und reichen als offene, knorpelgestützte Gänge ein beträchtliches Stück in die Lungenflügel. Der rechte Lungenflügel ist größer und länger als der linke. Der linke Lungenflügel ist bei den meisten Arten sogar stark reduziert oder fehlt völlig. Der hintere Teil der Lunge ist als Luftsack ausgebildet und reicht weit nach kaudal. Die Lunge ist mit ihrer Dorsalfläche mit den Rippen verwachsen, die Atmung erfolgt über Bewegungen der Rippen.

Auch bei Schlangen ist das Kammerseptum nur unvollständig. Ein Lamellensystem in der Herzkammer bewirkt aber, daß ein Großteil des sauerstoffarmen Blutes zur Sauerstoffaufnahme durch die Lungen fließt.

Die stark gelappten Nieren sind entsprechend der Körperform langgestreckt und liegen hintereinander, wobei die rechte der linken vorgelagert ist. Eine Analblase ist bei Schlangen nicht ausgebildet.

Die Eierstöcke liegen bei weiblichen Schlangen mit etwas Abstand hintereinander, wobei der rechte Eierstock vor dem linken liegt. Die im inaktiven Zustand flachen Eileiter verlaufen seitlich von jedem Eierstock nach hinten zur Kloake, in die sie dicht vor der Harnleiterpapille münden.

Die Hoden der Männchen sind länglich und hell gefärbt mit querverlaufenden Falten. Der schlauchförmige Nebenhoden befindet sich seitlich vom Hoden und mündet in den Samenleiter, der über die Ventralfläche der entsprechenden Niere bis hin zur Kloake verläuft, in welche er gemeinsam mit dem Harnleiter durch eine Papille (Urogenitalpapille) mündet.

Männliche Schlangen haben ein paariges Kopulationsorgan (Hemipenes), das artspezifisch sehr unterschiedlich gestaltet ist. Auf der Ventralseite findet sich bei jedem Hemipenis eine Rinne (Sulcus spermaticus), über welche die Spermien in die weibliche Kloake gelangen. In Ruhestellung liegt das Organ eingestülpt in Taschen ventral an der Schwanzbasis. Der Hemipenis wird zur Kopulation wie ein Handschuhfinger nach außen aus- und umgestülpt.

9.4.2 Infektionskrankheiten

9.4.2.1 Lungenwurm-Befall

Nematoden der Familie Rhabdiasidae sind bereits lange als Lungenparasiten bei Amphibien und Reptilien bekannt (YORKE & MAPLESTONE 1926). Bei Schlangen kann der Lungenwurm *Rhabdias fuscovenosa* zu Erkrankungen mit Todesfolge führen (REINHARD 1940, FANTHAM & PORTER 1950, ZWART 1968, ZWART & JANSEN 1969, JACOBSON 1976b, DEAKINS & COSGROVE 1978, BRANNIAN 1984b).

Der Lebenszyklus von *Rhabdias fuscovenosa* beinhaltet eine parasitische und eine freilebende Phase. Die 60 × 40 μm großen Eier werden von parthenogenetischen Weibchen in der Lunge des Wirtstieres abgesetzt und mit dem Flimmerepithel über Bronchien und Trachea in die Maulhöhle transportiert, wo sie abgeschluckt werden. Während der Passage durch den Verdauungstrakt entwickelt sich im Ei die Erstlarve, so daß im frischen Kot entweder embryonierte Eier oder freie Erstlarven zu finden sind. Diese Larven entwickeln sich entweder direkt zu Infektionslarven oder zu freilebenden männlichen und weiblichen Adulti. Die Paarung der freilebenden Nematoden führt zur Bildung von Eiern, aus denen Larven schlüpfen, die sich wiederum entweder zu Infektionslarven oder freilebenden Stadien entwickeln. Die Infektionslarven dringen entweder durch die Haut in die Schlange ein oder sie werden oral aufgenommen und abgeschluckt. Nach einer Gewebswanderung gelangen die Larven in die Lunge, wo sie sich zu Adulti entwickeln; damit schließt sich der Zyklus.

Da der Entwicklungszyklus direkt, also ohne Einschaltung eines Zwischenwirtes verläuft, kommt es meist innerhalb weniger Wochen durch ständige Wiederinfektion zu sehr starkem Befall. Die daraus resultierende Lungenentzündung führt ohne Behandlung zum Tode des betroffenen Tieres. Zu der verminö-

Abb. 166. Lungenwurmeier mit Larven (*Rhabdias fuscovenosa*) in der Lunge einer Strumpfbandnatter (*Thamnophis sirtalis*).

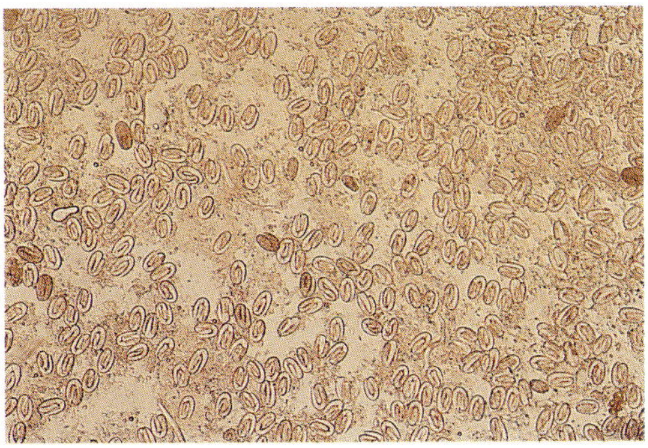

Abb. 167. Lungenwurmeier mit Larven und freie Erstlarven in der Lunge einer Äskulapnatter (*Elaphe longissima*).

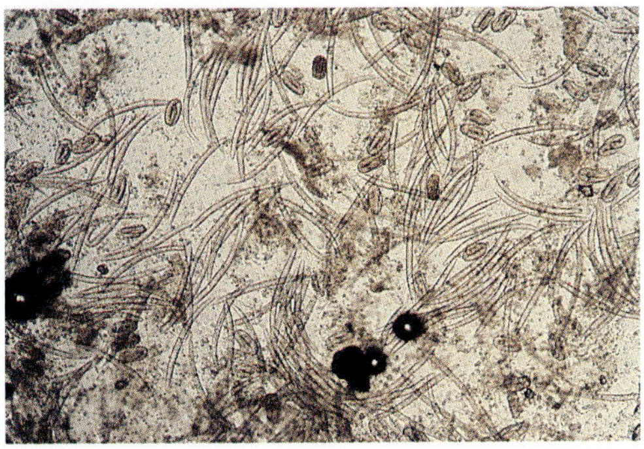

sen Pneumonie können sich noch bakterielle Sekundärinfektionen gesellen.
Symptome: Betroffene Schlangen zeigen Atmen mit geöffnetem Maul, Atemgeräusche, Bläschen oder Exsudat, die aus der Luftröhrenöffnung kommen, sowie Nahrungsverweigerung und Gewichtsverlust. Auch Entzündungen der Maulschleimhaut mit Ödembildung und von außen sichtbarer Verdickung der Lippenränder können beobachtet werden.
Diagnose: Die Diagnose erfolgt über den Nachweis der embryonierten Eier oder der freien Erstlarven in Maulabstrichen und Tracheal- bzw. Bronchialspülungen. Zur Trachealspülung werden je nach Größe der Schlange 0,25 bis 1,5 ml sterile physiologische Kochsalzlösung mit einer Knopfkanüle in die Trachea gegeben und wieder aspiriert. Die zurückgewonnene Flüssigkeit wird unter dem Mikroskop nach Lungenwurmeiern und -larven durchgemustert. *Rhabdias*-Eier und -Larven werden zwar auch im Kot gefunden, können dort aber mit *Strongyloides* verwechselt werden, die im Verdauungstrakt parasitieren. Die Diagnose über Trachealspülungen schließt solche Verwechslungen aus und ist deshalb vorzuziehen.
Therapie: Zur Behandlung hat sich Citarin (Wirstoff Levamisol) in einer Dosierung von 10 mg/kg KG bewährt (LEHMANN 1971, JACOBSON 1976b, BRANNIAN 1984b). Die Behandlung ist nach zwei Wochen zu wiederholen. Parallel zur medikamentösen Behandlung muß jedesmal eine gründliche Reinigung und Desinfektion (z. B. mit Lysoval oder Apesin) des Terrariums erfolgen, damit alle freilebenden Stadien abgetötet werden.

9.4.2.2 Amöbiasis

Die Amöbiasis – hervorgerufen durch *Entamoeba invadens* – ist eine Erkrankung, die schon seit Jahrzehnten bekannt und von Schlangenhaltern und Echsenbesitzern gefürchtet ist. Insbesondere in Zoologischen Gärten trat diese oft auch als Darmfäule, Membranöse Enteritis oder Amöbenruhr bezeichnete Parasitose seuchenhaft auf, wobei die Sterblichkeitsrate oftmals nahezu 100 % erreichte (HILL & NEAL 1953, DONALDSON et al. 1975, FRANK 1985, KASPRZAK et al. 1989).

Insgesamt gesehen ist die Amöbiasis vor allem wegen sorgfältiger durchgeführter Quarantänemaßnahmen und besserer Haltungsbedingungen seltener geworden. Es wäre jedoch ein fataler Trugschluß, anzunehmen, daß die Gefahr einer Einschleppung von *Entamoeba invadens* nicht mehr gegeben sei. Hierzu gehören in erster Linie Echsen und Schlangen, während Panzerechsen offensichtlich weitgehend resistent sind (FRANK 1985).

Insbesondere Schildkröten sind häufig latente (verborgene) Träger und Dauerausscheider dieser Parasiten und stellen somit eine permanente Gefahr für Reptilien dar, die empfänglich für eine tödlich verlaufende Amöbiasis sind.

Die 10 bis 30 µm großen Amöben gehören zu den Einzellern (Protozoa) und sind dadurch gekennzeichnet, daß sie sich mit Hilfe von sogenannten Scheinfüßchen (Pseudopodien) fortbewegen. Neben einer Reihe weitgehend harmloser Gattungen, die der Einfachheit halber als „Limaxamöben" zusammengefaßt werden, spielen Amöben der Gattung *Entamoeba* als Krankheitserreger bei Schlangen eine wichtige Rolle. *Entamoeba invadens* als wich-

Abb. 168 (oben). Strumpfbandnatter (*Thamnophis sirtalis*) mit Amöbiasis. Man beachte den verdickten Hinterleib. ▷
Abb. 169 (unten links). Durch Amöbiasis bedingte nekrotisch-diphteroide Entzündungsprozesse im Dickdarm haben zu einer starken Umfangsvermehrung des Organs geführt (*Boa constrictor*).
Abb. 170 (unten rechts). Geöffneter Dickdarm einer an Amöbiasis gestorbenen Anakonda (*Eunectes murinus*). Man beachte die zerklüftete, blutige Darmschleimhaut (vgl. mit Abb. 85).

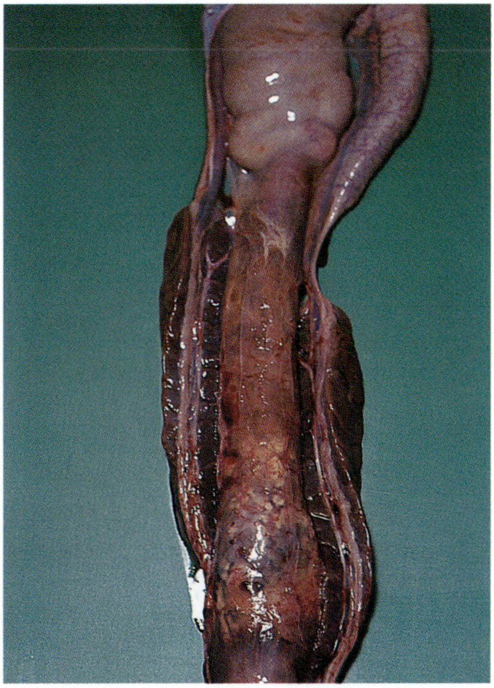

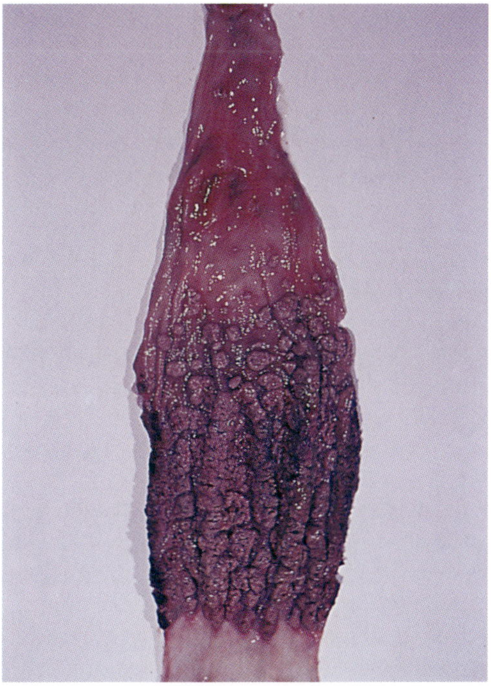

tigster Vertreter besitzt ein Temperaturoptimum von 27 bis 29 °C und ist nicht auf Warmblüter übertragbar (FRANK 1985). Man unterscheidet zwei Formen: zum einen die sich bewegenden Trophozoiten und zum anderen die Dauerformen (Zysten).

Die Infektion erfolgt oral mit der Aufnahme der vierkernigen Zysten. Im Dickdarm verlassen die kleinen Trophozoiten (Amoebulae) die Zyste, wachsen heran und vermehren sich durch Teilungen.

Symptome: Bei Schildkröten bleibt es in der Regel bei diesem „harmonischen Zusammenleben“ zwischen Parasit und Wirt: sie werden zu klinisch gesunden Dauerausscheidern von *Entamoeba invadens*. Anders bei Echsen und Schlangen. Bei diesen kommt es aufgrund der Amöbeninfektion recht bald zu kleinen Schleimhautwunden, die sich innerhalb von Tagen bis wenigen Wochen zu einer schweren diphteroid-nekrotisierenden Darmentzündung mit stark verdickten und blutig zerklüfteten Darmwänden entwickeln. Die betroffenen Darmabschnitte verkleben miteinander und mit anderen Organen der Leibeshöhle wie Nieren, abdominalen Fettkörpern und Leber.

Schon nach kurzer Zeit dringen die Amöben in die Blutbahn ein, wobei sie über die Pfortader zunächst in die Leber gelangen. Dort führen sie zu Entzündungen und Nekrosen, aus denen sich schließlich Amöbenabszesse entwickeln können. In seltenen Fällen überleben die Tiere die Erkrankung so lange, daß es zur generalisierten Amöbiasis kommt. Nach Ausbreitung des Erregers über die Blutbahn können in allen Organen Amöbenabszesse entstehen. Der Tod tritt bei Echsen und Schlangen, je nach Größe, wenige Wochen nach der Infektion mit *Entamoeba invadens* ein.

Die Amöbenzysten können über Geräte und freilaufende Insekten von einem Terrarium ins andere verschleppt werden, so daß sich eine Amöbeninfektion unter ungünstigen hygienischen Bedingungen im gesamten Bestand schnell ausbreiten kann.

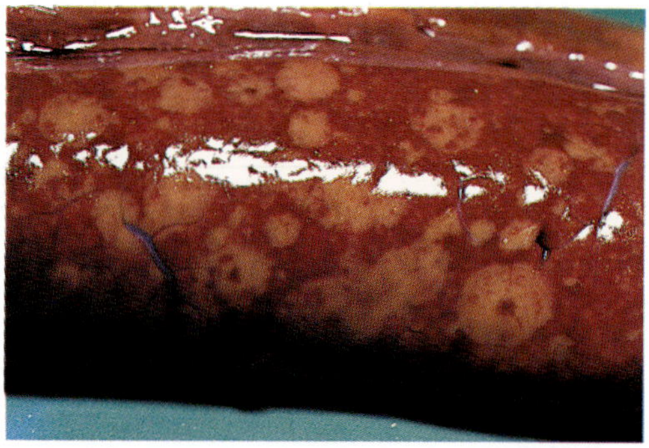

Abb. 171. ***Entamoeba*-bedingte Infarktbezirke (helle Bereiche) in der Leber einer an Amöbiasis gestorbenen *Boa constrictor*.**

Diagnose: Der mikroskopische Nachweis von Amöben im nativen oder auch gefärbten Kotausstrich ist relativ unsicher und nur dann vielversprechend, wenn es sich um eine sehr frische, wenn möglich sogar eben abgesetzte Kotprobe handelt. Zuverlässiger sind Amöbenkulturen, die allerdings mehrfach wiederholt werden müssen, wenn man ein sicheres Ergebnis erzielen möchte.

Prophylaxe: Aus den oben genannten Gründen sollte man Echsen oder Schlangen nicht mit Schildkröten vergesellschaften. Grundsätzlich werden erst die Echsen und Schlangen im Bestand versorgt, bevor man sich mit den Terrarien der Schildkröten befaßt. Sorgfältig durchgeführte Quarantänemaßnahmen – über einen Zeitraum von mindestens zwei Monaten, bei Amöbenverdacht vier bis fünf Monate – in Verbindung mit diagnostischen Untersuchungen (mehrfachen parasitologischen Kotuntersuchungen, Amöbenkulturen u. a.) sind unbedingt notwendig. Freilaufende oder fliegende Insekten müssen, soweit möglich, bekämpft werden. Daß jedes Terrarium seine eigenen Geräte hat, sollte ohnehin selbstverständlich sein, ebenso wie das Vernichten nicht gefressener Futtertiere.

Therapie: Der oftmals geringe Erfolg einer Amöbiasistherapie liegt vor allem darin begründet, daß diese Erkrankung bei Reptilien in der Regel erst im fortgeschrittenen Stadium erkannt wird, wenn die Leber schon mit betroffen ist.

Zur Therapie der Amöbiasis werden vor allem Nitroimidazole eingesetzt. Der klassische Wirkstoff zur Behandlung von *Entamoeba*-Infektionen bei Reptilien ist Metronidazol (Handelsname: Flagyl) in einer Dosierung von 60 bis 100 mg/kg KG oral täglich über 7 Tage oder 125 bis 275 mg/kg KG als einmalige Dosis (DONALDSON et al. 1975, FRANK 1985, JES 1986, MAIER-RITTERMANN 1973, TRUTNAU 1970). Zu beachten ist, daß es schon bei Dosierungen ab 100 mg Metronidazol/kg KG zu Vergiftungserscheinungen (Koordinationsschwierigkeiten, Muskelzittern und Krämpfe) oder gar zu Todesfällen kommen kann. Das nahe verwandte Tinidazol (Handelsname: Simplotan) ist nach eigenen Erfahrungen besser verträglich und mindestens genauso wirksam gegen *Entamoeba invadens* wie Metronidazol. In einer Dosierung von 170 mg Tinidazol/kg KG oral an 8 bis 9 aufeinanderfolgenden Tagen wurde dieses Medikament von verschiedenen Reptilienarten, darunter *Iguana iguana, Varanus indicus, Thamnophis sirtalis, Boa constrictor, Python molurus*, gut vertragen (KÖHLER 1993a).

Simplotan wird nach Angaben des Herstellers in der Humanmedizin auch zur Behandlung von Amöbeninfektionen der Leber eingesetzt. Ob auch beim Reptil entsprechend hohe Wirkstoffspiegel im Lebergewebe erreicht werden, ist unbekannt. Da man bei an Amöbiasis erkrankten Reptilien immer auch mit einer Beteiligung der Leber rechnen muß, ist es empfehlenswert, dem Tier anschließend an die Simplotan-Behandlung Chloroquin (Handelsname: Resochin-Injektionslösung) in einer Dosis von 18 bis 30 mg/kg KG an sieben aufeinanderfolgenden Tagen intramuskulär zu spritzen. Da dieses Medikament von Reptilien relativ schlecht vertragen wird, sollte es nicht mit anderen Wirkstoffen kombiniert und auch keine weiteren Chemotherapeutika während der Chloroquin-Behandlung verabreicht werden. Aus demselben Grund empfiehlt es sich, dieses Präparat ein- und ausschleichend zu dosieren, das heißt, mit einer niedrigeren Dosis zu beginnen (18 mg/kg KG), diese dann zu steigem (bis auf maximal 30 mg/kg KG) und schließlich wieder zu senken (bis auf 18 mg/kg KG).

Da eine Amöbiasis immer mit bakteriellen Sekundärinfektionen einhergeht, muß das Tier zusätzlich unter Antibiotikaschutz gestellt werden. Nachdem entsprechende Proben für Bakteriologie und Resistenztest genommen worden sind, beginnt man zunächst mit der Verabreichung eines Breitspektrum-Antibiotikums wie Enrofloxacin, Doxycyclin oder Ceftazidim. Sobald das Ergebnis des Resistenztests vorliegt, ist im Falle der Unwirksamkeit des empirisch eingesetzten Antibiotikums das Medikament entsprechend zu wechseln. Entscheidend ist, daß man die Antibiotika-Behandlung bis zu Beginn der Chloroquin-Gaben abgeschlossen hat, um Unverträglichkeitsreaktionen zu vermeiden.

Das in der Humanmedizin zur Behandlung von rein intestinaler Amöbiasis eingesetzte Paromomycin (Handelsname Humatin) bringt beim Reptil meist nicht den gewünschten Erfolg, da es nur lokal im Darm wirksam ist und eventuell vorhandene Amöbenherde in der Leber nicht erreicht.

9.4.2.3 Cryptosporidiose

Cryptosporidiose ist eine Protozoenerkrankung, die sich bei Schlangen vor allem in einer hypertrophen Gastritis äußert (BROWNSTEIN et al. 1977, SZABO & MOORE 1984, GODSHALK et al. 1986, GILLESPIE 1986, TILLEY et al. 1990, JAKOB & DATHE 1992). Cryptosporidiose wurde auch bei Echsen nachgewiesen, bei denen sich diese Krankheit aber in einer **atrophischen Gastritis** äußerte (FROST et al. 1994).

Symptome: Eine Cryptosporidiose bleibt meistens unerkannt, bis dramatische klinische

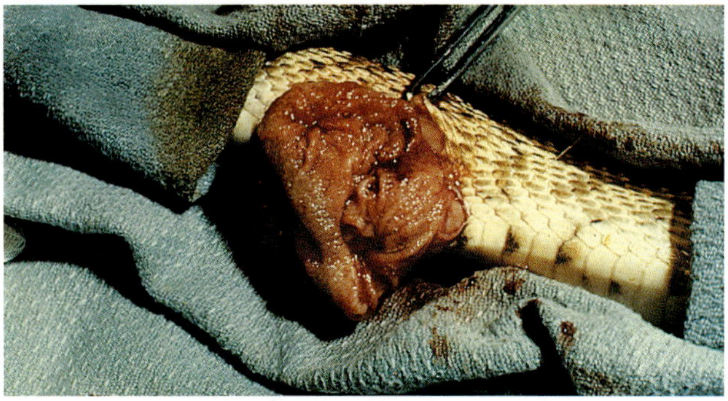

Abb. 172. Bullennatter (*Pituophis melanoleucus*) mit hypertropher Gastritis, verursacht durch Cryptosporidien.

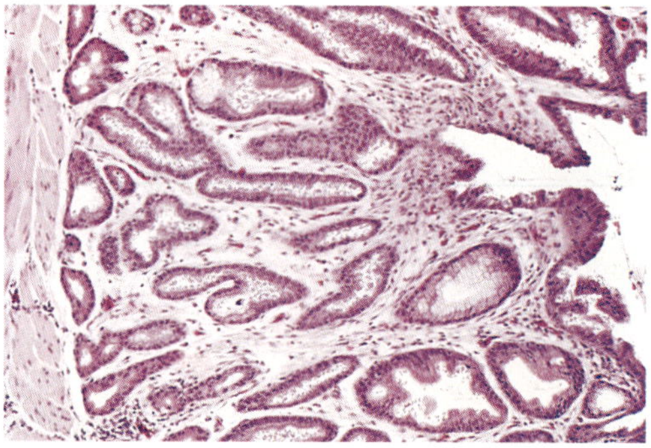

Abb. 173. Histologischer Schnitt durch die Magenwand einer Bullennatter (*Pituophis melanoleucus*) mit hypertropher Gastritis (Cryptosporidiose).

Erscheinungen beobachtet werden. Auswürgen der Nahrung zwei bis drei Tage nach dem Fressen ist das auffälligste klinische Symptom. Allerdings bedeutet nicht jedes Erbrechen oder Auswürgen von gefressener Nahrung, daß das betroffene Tier an Cryptosporidiose leidet, da eine Reihe weiterer Ursachen dafür in Frage kommen (zu kühle Haltung, Gastritis anderer Genese, Nervosität).

Diagnose: Mit Hilfe einer Kotuntersuchung, die sowohl nativ als auch nach einer Flotationsanreicherung (gesättigte Zuckerlösung) durchgeführt werden sollte, können die charakteristischen runden Oocysten (2 bis 6 mm im Durchmesser) dieser Parasiten nachgewiesen werden. Auch im hochgewürgten oder durch Magenspülung gewonnenen Schleim sind diese Gebilde zu finden. Die *Cryptosporidium*-Oocysten können von den auf den ersten Blick ähnlichen Hefen durch Färbung mit Jod unterschieden werden. Kot und Hefen werden angefärbt, nicht aber die Oocysten (Gillespie 1986).

Meist kann bei der Schlangen-Cryptosporidiose eine feste, 5 bis 8 cm lange Schwellung in der Körpermitte palpiert werden. Durch eine Ultraschall- und eine Kontrastmittel-Röntgen-Untersuchung kann diese Art der Schwellung von extragastrointestinalen Massen (Abszessen, Tumoren) abgegrenzt werden. Mittels Endoskopie oder Laparotomie können Biopsien für die Histologie genommen werden. Typische pathologische Veränderungen sind eine ödematisierte und verdickte Magenschleimhaut mit einer Atrophie der Granularzellen. Zystische Veränderungen der Magendrüsen und herdförmige Nekrosen in der Schleimhaut werden ebenfalls beobachtet.

Therapie: Eine Behandlung kann mit Natrium-Sulfamethazin oder Trimethriprim-Sulfadiazin in einer Dosierung von 30 mg/kg KG als Initialdosis und 15 mg/kg KG an den darauffolgenden drei Tagen versucht werden. Die Prognose ist aber ungünstig.

9.4.2.4 Maulfäule (Stomatitis ulcerosa)

Neben der Lungenentzündung wohl die häufigste Erkrankung bei im Terrarium gehaltenen Schlangen ist die ulzerierend-nekrotisierende Entzündung der Mundschleimhaut.

Ursachen: Streßfaktoren wie zu kühle Haltung, ungenügende Hygiene, Parasitosen, Mangelerscheinungen (vor allem Vitamin-C-Mangel) und Verletzungen im Maulbereich sind die Ursache dafür, daß sich Bakterien, die auch normalerweise im Maul der Schlangen nachzuweisen sind, stark vermehren und Entzündungen der Mundschleimhaut hervorru-

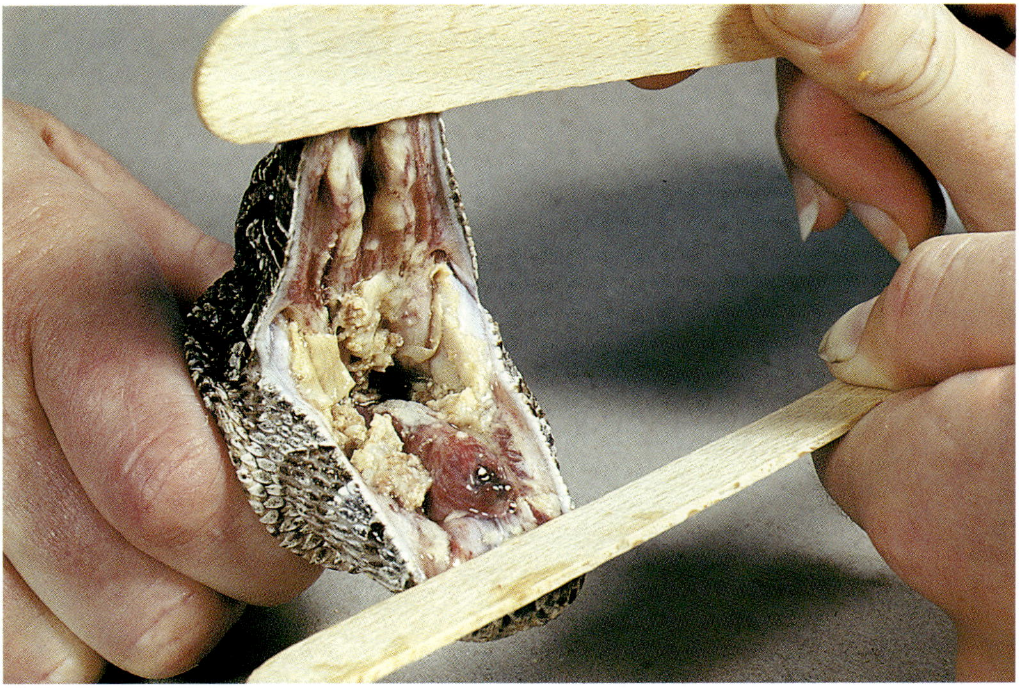

Abb. 174. Stomatitis ulcerosa bei einer *Boa constrictor*.

fen. Am häufigsten werden Erreger wie *Aeromonas, Citrobacter, Klebsiella, Proteus* und *Pseudomonas* aus Entzündungen im Maulbereich isoliert (Cooper 1972, Hess & Rudy 1974, Stull & Anderson 1976, Frye 1991, Cooper & Sainsbury 1994).

Symptome: Das erste Anzeichen einer Stomatitis ist ein zähes, fibrinöses Exsudat an den Lippen und im Maul der Schlange. Zu diesem Zeitpunkt verweigert die Schlange oft bereits die Nahrung. Mit Fortschreiten der Krankheit kommt es zu käsiger Nekrose des Zahnfleisches mit Ansammlungen von käsigem Eiter in den Zahntaschen und starker Blutungsneigung der entzündeten Bereiche. Die Entzündungen können soweit gehen, daß die Zähne ausfallen, die Kieferknochen mitbetroffen sind und der gesamte Kopf massiv geschwollen ist. Meist sterben die Tiere an einer akuten Septikämie. Bei Tieren mit chronischem Krankheitsverlauf kann es durch Einatmen von Eiter zur Lungenentzündung oder durch Abschlucken des keimhaltigen Materials zu Gastroenteritiden kommen.

Therapie: Die Behandlung sollte frühzeitig sowohl lokal als auch systemisch erfolgen. Zunächst muß versucht werden, die prädisponierenden Steßfaktoren, die dieser Erkrankung zugrunde liegen, zu beseitigen. Mehrfach täglich werden die Läsionen gereinigt und mit Antiseptika (verdünnte Betaisodona-Lösung, Chlorhexidin, Hexetidin oder Wasserstoffperoxid) desinfiziert. Dabei hat sich das Spülen mit Hilfe einer Kanüle bewährt, da durch den festen Strahl nekrotische Partikel schonend abgelöst werden.

Nach Durchführung eines Resistenztests erhält der Patient intramuskuläre Antibiotikum-Gaben. Zusätzlich sollte eine massive unterstützende Therapie (vgl. Seite 51) erfolgen, wobei Vitamin-C-Gaben und Infusionen (Ringer-Lösung) im Vordergrund stehen.

ADDISON & JACOBSON (1974a) haben mit Erfolg einen autogenen Impfstoff bei einem an chronischer Stomatitis leidenden Netzpython eingesetzt.

9.4.2.5 Bakterielle Lungenentzündung

Wie die Maulfäule betrifft die bakteriell bedingte Lungenentzündung Schlangen, deren Immunsystem durch Streßfaktoren wie zu kühle Haltung, ungenügende Hygiene, Parasitosen oder Mangelerscheinungen geschwächt ist.

Symptome: Typische Symptome sind Atmen mit geöffnetem Maul, Atemgeräusche, übermäßig viel Schleim im Maul und eine Rötung der Luftröhre. Aufgrund des Fehlens eines Zwerchfells ist ein Reflexhusten zur Hinausbeförderung von Schleim und Exsudat bei Reptilien nicht möglich. Man findet deshalb bei an chronischer Pneumonie erkrankten Reptilien meist große Flüssigkeitsansammlungen in den sackförmigen Lungen und (bei Schlangen) Lungensäcken.

Diagnose: Eine Bronchopneumonie wird anhand der oben genannten Symptome diagnostiziert, wobei eine Auskultation die Beurteilung von Atemgeräuschen erleichtert. Bei größeren Reptilien lassen sich Trachea und Hauptbronchien endoskopisch untersuchen (GÖBEL & JURINA 1994).

Therapie: Vor Beginn einer Behandlung sollte für die bakteriologische Untersuchung eine Tupfer- oder Spülprobe aus der Luftröhre entnommen werden. Gemäß des zuvor durchgeführten Resistenztests wird das Tier parenteral antibiotisch versorgt. Wichtig ist aber vor allem auch die unterstützende Therapie (Klima, Vitamin C, Infusionen), wobei zusätzlich eine Inhalation zu empfehlen ist. Dazu kann der Dampf eines Ultraschall-Inhalators direkt in den Behälter der Schlange geleitet werden. Der Trägerflüssigkeit werden einige Tropfen ätherischer Öle und ein Breitspektrum-Antibiotikum (z. B. Gentamicin) beigefügt.

9.4.2.6 Bläschen-Krankheit

Die sogenannte Bläschen-Krankheit ist vor allem von Nattern der Gattungen *Nerodia, Thamnophis* und *Lampropeltis* bekannt, kommt aber auch bei anderen Schlangen vor.

Symptome: Diese Krankheit ist gekennzeichnet durch das Auftreten von kleinen Hautbläschen, die anfangs flüssigkeitsgefüllt

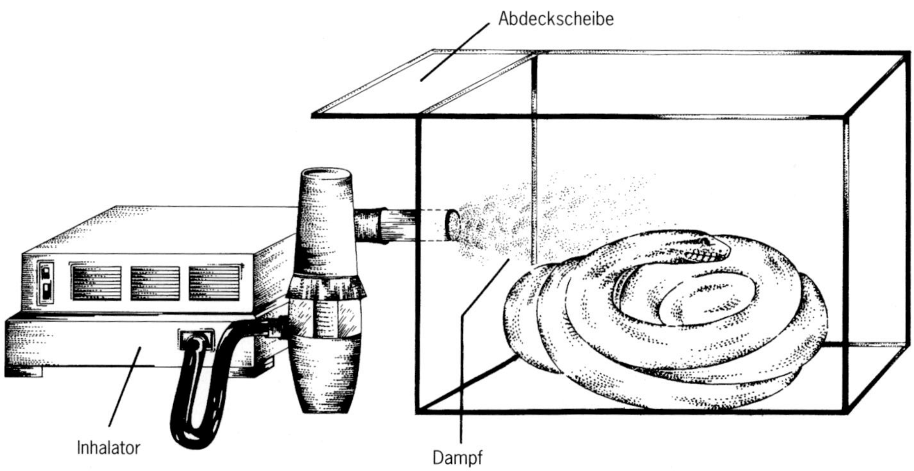

Aufbau einer Inhalationsvorrichtung für Reptilien.

sind. Diese Flüssigkeit ist anfangs klar und farblos, wird aber im weiteren Verlauf der Erkrankung trüb. Schließlich kommt es zur käsigen Nekrose und subkutanen Abszedierung. Wenn die Bläschen aufreißen, bildet sich eine gelbe bis braune Kruste. Die den Herd umgebenden Schuppen zeigen meist eine deutliche Rötung.

Unbehandelt sterben die betroffenen Tiere meist an einer Septikämie. Obwohl oftmals *Aeromonas hydrophila* aus diesen Läsionen isoliert wird, können zahlreiche weitere Mikroorganismen an der Infektion beteiligt sein.

Therapie: Zur Behandlung werden nach einem Resistenztest gewählte Antibiotika parenteral verabreicht. Zusätzlich werden die Läsionen äußerlich mit Antiseptika (z. B. Betaisodona) behandelt. Käsige oder nekrotische Veränderungen müssen vom Tierarzt ausgeräumt und gereinigt werden.

Prophylaxe: Prädisponierend für das Auftreten der Bläschen-Krankheit ist eine zu feuchte Haltung, insbesondere ein zu feuchtes Bodensubstrat und unhygienische Terrarienbedingungen. Selbst wasserliebende Schlangen wie Strumpfbandnattern (*Thamnophis*) oder Wassernattern (*Nerodia*) benötigen trockene Bereiche im Terrarium. Entsprechend geräumige, gut belüftete Terrarien mit trockenen, warmen Aufenthaltsorten für die Schlangen sind Voraussetzung, um dem Auftreten der Bläschenkrankheit vorzubeugen.

9.4.2.7 Chlamydiose

Jacobson et al. (1989) beschrieben eine tödlich verlaufende Chlamydieninfektion bei Puffottern (*Bitis arietans*).

Symtome: Die betroffenen Puffottern nahmen zwar Futtertiere an, erbrachen diese aber ein bis zwei Tage nach dem Fressen wieder. Weiterhin zeigten die Schlangen kurz vor ihrem Tode geringe Atemschwierigkeiten, die vor allem durch Atmen mit geöffnetem Maul klinisch bemerkbar waren. Bei der Sektion der gestorbenen Tiere wurde ein Exsudat im Herzbeutel gefunden. Histologisch konnten eine granulomatöse Peri- und Myokarditis sowie zahlreiche Granulome in Lunge, Leber und Milz und eine Darmentzündung nachgewiesen werden.

Therapie: Da Chlamydien empfindlich gegenüber Tetrazyklinen sind, wird zur Behandlung mit gutem Erfolg Oxytetracyclin (6 bis 10 mg/kg KG alle 24 h i.m.) oder Doxycyclin (50 mg/kg KG als Initialdosis, gefolgt von 25 mg/kg KG nach 72 h i.m.) eingesetzt.

9.4.2.8 Paramyxovirus-Infektion

1976 wurde erstmals über eine durch Paramyxo-Viren verursachte, seuchenhafte Erkrankung bei Schlangen berichtet (Fölsch & Leloup 1976). Seitdem wurde dieses Virus immer wieder isoliert, und man hat Epidemiologie, Pathogenese und Pathologie dieser Erkrankung untersucht (Clark et al. 1979, Lunger & Clark 1979a, b, Jacobson et al. 1980b, Jacobson et al. 1981, Jacobson & Gaskin 1982, Potgieter et al. 1987, Jacobson & Gaskin 1991, Jacobson et al. 1992a).

Infektionen mit Paramyxo-Viren wurden bei Klapperschlangen, Vipern, Nattern und Riesenschlangen nachgewiesen (Jacobson & Gaskin 1991), wobei Klapperschlangen (*Crotalus*) offenbar besonders empfänglich für das Virus sind.

Symptome: Das Respirationssystem ist die Zielscheibe der Infektion. Bei an Paramyxo-Viren erkrankten Schlangen findet man diffuse Blutungen in Lunge und Lungensack bis hin zu multifokalen oder diffusen Ansammlungen von käsigem, nekrotischem Material im Lumen. Das Lungengewebe ist meist verdickt und ödematös. Obwohl die bei der Sektion gefundenen pathologischen Veränderungen sich bei der Paramyxovirus-Erkrankung meist auf Lunge und Leber beschränken, werden klinisch in der Regel keine Anzeichen einer Atemwegserkrankung festgestellt. Vielmehr zeigen die erkrankten Schlangen Erbrechen, schleimigen Kotabsatz und in manchen Fällen

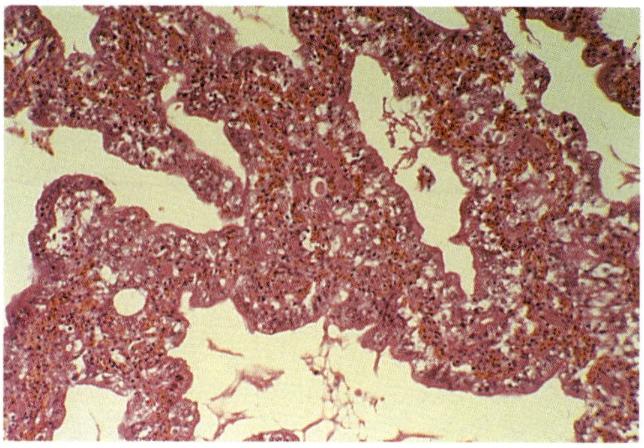

Abb. 175. Histologischer Schnitt durch die Lunge einer an Paramyxovirose erkrankten Schwarzen Mamba (*Dendroaspis polylepis*).

zentralnervöse Störungen (JACOBSON et al. 1980, JACOBSON et al. 1992a).

Diagnose: Bei der histologischen Untersuchung findet man in den Atemwegen Ansammlungen von Zelltrümmern und Exsudat. Charakteristisch ist eine Proliferation von hyperplastischen Alveolarzellen, so daß die Blutkapillaren nicht mehr an der Oberfläche der Alveolen liegen. Die Pulmonalsepten sind oftmals ödematös verdickt mit einer Infiltration von Entzündungszellen, wobei Makrophagen, Lymphozyten und Plasmazellen dominieren (JACOBSON & GASKIN 1991). Oberfläche und Parenchym der Leber sind diffus mit weißen Knoten durchsetzt (JACOBSON et al. 1992). HOMER et al. (1995) beschreiben den Nachweis der Viren mit Hilfe der Immunoperoxidase-Reaktion, die als diagnostischer Test bei Schlangensektionen eingesetzt werden kann.

Abb. 176. *Boa constrictor* mit den typischen klinischen Symptomen der Einschlußkörperchen-Krankheit.

Therapie: Es gibt keine kausale Behandlung gegen Paramyxo-Virus-Infektionen bei Schlangen. Da die meisten betroffenen Schlangen schließlich an bakteriellen Sekundärinfektionen von Lunge und Leber sterben, sind Antibiotikagaben und eine unterstützende Therapie angezeigt. Breitbandantibiotika wie Gentamicin, Amikacin oder Ceftazidim sind die Mittel der Wahl. Betroffene Tiere sollten von den übrigen Schlangen isoliert in Quarantäne untergebracht werden. Alle Behälter und Geräte, die mit infizierten Tieren Kontakt hatten, werden mit 0,15% Natrium-Hypochlorid-Lösung desinfiziert. Eine Vaccine zur Impfprophylaxe gegenüber Paramyxo-Virus-Infektionen bei Schlangen ist in der Entwicklung (Jacobson & Gaskin 1991).

9.4.2.9 Einschlußkörperchen-Krankheit der Boiden

Diese Krankheit wurde bei einigen Vertretern der Familie Boidae (*Boa constrictor, Eunectes murinus, Epicrates striatus, Python molurus, Python regius* und *P. reticulatus*) diagnostiziert, und als Erreger wurden Retroviren nachgewiesen (Schumacher et al. 1994).

Symptome: Betroffene Schlangen zeigen meist ein Erbrechen der aufgenommenen Nahrung mehrere Tage nach dem Fressen. Während manche Tiere schon wenige Wochen nach Manifestation der Krankheit sterben, können andere viele Monate überleben. Besonders bei chronischen Fällen kommt es zum Auftreten von zentralnervösen Störungen, die sich in Disorientierung, Verdrehen des Kopfes und Lähmungen äußern. Der typische histologische Befund ist das Vorhandensein von eosinophilen Einschlußkörperchen in zahlreichen Organen, wobei Gehirn, Leber, Nieren und Bauchspeicheldrüse besonders betroffen sind. Meistens kann eine Enzephalitis nachgewiesen werden.

Übertragung: Die Übertragungswege dieser Erkrankung sind noch weitgehend unklar. Möglich ist, daß Milben als Vektor eine Rolle spielen.

Therapie: Eine erfolgreiche Behandlung der Einschlußkörperchen-Krankheit ist nicht bekannt.

Abb. 177. Multiple Ankylosen durch Polyarthritis („Pagetsche Krankheit") bei einer *Boa constrictor*.

9.4.3 Sonstige Erkrankungen

9.4.3.1 Pagetsche Krankheit

Hin und wieder findet man bei Schlangen partielle Versteifungen der Wirbelsäule, die als „Paget Disease" beschrieben worden sind (Frye 1974). Überwiegend sind Boas betroffen. Die pathologischen Läsionen deuten darauf hin, daß es sich hierbei um multiple chronische Gelenkentzündungen mit schließlicher Einschmelzung und Ankylose handelt.

Die Wirbelsäulenversteifungen können soweit gehen, daß die Tiere weitgehend bewegungsunfähig sind. Eine Therapie ist nicht bekannt.

Verzeichnisse

Umrechnung konventioneller Einheiten in SI-Einheiten

Substanz	SI-Einheit	SI-Einheit in mg/dl	mg/dl in SI-Einheit
Bilirubin	µM/l	0,058	17,1
Calcium	mM/l	4,01	0,25
Chlorid	mM/l	3,545	0,282
Cholesterin	mM/l	37,7	0,02
Hämoglobin	mM/l	1,611	0,621
Harnsäure	µM/l	0,0163	59,44
Harnstoff	mM/l	6,006	0,166
Glucose	mM/l	18,02	0,055
Kalium	mM/l	3,91	0,256
Kreatinin	µM/l	0,001	88,4
Magnesium	mM/l	2,43	0,411
Natrium	mM/l	2,3	0,435
Phosphat	mM/l	3,10	0,323

Übersicht über die aus Amphibien und Reptilien isolierten Viren (ohne Berücksichtigung von Arboviren)

Wirtsspezies	Virus	Quelle
Amphibia		
Rana pipiens	Herpesvirus	Fawcett 1965, Lunger 1964
Reptilia		
Crocodylia		
Crocodylus niloticus	Adenovirus	Jacobson et al. 1984
Caiman sclerops	Poxvirus	Jacobson et al. 1979, Vetési et al. 1981
Crocodylus niloticus	Poxvirus	Horner 1988, Pandy et al. 1990, Huchzermeyer et al. 1991, Buoro 1992

Übersicht über die aus Amphibien und Reptilien isolierten Viren (Fortsetzung)

Wirtsspezies	Virus	Quelle
Testudines		
Agrionemys horsfieldii	Herpesvirus	Lange et al. 1989
Chelonia mydas	Herpesvirus	Rebell et al. 1975, Jacobson et al. 1986, Jacobson et al. 1991 a
Chrysemys picta	Herpesvirus	Cox et al. 1980
Clemmys marmorata	Herpesvirus	Frye et al. 1977
Geochelone chilensis	Herpesvirus	Jacobson et al. 1985 a
Gopherus agassizii	Herpesvirus	Harper et al. 1982
Graptemys pseudogeographica und *G. barbouri*	Herpesvirus	Jacobson et al. 1982 b
Testudo graeca	Herpesvirus	Cooper et al. 1988, Müller et al. 1990
Testudo hermanni	Herpesvirus	Heldstab & Bestetti 1982, Braune et al. 1989, Lange et al. 1989, Müller et al. 1990
Testudo hermanni	Iridovirus	Heldstab & Bestetti 1982, Müller et al. 1990
Platemys platycephala	Papovavirus	Jacobson et al. 1982 a
Testudo graeca	Paramyxovirus	Zangger et al. 1991
Testudo hermanni	Paramyxovirus	Zangger et al. 1991
Sauria		
Chamaeleo jacksoni	Adenovirus	Jacobsen & Gardiner 1990
Varanus exanthematicus	Adenovirus	Jacobsen & Kollias 1986
Pogona barbata	Adenovirus	Julian & Durham 1982
Pogona henrylawsoni	Adenovirus	Frye et al. 1994
Iguana iguana	Herpesvirus	Clark & Karzon 1972, Zeigel & Clark 1972, Clark et al. 1986
Lacerta viridis	Herpesvirus	Raynaud & Adrian 1976
Bradypodion fischeri	Iridovirus	Telford & Jacobson 1993
Chamaeleo dilepis	Iridovirus	Telford & Jacobson 1993
Gehyra variegata	Iridovirus	Stehbens & Jonston 1966
Lacerta viridis	Papovavirus	Raynaud & Adrian 1976, Cooper et al. 1982
Callopistes maculatus	Paramyxovirus	Ahne & Neubert 1991
Chamaeleo dilepis	Poxvirus	Jacobson & Telford 1990

Übersicht über die aus Amphibien und Reptilien isolierten Viren (Fortsetzung)

Wirtsspezies	Virus	Quelle
Lacerta viridis	Reovirus	Raynaud & Adrian 1976
Ablepharus boutonii	Rhabdovirus	Monath et al. 1979
Ameiva ameiva	Rhabdovirus	Causey et al. 1966, Monath et al. 1979
Kentropyx calcaratus	Rhabdovirus	Monath et al. 1979
Serpentes		
Bitis gabonica	Adenovirus	Heldstab & Bestetti 1984
Boa constrictor	Adenovirus	Heldstab & Bestetti 1984, Jacobson et al. 1985 b
Elaphe quatuorlineata	Adenovirus	Heldstab & Bestetti 1984
Elaphe longissima	Adenovirus	Heldstab & Bestetti 1984
Lichanura trivirgata	Adenovirus	Schumacher et al. 1994
Bothrops schlegeli	Calicivirus	Smith et al. 1986
Crotalus lepidus und *C. unicolor*	Calicivirus	Smith et al. 1986
Boa constrictor	Herpesvirus	Hauser et al. 1983
Bungarus fasciatus	Herpesvirus	Monroe et al. 1968
Elaphe longissima	Herpesvirus	Heldstab & Bestetti 1984
Naja naja	Herpesvirus	Simpson et al. 1979
zahlreiche Arten der Familien Boidae, Colubridae, Crotalidae und Viperidae	Paramyxovirus	Clark et al. 1979, Lunger & Clark 1979 a, b, Jacobson et al. 1980 b, Jacobson et al. 1981, Jacobson & Gaskin 1982, Ahne et al. 1987 a, Potgieter et al. 1987, Ahne & Neubert 1991, Jacobson & Gaskin 1991
Elaphe guttata	Parvovirus	Ahne & Scheinert 1989
Elaphe longissima	Parvovirus	Heldstab & Bestetti 1984
Elaphe quatuorlineata	Parvovirus	Heldstab & Bestetti 1984
Boa constrictor	Picornavirus	Heldstab & Bestetti 1984
Elaphe longissima	Picornavirus	Heldstab & Bestetti 1984
Azemiops feyi	Reovirus	Jacobson 1986
Corallus caninus	Reovirus	Blahak & Göbel 1991
Python regius	Reovirus	Ahne et al. 1987 b
Elaphe obsoleta	Retrovirus	Zschiesche et al. 1988
Lampropeltis getulus	Retrovirus	Jacobson et al. 1980 c
Vipera russeli	Retrovirus	Zeigel & Clark 1969

Normalwerte einiger klinisch-chemischer Blutparameter bei *Crocodylus niloticus*

Parameter	*Crocodylus niloticus* Normalwerte (FOGGIN 1987, ALEMU & NODEBELE 1990)
Hämatokrit (I/I)	0,22 (0,13–0,27)
Glutamat-Oxalacetat-Transaminase (IU/L)	57,9 (19,0–97,0)
Glutamat-Pyrovat-Transaminase (IU/I)	61,8 (38,0–86,0)
Laktat-Dehydrogenase (IU/I)	946,8 (726,0–1160,0)
Kreatinin-Phosphokinase (IU/I)	281,7 (85,0–476,0)
Gesamtprotein (g/l)	53,0 (37,0–85,0)
Albumin (g/l)	19,0 (15,0–23,0)
Globulin (g/l)	31,0 (22,0–39,0)
Hämoglobin (mM/l)	4,6 (4,0–5,4)
Cholesterin (mM/l)	4,6 (3,8–5,4)
Kreatinin (mM/l)	32,8 (14,8–51,0)
Calcium (mM/l)	2,7 (2,2–3,4)
Phosphor (mM/l)	0,95 (0,42–1,45)
Glucose (mM/l)	5,5 (3,4–9,6)
Harnsäure (mM/l)	0,24 (0,08–0,45)
Kalium (mM/l)	4,7 (4,4–5,0)
Natrium (mM/l)	142,4 (132,6–152,2)
Chlorid (mM/l)	116,3 (112,5–120,1)
Magnesium (mM/l)	1,03 (0,93–1,13)

Normalwerte zytologischer und klinisch-chemischer Blutparameter bei einigen

Parameter	Normalwerte bei		
	Testudo hermanni (LAWRENCE & HAWKEY 1986, GÖBEL & SPÖRLE 1992)	*Testudo radiata* (MARKS & CITINO 1990)	*Gopherus agassizii* (ROSSKOPF 1982, CHRISTOPHER et al. 1994)
Weiße Blutkörperchen (× 10^3/mm^3)	10,9 (6,0–16)	4,3 (2,5–5,9)	3,0–8,0
Rote Blutkörperchen (× 10^6/mm^3)	0,77 (0,47–1,36)	0,51 (0,35–0,67)	1,2–3,0
Hämatokrit (%)	31,7 (25,0–40,0)	31,0 (19,0–45,0)	23,0–37,0
Hämoglobin (mM/l)	6,21 (3,73–8,07)	4,16 (2,79–5,34)	
Neutrophile Granulozyten (%)			0–3
Heterophile Granulozyten (%)	57,5 (12–83)		35–60
Eosinophile Granulozyten (%)	0,3 (0–5)		0–4
Basophile Granulozyten (%)			2–15
Lymphozyten (%)	34,7 (12–64)		25–50
Monozyten	1,0 (0–10)		0–4
Glutamat-Oxalacetat-Transaminase (IU/I)	42 (15,0–79,0)	72,7 (42,0–134,0)	10,0–100,0
Glutamat-Pyrovat-Transaminase (IU/I)	1,3 (0,0–3,0)		
Laktat-Dehydrogenase (IU/I)	161,0–473,0	401,8 (213,4–591,5)	25,0–250,0
Alkalische Phosphatase (IU/I)		92,7 (72–120,0)	
Gesamtprotein (g/l)	31–54	39,7 (32–50)	22–50
Albumin (g/l)		11 (8–13)	
Cholesterin (mM/l)		2,1 (1,2–3,07)	1,52 (0,38–3,0)
Calcium (mM/l)	4,0 (2,5–7,5)	3,05 (2,7–3,6)	2,25–4,25
Phosphor (mM/l)	1,42 (1,03–2,58)	1,03 (0,84–1,39)	
Glucose (mM/l)	1,98–5,89	3,29 (2,54–5,1)	1,65–8,25
Harnsäure (µM/l)	178,3 (124,8–576,6)	16,6 (0,0–35,7)	130,8–546,9
Harnstoff (mM/l)	1,08 (0,66–2,16)		0,17–4,98
Kreatinin (µM/l)	17,68 (8,84–35,36)		8,84–35,36
Kalium (mM/l)	4,6–5,0	5,5 (5,1–5,8)	2,2–4,5
Natrium (mM/l)	130,0–144,0	126,8 (121,0–132,0)	130,0–157,0
Chlorid (mM/l)	96,0–115,0	96,5 (92,0–99,0)	103–112
CO_2 (mM/l)		26,2 (24,0–29,0)	27–37

Landschildkrötenarten

Parameter	Normalwerte bei			
	Gopherus polyphemus (TAYLOR & JACOBSON 1982)	*Megalochelys gigantea* (SAMOUR et al. 1986)	*Malacochersus tornieri* (RAPHAEL et al. 1994 a)	*Geochelone pardalis* (RECHAV et al. 1993)
Weiße Blutkörperchen ($\times 10^3/mm^3$)		3,4 (1,0–8,3)		
Rote Blutkörperchen ($\times 10^6/mm^3$)	0,536 (0,24–0,91)	0,4 (0,25–0,65)		
Hämatokrit (%)	22,7 (15,0–30,0)	17,0 (11,0–27,0)	34,0 (15,0–34,0)	
Hämoglobin (g/dl)	6,39 (4,2–8,6)	5,4 (3,2–8,0)		
Granulozyten ges. (%)	30,3 (10–57)			
Heterophile Granulozyten (%)		71,0 (32–79)		
Eosinophile Granulozyten (%)		0,5 (0–7)		
Basophile Granulozyten (%)	5,7 (2–11)	1,6 (0–4)		
Lymphozyten (%)	56,6 (32–79)	22 (2–40)		
Monozyten	7,4 (3–13)	2 (0–8)		
Glutamat-Oxalacetat-Transaminase (IU/I)	135,8 (57,0–392,0)	56,5 (5,0–138,0)	157,4 (83,0–534,0)	32 (11–113)
Glutamat-Pyrovat-Transaminase (IU/I)	14,8 (2,0–57,0)	7,0 (0,0–26,0)		9 (1–72)
Laktat-Dehydrogenase (IU/I)	272,8 (17,8–909,0)			694 (147–2641)
Alkalische Phosphatase (IU/I)	38,9 (11,0–71,0)	111,0 (29,0–182,0)		
Gesamtprotein (g/l)	31,1 (13–46)	41,0 (6,0–62,0)	31 (24–41)	39 (30–60)
Albumin (g/l)	15,2 (5–26)	15,4 (3,0–26,0)	15 (12–21)	19 (14–22)
Cholesterin (mM/l)	1,52 (0,38–3,0)	26,0 (3,0–36,0)	2,01 (0,52–4,7)	2,5 (2,15–3,79)
Calcium (mM/l)	2,84 (2,43–3,6)	2,9 (1,6–5,0)	3,18 (2,38–4,58)	2,68 (1,66–3,79)
Phosphor (mM/l)	0,67 (0,32–1,0)	1,4 (0,5–3,9}	1,0 (0,71–1,39)	1,39 (0,81–3,39)
Glucose (mM/l)	4,1 (3,03–7,04)		5,23 (2,42–10,34)	5,5 (2,5–9,0)
Harnsäure (µM/l)	206,9 (53,5–505,2)	76,0 (25,0–135,0)	213,9 (53,5–546,8)	0,18 (0,07–0,47)
Harnstoff (mM/l)	5,0 (0,17–21,6)	5,4 (3,4–9,4)		4,0 (1,0–9,1)
Kreatinin (µM/l)	24,75 (8,84–35,36)	10,8 (5,0–19,0)	17,68 (8,84–26,52)	20 (10–35) µM/l
Kalium (mM/l)	5,01 (2,9–7,0)	4,7 (3,2–6,1)	5,2 (4,2–6,1)	5,2 (4,2–5,7)
Natrium (mM/l)	137,7 (127,0–148,0)	132,5 (129,0–136,0)	122,1 (111,0–146,0)	132 (125–138)
Chlorid (mM/l)	102,3 (35,0–128,0)	93,0 (87,0–107,0)	95,0 (83,0–116,0)	105 (97–116)
CO_2 (mM/l)	25,5 (7,0–40,0)	34,6 (29,0–39)		20,5 (12–24)

Normalwerte zytologischer und klinisch-chemischer Blutparameter bei einigen Echsenarten

Parameter	Normalwerte bei		
	Iguana iguana (Acuña 1974, Köhler unveröffentl. Manuskr.) (n = 29)	*Diposaurus* (Kopplin et al. 1983)	*Corucia zebrata* (Wright & Skeba 1992)
Weiße Blutkörperchen (× 10^3/mm^3)			12,36 (3,93–22,4)
Rote Blutkörperchen (× 10^6/mm^3)	1,56 (1,32–1,90)		1,45 (0,84–1,43)
Hämatokrit (%)	30,9 (27,0–35,0)		35,45 (24–60)
Heterophile Granulozyten (%)			36,7 (16–58)
Azurophile Granulozyten (%)			22,1 (8–42)
Neutrophile Granulozyten (%)	43,46 (31–68)		
Eosinophile Granulozyten (%)	1,71 (1–4)		4,25 (0–18)
Basophile Granulozyten (%)	3,67 (1–8)		15,05 (4–26)
Lymphozyten (%)	33,3 (18–56)		21,5 (2–40)
Monozyten	8,38 (3–16)		0,6 (0–6)
Glutamat-Oxalacetat-Transaminase (IU/I)	(7,4–189,0)	179,4 (34,0–400,0)	18,9 (4–76)
Glutamat-Pyrovat-Transaminase (IU/I)	24,49 (7,4–49,4)	13,3 (3,0–38,0)	
Laktat-Dehydrogenase (IU/I)		788,1 (145,0–2915,0)	
Kreatinin-Phosphokinase (IU/I)		4507,3 (700,0–14 240)	210,4 (27–940)
Alkalische Phosphatase (IU/I)	19,50 (5,0–35,4)	13,7 (4,0–30)	
Gesamtprotein (g/l)	67,5 (50–74)	38 (24–54)	
Albumin (g/d)	20,7 (15–30)	23 (16–30)	
Globulin (g/d)	42,6 (28–6)	15 (8–24)	
Hämoglobin (mM/l)	4,09 (3,11–5,59)		5,95 (4,59–7,20)
Cholesterin (mM/l)	4,23 (2,67–8,38)	4,87 (2,0–7,98)	2,88 (0,22–5,04)
Bilirubin gesamt (mM/l)	9,92 (3,42–18,81)	3,42 (1,71–8,55)	
Kreatinin (µM/l)	37,1 (17,6–88,1)	44,2 (17,7–159,1)	
Calcium (mM/l)	2,7 (1,8–3,3)	2,65 (1,9–7,4)	3,3 (2,75–5,3)
Phosphor (mM/l)	2,41 (1,26–3,88)	1,78 (0,9–3,23)	1,20 (0,9–2,16)

Normalwerte zytologischer und klinisch-chemischer Blutparameter bei einigen Echsenarten (Fortsetzung)

Parameter	Normalwerte bei		
Glucose (mM/l)	9,75 (6,38–15,62)	19,53 (14,03–31,63)	5,49 (3,8–6,71)
Harnsäure (µM/l)	194,4 (53,5–392,3)	332,9 (142,7–790,6)	95,1 (17,8–184,3)
Harnstoff (mM/l)	0,076 (0,017–0,33)	0,4 (0,17–0,83)	
Kalium (mM/l)	4,38 (1,9–7,3)	2,6 (0,4–7,0)	3,57 (1,4–5,0)
Natrium (mM/l)	141,16 (154,8–177,4)	163,6 (137–245)	158,2 (145–167)
Chlorid (mM/l)	114,41 (84,0–133,0)	120,0 (12,0–155,0)	124,2 (123–129)
CO_2 (mM/l)	16,95 (7,7–26,2)	8,6 (2,0–17,0)	

Normalwerte zytologischer und klinisch-chemischer Blutparameter bei einigen Schlangenarten

Parameter	Normalwerte bei	
	Boa constrictor (Chiodini & Sundberg 1982, Rosskopf et al. 1982)	*Python* spec. (Rosskopf et al. 1982)
Weiße Blutkörperchen (× 10^3/mm^3)	4,0–10,0	6,0–12,0
Rote Blutkörperchen (× 10^6/mm^3)	1,0–2,5	1,0–2,5
Hämatokrit (%)	24,0–40,0	25,0–40,0
Neutrophile Granulozyten (%)	0–15	0–20
Heterophile Granulozyten (%)	20–50	20–60
Eosinophile Granulozyten (%)	0–3	0–3
Basophile Granulozyten (%)	0–20	0–10
Lymphozyten (%)	10–60	10–60
Monozyten	0–3	0–3
Glutamat-Oxalacetat-Transaminase (IU/I)	5,0–35,0	5,0–30,0
Laktat-Dehydrogenase (IU/I)	139,0 (52,0–287,0)	40,0–300,0
Kreatinin-Kinase (IU/I)	52,0–735,0	
Alkalische Phosphatase (IU/I)	18,0–90,0	
Gesamtprotein (g/l)	70 (46–83)	50–80
Albumin (g/l)	32 (25–39)	
Globulin (g/l)	38 (29–44)	
Cholesterin (mM/l)	1,74 (1,06–2,76)	
Bilirubin gesamt (mM/l)	5,13 (3,42–6,84)	
Kreatinin (µM/l)	17,68 (<8,84–26,5)	<8,84–26,52
Calcium (mM/l)	4,2 (2,5–5,75)	2,5–5,5
Phosphor (mM/l)	1,16 (0,84–1,58)	

Normalwerte zytologischer und klinisch-chemischer Blutparameter bei einigen Schlangenarten (Fortsetzung)

Parameter	Normalwerte bei	
Glucose (mM/l)	1,87 (0,99–3,58)	0,88–3,58
Harnsäure (µM/l)	214,0 (71,3–368,5)	71,3–332,9
Harnstoff (mM/l)	0,17 (<0,17–0,83)	<0,17–0,83
Kalium (mM/l)	5,1 (3,0–7,1)	3,0–5,7
Natrium (mM/l)	156,0 (130,0–166,0)	130,0–152,0
Chlorid (mM/l)	118,0 (104,0–124,0)	
CO_2 (mM/l)	11,0 (5,0–16,0)	
	Pituophis melanoleucas (MADER et al. 1985)	*Drymarchon corais* (DREW 1994)
Hämatokrit (%)	25,0 (25,0–28,0)	
Glutamat-Oxalacetat-Transaminase (IU/I)	53,0 (16,2–127,0)	45,5 (6–163)
Glutamat-Pyrovat-Transaminase (IU/I)	22,0 (10,9–65,0)	
Laktat-Dehydrogenase (IU/I)		313,4 (13–1055)
Kreatin-Kinase (IU/I)		644,3 (68–1923)
Alkalische Phosphatase (IU/I)	60,0 (8,8–133,0)	122,6 (80–161)
Gesamtprotein (g/l)	43 (28–73)	89 (59–123)
Albumin (g/l)	19 (16–21)	25 (17–46)
Kreatinin (µM/l)	26,52 (8,84–53,04)	
Calcium (mM/l)	3,6 (3,25–3,33)	39,7 (7,5–84,3)
Phosphor (mM/l)	1,32 (0,81–1,84)	11,4 (2,68–22,16)
Glucose (mM/l)	4,84 (1,32–7,1)	2,51 (1,54–4,90)
Harnsäure (µM/l)	118,9–297,2	511,2 (130,8–1016,4)
Harnstoff (mM/l)	0,37 (0,17–0,83)	
Kalium (mM/l)	6,6 (3,6–10,0)	8,1 (4,3–14,3)
Natrium (mM/l)		157,2 (143–170)
Chlorid (mM/l)	134,0 (109,0–148,0)	118,7 (100–129)
CO_2 (mM/l)	14,3 (9,3–19,8)	20,1 (15–24)

Inhaltsstoffe einiger für Reptilien und Amphibien geeigneter Lebensmittel

Lebensmittel	Eiweiß g/100 g	Fett g/100 g	Kohlenhydr. g/100 g	Calcium mg/100 g	Phosphor mg/100 g	Ca:P
Gemüse						
Aubergine	1,2	0,2	4,9	12	20	1:1,7
Brunnenkresse	0,1	0,0	0,2	9	3	3:1
Endivien	1,8	0,2	2,6	68	54	1,3:1
Feldsalat	1,8	0,4	2,4	32	50	1:1,6
Grünkohl	4,3	0,9	5,4	230	180	1,3:1
Gurke	0,6	0,2	3,1	15	23	1:1,5
Kopfsalat	1,4	0,2	2,6	38	32	1,2:1
Löwenzahn	2,6	0,6	9,2	174	70	2,5:1
Karotten	1,1	0,2	8,8	37	36	1:1
Paprika	1,2	0,3	5,1	10	26	1:2,6
Spinat	2,5	0,3	2,9	252	102	2,5:1
Tomate	1,0	0,2	2,9	13	27	1:2,1
Zuccini	1,6	0,4	3,3	30	25	1,2:1
Obst						
Apfel	0,2	0,6	13,9	7	10	1:1,4
Aprikose	1,0	0,2	12,3	17	11	1,5:1
Banane	1,1	0,2	21,8	8	27	1:3,4
Birne	0,6	0,4	13,0	10	14	1:1,4
Brombeere	1,2	1,0	12,3	44	30	1,5:1
Erdbeere	0,8	0,5	8,3	24	25	1:1,1
Himbeere	1,3	0,4	10,3	40	44	1:1,1
Honigmelone	0,6	0,1	13,4	6	21	1:3,5
Kirschen	1,1	0,4	14,7	20	20	1:1
Kiwi	0,9	0,6	12,5	40	31	1,3:1
Papaya	0,6	0,1	3,5	23	15	1,5:1
Pfirsich	0,7	0,1	10,1	8	21	1:2,7
Pflaume	0,6	0,1	13,7	14	18	1:1,3
Weintraube	0,7	0,3	18,1	15	20	1:1,3
Tierische Kost						
Ei	12,9	11,5		54	210	1:4
Grillen				340	859	1:2,5
Maus (adult)	19,9	8,8		840	610	1,4:1
Rinderherz	18,5	3,7		5	190	1:38

Literatur

Acuña, M.L. (1974): The hematology of the tropical lizard *Iguana iguana* Linnaeus: II Seasonal variations. Herpetologica 30: 299–303.

Addison, J.B. & E.R. Jacobson (1974a): Use of an autogenous bacterin to treat a chronic mouth infection in a reticulated python. J. Zoo Anim. Med. 5 (1): 10–11.

Addison, J.B. & E.R. Jacobson (1974b): Use of a polyvalent autogenous bacterin for treatment of mixed gram-negative bacterial osteomyelitis in a rhinoceros viper. J. Am. Vet. Med. Assoc. 187 (11): 1223–1224.

Ahne, W. (1993): Viruses of Chelonia. J. Vet. Med. B 40: 35–45.

Ahne, W. & W.J. Neubert (1991): Isolation of paramyxo-like agents from Teju (*Callopistes maculatus*) und Python (*Python regius*). Proc. 4. Int. Symp. Path. Therap. Rept. Amph. Bad Nauheim: 30–41.

Ahne, W., W.J. Neubert & I. Thomson (1987a): Reptilian viruses: isolation of myxovirus-like particles from the snake *Elaphe oxycephala*. J. Vet. Med. B. 34: 607–612.

Ahne, W. & P. Scheinert (1989): Reptilian viruses: isolation of parvo-virus-like particles from corn snake *Elaphe guttata* (Colubridae). J. Vet. Med. Ser. B. 36 (6): 409–412.

Ahne, W., I. Thomsen & J. Winton (1987b): Isolation of reovirus from the snake, *Python regius*. Arch. Virol. 94 (1–2): 135–139.

Alcobendas, M., J. Castanet, E. Martelly & C. Milet (1992): Phosphate and calcium level variations in the plasma of the snake *Vipera aspis* during the annual cycle and the reproductive period. Herpetol. J. 2 (2): 42–47.

Alemu, P. & B. Nodebele (1990): Baseline clinical chemistry values of the farm Nile crocodile. Abstr. 6. Intern. Conf. Wildl. Dis. Berlin.

Alleman, A.R., E.R. Jacobson & R.E. Raskin (1992): Morphologic and cytochemical characteristics of blood cells from the desert tortoise (*Gopherus agassizii*). Am. J. Vet. Res. 53 (9): 1645–1651.

Altman, R., J.C. Gorman, L.L. Bernhardt & M. Goldfield (1972): Turtle-associated salmonellosis. 2. The relationship of pet turtles to salmonellosis in children in New Jersey. Am. J. Epidemol. 95 (6): 518–520.

Anderson, M. P. & C. C. Cappen (1976a): Fine structural changes of bone cells in experimental nutritional osteodystrophy of green iguanas. Virchows Arch. Abt. B. 20: 169–184.

Anderson, M. P. & C. C. Capen (1976b): Nutritional osteodystrophy in captive Green Iguanas (*Iguana iguana*). Virchows Arch. B. Cell Pathol. 21: 229–247.

Anderson, M. P. & C. C. Capen (1976c): Ultrastructural evaluation of parathyroid and ultimobranchial glands in iguanas with experimental nutritional osteodystrophy. Gen. comp. Endocr. 30: 209–222.

Anver, M.R., J. S. Park & H. G. Rush (1976): Dermatophilosis in the Marble lizard (*Calotes mystaceus*). Lab. Anim. Sci. 26 (5): 817–823.

Appleby, E. C. & W. G. Siller (1960): Some cases of gout in reptiles. J. Path. Bact. 80: 427–430.

Backues, K.A. & E.C. Ramsay (1994): Ovariectomy for treatment of follicular stasis in lizards. J. Zoo Wildl. Med. 25 (1): 111–116.

Baker, E.F., H.W. Anderson & J. Allard (1972): Epidemiological aspects of turtle-associated salmonellosis. Arch. environm. Hlth. 24: 1–9.

Baker, M.R. (1978): Seasonal population changes in *Rhabdias ranae* Walton, 1929 (Nematoda: Rhabdiasidae) in *Rana sylvatica* of Ontario. Can. J. Zool. 57: 179–183.

Balls, M. & R. H. Clothier (1974): Spontaneous tumors in Amphibia: review. Oncology 29 : 501–519.

Bechtel, H. B. & E. Bechtel (1962): Heredity of albinism in the corn snake (*Elaphe guttata guttata*) demonstrated in captive breedings. Copeia 436–437.

Bellairs, A. d'A (1965): Cleft palate, microphtalmia and other malformations in embryos of lizards and snakes. Proc. Zool. Soc. London 144: 239–251.

Bellairs, A. d'A & J. D. Boyd (1957): Anomalous cleft palate in snake embryos. Proc. Zool. Soc. London 129 : 525–539.

Bellairs, A. d'A. & H. J. Gamble (1960): Cleft palate, microphtalmia and other anomalies in an embryo lizard (*Lacerta vivipara* Jacquin). Brit. J. Herpetol. 2 : 171–176.

Bennett, R.A. (1991): A review of anesthesia and chemical restraint in reptiles. J. Zoo Wildl. Med. 22 (3): 282–303.

BETZ, T. W. (1962): Surgical anesthesia in reptiles with special reference to the water snake, *Natrix rhombifera*. Copeia 1962 (2): 284–287.

BEUTELSCHIESS, J. (1995): Streichholzbeine bei Froschnachzuchten. Elaphe (N.F.) 3 (2): 32.

BLAHAK, S. & T. GÖBEL (1991): A case report of a reovirus-infection in an Emerald Tree boa (*Corallus caninus*). 4. Int. Symp. Path. Therap. Rept. Amph. Bad Nauheim: 13–16.

BOAM, G.W., V.L. SANGER, D.F. COWAN & D.P. VAUGHAN (1970a): The pathogenicity for mice of two species of Salmonella isolated from the Green iguana (*Iguana iguana*). J. Am. Vet. Med. Assoc. 157 (5): 689–690.

BOAM, G.W., V.L. SANGER, D.F. COWAN & D.P. VAUGHAN (1970b): Subcutaneous Abszesses in iguanid lizards. J. Am. Vet. Med. Assoc. 157(5): 617–619.

BOCKEMUHL, J. & D. MOLDENHAUER (1970): The importance of house lizards (Gekkonidae) for epidemiology of salmonellosis in southest Asia. Zbl. Trop. Med. Parasitol. 21: 307–312.

BÖHME, W. (1988): Zur Genitalmorphologie der Sauria: Funktionelle und stammesgeschichtliche Aspekte. Bonn. Zool. Monogr. 27: 1–176.

BONATH, K. (1975): Zur Narkose der Reptilien. Verh.ber. Int. Symp. Erkrg. Zootiere 17: 155–186.

BONATH, K. & C. ZSCHEGE (1979): Experimentelle Untersuchungen zur klinischen Anwendung und Überwachung der Inhalationsnarkose bei Reptilien. Zbl. Vet. Med. A 26: 341–372.

BOSCH, H. (1987): Vergleichende experimentelle Untersuchungen zur Biologie der Pentastomidengattung *Raillietiella* (Cephalobaenida) und *Elenia* (Porocephalida) unter Berücksichtigung der Erforschungsgeschichte der Pentastomiden. Diss. Univ. Hohenheim 233 S.

BOYCOTT, R. S. , J. TAYLOR & S.H. DOUGLAS (1953): Salmonella in Tortoises. J. Path. Bact. 65: 401–411.

BRANCH, W. R. (1979): Dicephalism in the African worm snake (*Leptotyphlops bicolor*). Herpetol. Rev. 10 : 6–7.

BRANNIAN, R.E. (1984a): A soft tissue laparotomy technique in turtles. J. Am. Vet. Med. Assoc. 185: 1416–1417.

BRANNIAN, R. E. (1984b): Lungworms. In: HOFF, G. L., F. L. FRYE & E. R. JACOBSON (Hrsg.): Diseases of amphibians and reptiles. New York (Plenum Press): 213–217.

BRAUNE, S., V. GEIß & W. THIEL (1989): Eine neue durch Herpesviren verursachte Erkrankung bei Landschildkröten. Tierärztl. Prax. 17 : 416–419.

BRAZENOR, C.W. & G. KAYE (1953): Anesthesia for reptiles. Copeia 3: 165–170.

BREGULLA, D. (1987): Fund einer anencephalen und teilalbinotischen Feuersalamander-Larve *Salamandra salamandra* (Linnaeus, 1758) (Caudata: Salamandridae). Salamandra 23 (1): 65–67.

BROWNSTEIN, D.G. (1984): Mycobacteriosis. In: HOFF, G.L., F.L. FRYE & E.R. JACOBSON (Hrsg.): Diseases of Amphibians and Reptiles. New York, London (Plenum Press): 1–23.

BROWNSTEIN, D.G., J.D. STRANDBERG, R. J. MONTALI (1977): Cryptosporidium in snakes with hypertrophic gastritis. Vet. Pathol. 14: 606–617.

BUORO, I.B.J. (1992): Pox-like virus particles in skin lesions of five Nile crocodiles in Kenya. Discovery Innovation 4 (1): 117–118.

BURGMANN, P.M., J. MCFARLEN & K. THIESENHAUSEN (1993): Causes of hypocalcemia, and metabolic bone disease in *Iguana iguana*. J. Small Exotic Anim. Med. 2 (2): 63–68.

BURKE, T.J. (1970): Hypovitaminosis A. Int. J. Turtle & Tortoise Assoc. 4: 8–9.

BURKE, T. (1986): Reptile anesthesia. In: FOWLER, M.E. (Hrsg.): Zoo and wild animal medicine. Philadelphia, Pennsylvania (W.B. Saunders Co.): 153–155.

BURKE, T. & B. E. WALL (1970): Anesthetic deaths in cobras (*Naja naja* and *Ophiophagus hannah*) with Methoxyflurane. J. Am. Vet. Med. Assoc. 157: 620.

BUSH, M. (1980): Laproscopy in Birds and Reptiles. In: Animal Laproscopy (R. M. HARRISON UND D. WILDT, Hrsg.) Williams and Wilkins, Baltimore. 193–197.

BUSH, M., R. CUSTER, J. M. SMELLER, P. CARACHE & R. ARTHUR (1977): Preliminary study of gentamicin in turtles. Am. Ass. Zoo. Vet. Ann. Procs. U.S.A.: 71.

BUSH, M., J. M. SMELLER, P. CHARACHE & R. ARTHUR (1978): Biological half-life of gentamicin in gopher snakes. Am. J. Vet. Res. 39: 171.

BUSTARD, H. R. (1969): Tail abnormalities in reptiles resulting from high temperature egg incubation. Brit. J. Herpetol. 4: 121–123.

CALDERWOOD, H. W. (1971): Anesthesia for reptiles. J. Am. Vet. Med. Assoc. 159: 1618–1623.

CALIGIURI, R. et al. (1990): The effect of ambiant temperature on amikacin pharmacokinetics in gopher tortoises. J. Vet. Pharmacol. Ther. 13 (3): 287–291.

CAMIN, J. H. (1948): Mite transmission of a hemorrhagic septicemia in snakes. J. Parasit. 34: 345.

CARPENTER, J.L., A. BACHRACH, D.M. ALBERT, S.J. VAINISI & M.A. GOLDSTEIN (1986): Xanthomatous keratitis, disseminated xanthomatosis and atheroscleosis in Cuban tree frogs. Vet. Pathol. 23: 337–339.

CAUSEY, O.R., R. SHOPE & G. BENSABATH (1966): Marco, Timbo, and Chaco, newly recognized arboviruses from lizards in Brazil. Am. J. Trop. Med. Hyg. 11: 82–87.

CHANDLER, F.W., W. KAPLAN & L. AJELLO (1980): A color atlas and textbook of the histopathology of mycotic diseases. Chicago, Illinois (Year Book Med. Publ.): 54–58.

CHATTERJEE, G.C. (1967). Effects of ascorbic acid deficiency in animals. In: SEBRELL, W.H., JR. & HARRIS, R.E. (Hrsg.): The Vitamins, 2nd Ed., Vol. 1., New York, (Academic Press): 407–457.

CHATTERJEE, I.B. (1970). Biosynthesis of L-ascorbate in animals. In: MCCORMIC, D.B. & WRIGHT, L.D. (Hrsg.): Methods in Enzymology, Vol. XVIII, Part A., New York, (Academic Press): 28–34.

CHATTERJEE, I.B. (1973). Vitamin C Synthesis in Animals: Evolutionary Trend. Science and Culture 39: 210–212.

CHIODINI, R.J. & J.P. SUNDBERG (1980): Cesarean delivery in the snake. Vet. Med. / SAC 75: 1605–1608.

CHIODINI, R.J. & J.P. SUNDBERG (1982): Blood chemical values of the common boa constrictor (*Constrictor constrictor*). Am. J. Vet. Res. 43 (9):1701–1702.

CHRISTOPHER, M.M., R. BRIGMON & E. JACOBSON (1994): Seasonal alterations in plasma b-hydroxybutyrate and related biochemical parameters in the Desert tortoise (*Gopherus agassizii*). Comp. Biochem. Physiol. 108A (2/3): 303–310.

CICMANIC, J.L., D.H. RINGLER & E.S. BENEKE (1973): Spontanous occurrence and experimental transmission of the fungus, *Fonsecaea pedrosi*, in the marine toad, *Bufo marinus*. Lab. Anim. Sci. 23: 43–47.

CLARK, C.H., E. D. ROGERS & J. L. MILTON (1985): Plasma concentrations of chloramphenicol in snakes. Am. J. Vet. Res. 46 (12): 2654–2657.

CLARK, H.F. & D.T. KARZON (1972): Iguana virus, a Herpes-like Virus isolated from cultured cells of a lizard, *Iguana iguana*. Infect. Immun. 5: 559–569.

CLARK, H.F., F.S. LIEF & P.D. LUNGER (1979): Fer-de-Lance virus (FDLV): A probable paramyxovirus isolated from a reptile. J. Gen. Virol. 44: 405–418.

CLARK, H.F., R.T. ZEIGEL, F.B. FABIAN & D.T. KARZON (1986): Iguana virus, herpeslike virus causing latent infection in the green iguana (*Iguana iguana*). Bact. Proc. of the 68th Annu. Meet. of the American Society of Mikrobiology: 146–150.

CLAY, W.M. (1935): The occurence of albinos in a brood of the common water snake (*Natrix sipedon*). Copeia 1935: 115.

CLEGG, F.C. & P.J. HEATH (1975): Salmonella excretion by terrapins and the associated hazard to human health. Vet. Rec. 96: 90–91.

COLLARD, P. & D. MONTEFIORE (1957): The Agama lizard as a reservoir of salmonella in Nigeria. Nature (Lond.) 179: 164.

COLT, J., K. ORWICS D. BROOKS (1984): Gas bubble disease in the African Clawed frog, *Xenopus laevis*. J. Herpetol. 18 (2): 131–137.

COOPER, J.E. (1972): Treatment of necrotic stomatitis at the Nairobi Snake Park. Int. Zoo Yearbook 1972: 268–269.

COOPER, J.E. (1983): Investigation of abnormalities in captivebred reptiles, with particular reference to the possible role of inbreeding. ASRA Journal Vol. 2 no. 2: 11–17.

COOPER, J.E., R. EWBANK & M.E. ROSENBERG (1984): Euthanasia of Tortoises. Vet. Rec. 115: 635.

COOPER, J.E., S. GSCHMEISSNER & R. D. BONE (1988): Herpes-like virus particles in necrotic stomatitis of tortoises. Vet. Rec. 123 (21): 544.

COOPER, J.E., S. GSCHMEISSNER & P.E. HOLT (1982): Viral particles in a papilloma from a green lizard (*Lacerta viridis*). Lab. Anim. 1982; 16: 12–13.

COOPER, J.E. & A.W. SAINSBURY (1994): Oral diseases of reptiles. Herpetol. J. 4: 117–125.

COPPOOLSE, K. J. & P. ZWART (1986): Cloacoscopy in reptiles. Tijdschr. Diergeneeskd. 111: 207–209.

COSGROVE, G.E. (1971): Reptilian radiobiology. J. Am. Vet. Med. Assoc. 159 (11): 1678–1684.

COSGROVE, G.E. (1977): Amphibien diseases. In: Kirk, R.W. (Hrsg.): Current Veterinary Therapy VI. Philadelphia, London, Toronto (W.B. Saunders): 769–772.

COX, W.R., W.A. RAPLEY & J.K. BARKER (1980): Herpesvirus-like infection in two pacific pond turtle. J. Am. Vet. Med. Ass. 175: 937–940.

CRANE, S. W., M. CURTIS, E. R. JACOBSON & A. WEBB (1980): Neutralization Bone-Plating repair of a fractured humerus in an Aldabra tortoise. J. Am. Vet. Med. Assoc. 177 (9): 945–948.

CUSTER, R. S. & M. BUSH (1980): Physiologic and acid-base measures of gopher snakes during ketamin or halothane-nitrous oxide anesthesia. J. Am. Vet. Med. Assoc. 177 : 870–874.

DAVID, T. (1976): Mikrochirugie in der Kleintierpraxis: Osteosynthese des Humerus beim Leguan. Tierärztlich. Prax. 4: 543–546.

DAVIES, T. (1974): A double-headed grass snake. Brit. J. Herpetol. 5 : 452–453.

DEAKINS, D.E. & G. E. COSGROVE (1978): Reptilian helminthiasis. Wildl. Dis. Symp. Dis. Rept. Fort Collins, Colorado.

DEAN, J.N., J.S. GLENN & R.C. STRAIGHT (1980): Bilateral cleft labial and palate in the progeny of a *Crotalus viridis viridis* Rafinesque. Herpetol. Rev. 11 : 91–92.

DEAREA LEAO, A.E., M.T. MELLO & A. CURY (1947): Chromoblastomicose experimental. Rev Brazil. Biol. 7: 5–24.

DERANIYAGALA, P.E.P. (1958): A double-headed Russell's viper *Spolia zeylanica*. Geol. Zool. 28 : 167–168.

DIERENFELD, E. S. (1989): VitaminE deficiency in zoo reptiles, birds and ungulates. J. Zool. Wildl. Med. 20 (1): 3–11.

DIMOW, I. (1965): Über die Zeitdauer der fäkalen *Arizona*-Ausscheidung bei den Landschildkröten der Arten *Testudo graeca* und *Testudo hermanni*. Z. Hyg. Infekt.-Kr. 151: 105–106.

DIMOW, I. (1968): Die epidemiologische Bedeutung der Ausscheidung von Salmonellenbakterien bei Reptilien. Zbl. Bakt. I. Ref. 214: 627–634.

DIVERS, S.J. & D. WILLIAMS (1993): Dystocia (egg-binding) in reptiles. Brit. Herpetol. Soc. Bull. 45: 14–19.

DOLENSEK, E. P. (1971): Necropsy techniques in reptiles. J. Am. Vet. Med. Assoc. 159: 1616–1617.

DONALDSON, M., D. HEYNEMANN, R. DEMPSTER & L. GAREIA (1975): Epizootic of fatal amoebiasis among exhibited snakes: epidemiology, pathology, and chemotherapeutic considerations. Am. J. Vet. Res. 36: 807.

DORNER, H. (1873): eine Kreuzotter mit zwei Köpfen. Zool. Garten (AF) 14: 407–410.

DRAPER, C. S., R. D. WALKER & H. E. LAWLER (1981): Patterns of oral bacterial infection in captive snakes. J. Am. Vet. Med. Assoc. 179: 1223–1226.

DREW, M.L. (1994): Hypercalcemia and hyperphosphatemia in indigo snakes (*Drymarchon corais*) and serum biochemical referent values. J. Zoo Wildl. Med. 25 (1): 48–52.

DUGAN, B.A. (1982): The mating behavior of the green iguana, *Iguana iguana*. In: G.M. BURGHARDT & A.S. RAND (Hrsg.): Iguanas of the World. Park Ridge, N.J. (Noyes Publ.): 320–341.

DUGUY, R. (1970): Numbers of blood cells and their variations. In: GANS, C. & T.S. PARSONS (Hrsg.): Biology of the Reptilia Bd 3. New York (Academic Press): 93–109.

DUHON, S.T. (1989): Disease control in a large colony of Axolotls. Herpetopathologica 1 (2): 105–108.

DZIEZYC, J.D. & N.J. MILLICHAMP (1989): Lipid keratopathy of frogs. Proc. Int. Colloq. Pathol. Rept. Amph. 3: 95.

ELKAN, E. & C.M. PHILPOT (1973): Mycotic infections in frogs due to a *Phialophora*-like fungus. Saubourdia 11: 99–105.

ELKAN, E. & P. ZWART (1967): The ocular disease of young terrapin caused by Vitamin A deficiency. Path. Vet. 4: 201.

ENSLEY, P. K., D. P. LAUREN & M. L. ELLIOTT (1981): Electrosurgical excision of a mass in the cloacal region of a mal Galapagos tortoise. J. Am. Vet. Med. Assoc. 179 (11): 1289–1291.

EULENBERGER, K., W. E. ENGELMANN & K. H. EULENBERGER (1984): Wachsei als Ursache einer Koprostase beim Dunklen Tigerpython (*Python molurus bivittatus*). Verh.ber. Int. Symp. Erkrg. Zootiere 26: 187–188.

FAGGELLA, A.M. & M.R. RAFFE (1987): The use of isoflurane anesthesia in a water monitor lizard and a rhino iguana. Comp. Anim. Pract. 1 (2): 52–53.

FANTHAM, H.B. & A. PORTER (1950): The endoparasites of certain South African snakes, together with some remarks on their structure and effects on their hosts. Proc. Zool. Soc. London 120: 599–647.

FARSWORTH, R. J., R.E. BRANNIAN, K. FLETCHER & S. KLAASEN (1986): A vitamin E- Selenium responsive condition in a green iguana. J. Zoo. Anim. Med. 17 (1): 42–43.

FAULKNER, J.E. & A. ARCHAMBAULT (1993): Anesthesia and surgery in the green iguana. Seminars in Avian and Exotic Pet Medicin 2 (2): 103–108.

FAWCETT, D.W. (1956): Electron microscope observations on intracellular virus-like particles associated with the cells of the Lucke renal adenocarcinoma. J. Cell Sci. 2: 725–741.

FÖLSCH, D.W. & P. LELOUP (1976): über eine verlustreich verlaufene Infektion in einem Schlangenbestand. Verh.ber. Int. Symp. Erkrg. Zootiere 18: 159–166.

FOGGIN, C.M. (1987): Diseases and disease control on crocodile farms in Zimbabwe. In: WEBB et al. (Hrsg.): Wildlife Management: Crocodiles and Alligators, 351–362. Chipping Norton: Surrey Beatty & Sons Pty.

FOREYT, W.J., C.W. LEATHERS & E.N. SMITH (1985): *Trichoderma* sp. infection in the alligator (*Alligator mississippiensis*). J. Herpetol. 19 (4): 530–531.

FOREYT, W.J., C.W. LEATHERS & S. WHALEY (1983): Surgical removal of plerocercoids from snakes and subsequent diagnosis of experimentally introduced adult tapeworms in coyotes. Vet. Med. Small Anim. Med. 78: 1593–1596.

FOWLER, M.E. (1979): Desinfectant and insecticide usage araund birds and reptiles. In: KIRK, R.W. (Hrsg.): Current Veterinary Therapy VIII. Philadelphia (W.B. Saunders): 606–611.

FRANK, W. (1965a): Gelenk und Viszeralgicht bei Panzerechsen (*Tomistoma schlegelii* und *Gavialis gangeticus*) (Reptilia, Crocodylia). Acta trop. 22: 217–234.

FRANK, W. (1965b): Multiple Hyperkeratose bei einer Bartagame, *Amphibolulurus barbatus* (Reptilia, Agamidae), hervorgerufen durch eine Pilzinfektion, zugleich ein Beitrag zur Problematik von Mykosen bei Reptilien. Salamandra 1 (2): 6–12.

FRANK, W. (1970): Mykotische Erkrankungen der Haut und der inneren Organe bei Amphibien und Reptilien. Verh.ber. Int. Symp. Erkrg. Zootiere 12: 231–235.

FRANK, W. (1976): Beitrag zum Problem der Mykosen bei niederen Vertebraten (Amphibien und Reptilien). Die Blauen Hefte für den Tierarzt 56: 264–278.

FRANK, W. (1978): Blutharnsäurewerte und viszerale Gicht bei Reptilien. Der Praktische Tierarzt 59: 115–121.

FRANK, W. (1985): Amphibien und Reptilien. In: ISENBÜGEL, E. & W. FRANK (Hrsg.): Heimtierkrankheiten. Stuttgart (Ulmer): 161–402.

FRANK, W. (1986): Hygienische Probleme bei der Heimtierhaltung in der Bundesrepublik Deutschland. Zbl. Bakt. Hyg. B 183: 274–303.

FRANK, W. & U. ROESTER (1970): Amphibien als Träger von *Hormiscium (Hormodendrum) dermatitidis* Kano, 1937, einem Erreger der Chromoblastomykose (Chromomykose) des Menschen. Z. Tropenmed. Parasitol. 21 (1): 93–108.

FRELIER, P.F., L. SIGLER & P.E. NELSON (1985): Mycotic pneunomia caused by *Fusarium moniliforme* in an alligator. Sabouraudia 23: 399–402.

FROMTLING, R.A., S.D. KOSANKE, J.M. JENSEN & G.S. BULMER (1979): Fatal *Beauveria bassina* infection in a captive American alligator. J. Am. Vet. Med. Assoc. 175 (9): 934–936.

FROST, D.F, D.K. NICHOLS & S.B. CITINO (1994): Gastric cryptosporidiosis in two Ocellated lacertas (*Lacerta lepida*). J. Zoo Wildl. Med. 25 (1): 138–142.

FRYE, F. L. (1972): Surgical removal of a cystic calculus from a desert tortoise. J. Am. Vet. Med. Assoc. 161 (6): 600–602.

FRYE, F.L. (1973): Clinical evaluation of a rapid polymerizing epoxy resin for repair of shell defects in tortoises. Vet. Med. Small Anim. Clin. 63: 51–53.

FRYE, F. L. (1974): Osteitis deformans (Paget‘s disease) in a *Boa constrictor*. Vet. Med /SAC 69: 186–188.

FRYE, F.L. (1977): General considerations in the care of captive amphibians. In: KIRK, R.W. (Hrsg.): Current Veterinary Therapy VI. Philadelphia, London, Toronto (W.B. Saunders): 772–778.

FRYE, F.L. (1978): Necropsy Techniques in Reptiles. Auburn Vet. 34: 51–53.

FRYE, F.L. (1983): Urinary calculosis and cystotomy

in a lizard. Vet. Med. small Anim. Clin. 78: 431–433.

FRYE, F.L. (1989): Vitamin A sources, hypovitaminosis A, and iatrogenic hypervitaminosis A in captive chelonians. In: KIRK, R.W. (Hrsg.): Current Veterinary Therapy X. Philadelphia, London, Toronto (W.B. Saunders): 791–795.

FRYE, F.L. (1991): Biomedical and surgical aspects of captive reptile husbandry. Malabar, Florida (Krieger Publ. Comp.): 637 S.

FRYE, F.L (1992a): Use of a condom as an occlusive bandage in snakes. A new wrinkle on an old resource. J. Small Exotic Anim. Med. 2 (1): 13–14.

FRYE, F.L. (1992b): Anasarca in an Argentine horned frog *Ceratophrys ornata*. J. Small Exotic Anim. Med. 1 (4): 148–149.

FRYE, F.L. (1994a): Diagnosis and surgical treatment of reptilian neoplasms with a compilation of cases 1966–1993. In Vivo 8: 885–892.

FRYE, F.L. (1994b): Ultrasonic doppler blood flow detection in small exotic animal medicine. Seminars Avian & Exotic Pet Med. 3 (3): 133–139.

FRYE, F.L. & J.D. CARNEY (1974): Achondroplastic dwarfism in a turtle. Vet. Med. small Anim. Clin. 69: 299–301.

FRYE, F.L., L.S. OSHIRO & F.R. DUTRA (1977): Herpesvirus-like virus infection in two Pacific pond turtles. J. Am. Vet. Med. Assoc. 171: 882–884.

FRYE, F.L., B.V. CENTOFANTI & J.M. HARRIS (1991): Successful treatment of iatrogenic (diet-related) hypervitaminosis-D and hypercalcemia in four iguanas, *Iguana iguana*. Proc. 4. Int. Symp. Path. Therap. Rept. Amph. Bad Nauheim: 244–250.

FRYE, F.L. & F.R. DUTRA (1974): Hypothroidism in turtles and tortoises. Vet. Med. / SAC 69: 990–993.

FRYE, F.L., R.J. MUNN, M. GARDNER, S.L. BARTEN & L.B. HADFY (1994): Adenovirus-like hepatitis in a group of related Rankin's dragon lizards (*Pogona henrylawsoni*). J. Zoo Wildl. Med. 25 (1): 167–171.

FRYE, F.L. & S.H. SCHELLING (1973): Steatitis in a caiman. Vet. Med. small. Anim. Clin. 68: 143–143.

FRYE, F. L. & S. M. SCHUCHMAN (1974): Salpingotomy and cesarean delivery of impacted ova in a tortoise. Med. small Anim. Clin. 69: 454–457.

GABRISCH, K. (1985): Narkose und chirurgische Eingriffe bei Reptilien. In: GABRISCH, K. & P. ZWART (Hrsg.): Krankheiten der Heimtiere. Hannover (Schlütersche Verlagsanstalt): 335–350.

GABRISCH, K. & . P. ZWART (1985): Schildkröten. In: GABRISCH, K. & P. ZWART (Hrsg.): Krankheiten der Heimtiere. Hannover (Schlütersche Verlagsanstalt): 243–286.

GAD, J. (1989): Drehversuche an Schildkröteneiern im Hinblick auf Schildanomalien, hier bei *Sternotherus odoratus* (Latreille, 1801). Salamandra 25 (2): 109–111.

GALES, N., G. WALLACE & J. DICKSON (1985): Pulmonary cryptococcosis in a striped dolphin (*Stenella coeruleoalba*). J. Wildl. Dis. 21: 443–446.

GERDES, G.H. (1991): Morphology of poxviruses from reptiles. Vet. Rec. 128: 452.

GILLESPIE, D. (1986): Cryptosporidiosis in reptiles. In: KIRK, R.W. (Hrsg.): Current Veterinary Therapy IX: 748–749.

GLAESNER, L. (1924): Über drei Doppelbildungen von *Chelonia mydas*. Zool. Anzeiger 60 : 185–194.

GLAW, F. (1987): Probleme mit Streichholzbeinen bei der Nachzucht von *Discoglossus pictus*. Herpetofauna 9 (51): 30–33.

GLENN, J. L., R. STRAIGHT & C. C. SNYDER (1972): Clinical use of ketamin hydrochlorid as an anesthetic agent for snakes. A. J. Vet. Res. 33 (9): 1901–1903.

GLORIOSO, J.C. et al. (1974): Microbiological studies on septicemic Bullfrogs (*Rana catesbeiana*). Am. J. Vet. Res. 35: 1241–1245.

GODSHALK, C. P., D. M. MACCOY, J. S. PATTERSON & B. C. MCKIERNAN (1986): Gastritic hypertrophy associated ith cryptosporidiosis in a snake. J. Am. Vet. Med. Assoc. 189 (9): 1126–1128.

GÖBEL, T. & K. JURINA (1994): Endoskopie des Respirationstraktes bei Reptilien. Kleintierpraxis 39: 791–794.

GÖBEL, T. & H. SPÖRLE (1992): Blutentnahmetechnik und Serumnormalwerte wichtiger Parameter bei der Griechischen Landschildkröte (*Testudo hermanni hermanni*). Tierärztl. Prax. 20: 231–234.

GOLDSTEIN, E. J., E. O. AGYARE & A. E. VAGVOLGYI (1981): Aerobic bacterial oral flora of garter snakes: Development of normal flora and pathogenic potential for snakes and humans. J. Clin. Microbiol. 13: 954–956.

GOMEZ, N., G. PUORTO, M.A. BUONONATO & F.M. RIBEIRO (1989): Atlas anatomico de *Boa constrictor* Linnaeus, 1758. Monogr. Inst. Butantan 2: 1–59.

GOTTDENKER, N.L. & E.R. JACOBSON (1995): Effect of venipuncture sites on hematologic and clinical biochemical values in desert tortoises (*Gopherus agassizii*). Am. J. Vet. Res. 56 (1): 19–21.

GRAIN, E. & J. E. EVANS (1984): Egg retention in four snakes. J. Am. Vet. Med. Assoc. 185: 679–681.

GRANOFF, A. & R.W.DARLINGTON (1969): Viruses and renal carcinoma of *Rana pipiens*. VIII. Electron microscopic evidence for the presence of herpes virus in the urine of a Lucke tumor-bearing frog. J. Virol. 38: 197–200.

GRASS, P.G. (1924): *Octomastix parvus* Alexeieff (1912). C.R. Soc. Biol. 91: 439–442.

GREEN, C. J., J. E. COOPER & D. M. JONES (1977): Cryotherapy in the reptile. Vet. Rec. 101: 529.

HAKVOORT, H. & E. GOUDA (1990): Foreleg malformation in the three coloured poison frog (*Epipedobates tricolor*) (1). Lacerta 48 (4): 117–125.

HAMEL, F.A. & H.M. MCINNES (1971): Lizards as vectors of human salmonellosis. J.Hyg. (Camb.) 69: 247–253.

HARDING, K. A. (1977): The use of Ketamin anesthesia to milk to tropic rattlesnakes (*Crotalus durissus terrificus*). Vet. Rec. 100: 289.

HARPER, P.A.W., D.C. HAMMOND & W.P. HEUSCHELE (1982): A herpesvirus-like agent associated with a pharyngeal abscess in a desert tortoise. J. Wildl. Dis. 18: 491–494.

HARTMANN, R.A. (1976a): Use of an intramedullary pin in repair of a midshaft humeral fracture in a green iguana. Vet. Med. Smal Anim. Clin. 71: 1634–1635.

HARTMANN, R.A. (1976b): Gastrotomy for removal of foreign bodies in a crocodile. Vet. Med. Small. Anim. Clin. 71: 1096.

HAUSER, B., F. METTLER & A. RÜBEL (1983): Herpesvirus-like infection in two young Boas. J. Comp. Path. 93: 515–519.

HAWKEY, C.M. & T.B. DENNETT (1990): Farbatlas der Hämatologie. Säugetiere, Vögel und Reptilien. (Schlütersche Verlagsanstalt) Hannover: 192 S.

HAZELL, S.L., G.J. EAMENS & R.A. PERRY (1985): Progressive digital necrosis in the Eastern Blue-tongued skink, *Tiliqua scincoides* (Shaw). J. Wildl. Dis. 21: 186–188.

HEATH, K. B. (1983): Fatal parasitic anemia in a green vine snake. Vet. Med./ SAC 78: 1095–1096.

HECKHAUSEN-REINHARTZ, J. (1991): Fallbericht: Ovariohysterektomie zur Behebung der Legenot bei einer Rotwangenschmuckschildkröte, *Pseudemys scripta elegans*. Kleintierpraxis 26 (11):653–655.

HELDSTAB, A. & G. BESTETTI (1982): Spontaneous viral hepatitis in a Spur-tailed Mediterranean land tortoise (*Testudo hermanni*). J. Zoo Anim. Med. 13: 120–133.

HELDSTAB, A. & G. BESTETTI (1984): Virus associated gastrointestinal diseases in snakes. J. Zoo Anim. Med. 15: 118–128.

HELDSTAB, A. & G. BESTETTI (1989): Herpesviridae causing glossitis and meningoencephalitis in land tortoises (*Testudo hermanni*). Herpetopathologia 1 (2): 5–9.

HEMPEL, W. (1989): Panzernekrose bei Wasserschildkröten Was nun?. Sauria 11 (1): 19–20.

HERRMANN, H.J. (1989): Abnorme Schwanzausbildung bei *Salamandrella keyserlingii* Dybowski, 1870 (Caudata: Hynobiidae). Salamandra 25 (1): 62–63.

HERRMAN, H.-J. & K. KABISCH (1990): Einige Fälle von Farbanomalien bei Amphibien. Sauria 12 (1): 15–18.

HESELHAUS, R. (1983): Zum Problem der „Streichholzvorderbeine“ bei Dendrobatidennachzuchten. Herpetofauna 5 (26): 22–24.

HESS, J.L. & R.L. RUDY (1974): Ulcerative stomatitis in the Python. Vet. Med. small Anim. Clin. 69: 1379–1381.

HILDEBRAND, S.F. (1930): Duplicity and other abnormalities in diamond back terrapins. J. Elisha Mitchel Sci. Soc. 46: 41–53.

HILF, M., R.A. WAGNER & V.L. YU (1990): A prospective study of upper airway flora in healthy boid snakes and snakes with pneumonia. J. Zoo Wildl. Med. 21 (3): 318–325.

HILL, W.C.O. & R.A. NEAL (1953): An epizootic due to *Entamoeba invadens* at the Gardens of the Zoological Society of London. Proc. Zool. Soc. London 123: 731–737.

HIME, J.M. (1972): Eye disease in terrapins. Vet. Rec. 1972: 493.

HINSCH, H. & C.P. GANDAL (1969): The effects of

etorphine (M-99), oxymorphone hydrochloride and meperidine hydrochloride in reptiles. Copeia 1969: 404–405.

HOCHLEITHNER, M. (1993): Isufluran (Forane) Narkose bei Vögeln und Reptilien. Wiener Tierärztl. Monatsschr. 80 (4): 100,102–105.

HODGE, M. K. (1978): The affect of acclimation temperature on gentamicin nephrotoxicity in the Florida Broad Banded Water snake (*Natrix fasciata*). Am. Ass. Zoo Vet. Ann. Proc., Knoxville, U.S.A.: 226–237.

HOLT, P.E. (1978): Radiological studies of the alimentary tract in two Greek tortoises (*Testudo graeca*). Vet.Rec. 103: 198.

HOLT, P.E. (1981a): Drugs and dosages. In: COOPER, J.E. & O.F. JACKSON (Hrsg.): Diseases of the reptilia. London, New York, Toronto, Sydney & San Francisco (Academic Press): 551–584.

HOLT, P.E. (1981b): Healing of a surgically induced shell wound in a tortoise. Vet. Rec. 108: 102.

HOLZ, P. & R.M. HOLZ (1994): Evaluation of ketamine, ketamine/xylazine, and ketamine/midazolam anaesthesia in Red-Eared Sliders (*Trachemys scripta elegans*). J. Zoo Wildl. Dis. 25 (4): 531–537.

HOMER, B.L., J.P. SUNDBERG, J.M. GASKIN, J. SCHUMACHER & E.R. JACOBSON (1995): Immunoperoxidase detection of ophidian paramyxovirus in snake lung using a polyclonal antibody. J. Vet. Diagn. Invest. 7: 72–77.

HORNER, R.F. (1988): Poxvirus in farmed Nile crocodiles. Vet. Rec. 122 (19): 459–462.

HUBBARD, G.B. (1981): Aeromonas hydrophila infection in *Xenopus laevis.* Lab. Anim. Sci. 31: 297–300.

HUCHZERMEYER, F.W., G.H. GERDES, C.M. FOGGIN, K.D.A. HUCHZERMEYER & L.C. LIMPER (1994): Hepatitis in farmed hatchling Nile crocodiles (*Crocodylus niloticus*) due to chlamydial infection. J. S. Afr. Vet. Assoc. 65 (1): 20–22.

HUCHZERMEYER, F.W., K.D.A. HUCHZERMEYER & J.F. PUTTERILL (1991): Observations on a field outbreak of Pox virus infection in young Nile crocodiles (*Crocodylus niloticus*). J. S. Afr. Vet. Assoc. 62 (1): 27–29.

ISAZA, R., N. ACKERMAN & E.R. JACOBSON (1993): Ultrasound imaging of the coelomic structures in the Boa constrictor (*Boa constrictor*). Vet. Radiol. Ultrasound 34 (6): 445–450.

ISENBUGEL, E. & G. BARANDUN (1981): Surgical removal of a foreign body in a bastard turtle. Vet. Med. Small. Anim. Clin. 76: 1766–1768.

IPPEN, R. (1982): Ein Beitrag zu den angeborenen Mißbildungen der Reptilien. Verh.ber. Erkr. Zootiere 24: 463–473.

IPPEN, R., H.-D. SCHRÖDER & K. ELZE (1985): Handbuch der Zootierkrankheiten. Bd 1 Reptilien. Berlin (Akademie-Verlag): 432 S.

JACKSON, C.G., JR., M.M. LANDRY & M.M. JACKSON (1971): Reproductive tract anomaly in a box turtle. J. Wildl. Dis. 7: 175–177.

JACKSON, O.F. (1970): Snake anaesthesia. Brit. J. Herpetol. 4: 172–175.

JACKSON, O.F. (1978): Tortoise shell repair over two years. Vet. Rec. 102: 284.

JACKSON, O.F. & M.D. FASAL (1981): Radiology in tortoises, terrapins and turtles as an aid to diagnosis. J. small Anim. Pract. 22: 705–716.

JACKSON, O.F. & J.R. NEEDHAM (1983): Rhinitis and virus antibody titres in chelonians. J. small Anim. Pract. 24: 31–36.

JACOBSON, E. R. (1976a): Gentamicin-related visceral gout in two boid snakes. Vet. Med. / SAC 71: 361–363.

JACOBSON, E. R. (1976b): Use of Ripercol-L for treatment of lungworms in snakes. J. Zoo Anim. Med. 7: 14–15.

JACOBSON, E.R. (1978): Reptile necropsy protocol. J. Zoo Anim. Med. 9: 7–13.

JACOBSON, E.R. (1980): Necrotizing mycotic dermatitis in snakes: clinical and pathologic features. J. Am. Vet. Med. Assoc. 177: 838–841.

JACOBSON, E.R. (1984): Immobilization, blood sampling, necropsy techniques and disease of crocodilians: a review. J. Zoo Anim. Med. 15: 38–45.

JACOBSON, E.R. (1986): Viruses and viral associated disease. In: BELS, U. & A. VAN DE SANDE (Hrsg.): Maintenance and reproduction of reptiles in captivity. Vol. 2. Acta Zool. Pathol. Antverp. 79: 73–90.

JACOBSON, E.R. (1988): Use of chemotherapeutics in reptile medicine. In: JACOBSON, E.R. & G.V. KOLLIAS (Hrsg.): Exotic Animals New York (Churchill Livingstone): 35–48.

JACOBSON, E.R. (1991a): Upper respiratory disease in tortoises. Proc. 4. Int. Symp. Path. Therap. Rept. Amph. Bad Nauheim: 68–69.

JACOBSON, E.R. (1991b): Laboratory investigations. In: BEYNON, P.H., M.P.C. LAWTON & J.E. COOPER

(Hrsg.): Manual of Reptiles. Gloucestershire (Brit. Small Anim. Vet. Ass.): 50–62.

JACOBSON, E.R. (1993a): Implications of infectious diseases for captive propagation and introduction programs of threatened/endangered reptiles. J. Zoo Wildl. Med. 24 (3): 245–255.

JACOBSON, E.R. (1993b): Snakes. Small Anim. Pract. 23 (6): 1179–1212.

JACOBSON, E.R. (1994): Causes of mortality and diseases in tortoises: a review. J. Zoo Wildl. Med.25 (1): 2–17.

JACOBSON, E.R., M.P. BROWN, M. CHUNG, K. VLIET & R. SWIFT (1988): Serum concentration and disposition kinetics of gentamicin and amikacin in juvenile American alligators. J. Zoo Anim. Med. 19 (4): 188–194.

JACOBSON, E.R., C. BUERGELT, B. WILLIAMS R.K. HARRIS (1991a): Herpesvirus in cutaneous fibropapillomas of the green turtle *Chelonia mydas*. Dis. Aquat. Org. 12: 41–48.

JACOBSON, E.R., H. CALDERWOOD & C. SPENCER (1980a): Gastrotomy in a gulf hammock rat snake (*Elaphe obsoleta williamsi*). Vet. Med./ SAC 75: 879–880.

JACOBSON, E.R., CLUBB, S., J.M. GASKIN & C.H. GARDINER (1985a): Herpesvirus like infection in Argentine tortoises. J. Am. Vet. Med. Assoc. 187 (11): 1227–1229.

JACOBSON, E.R. & C.H. GARDINER (1990): Adeno-like virus in esophageal and tracheal mucosa of a Jackson‘s chameleon (*Chamaeleo jacksoni*). Vet. Pathol. 27 (3): 210–212.

JACOBSON, E.R., C.H. GARDINER & C.M. FOGGIN (1984): Adenovirus-like infection in two Nile Crocodiles. J. Am. Vet. Med. Assoc. 185: 1421–1422.

JACOBSON, E.R. & J.M. GASKIN (1982): Paramyxo-like virus associated respiratory disease of viperid snakes. Proc. 1st. Int. Coll. Path. Rept. Amph., Angers: 39–40.

JACOBSON, E.R., & J.M. GASKIN (1991): Viral pneumonia of snakes. Verh.ber. Erkrg. Zootiere 33: 225–228.

JACOBSON, E.R., & J.M. GASKIN, M.B. BROWN & R.K. HARRIS (1991b): Chronic upper respiratory tract disease of free-ranging desert tortoises, *Xerobates agassizii*. J. Wildl. Dis. 27: 296–316.

JACOBSON, E.R., J.M. GASKIN, S. CLUBB & M.B. CALDERWOOD (1982a): Papilloma-like virus infection in Bolivian side-neck turtles. J. Am. Vet. Med. Assoc. 181 (11): 1325–1328.

JACOBSON, E.R., GASKIN, J.M. & C.H. GARDINER (1985b): Adenovirus-like infection in *Boa constrictor*. J. Am. Vet. Med. Assoc. 187 (11): 1226–1227.

JACOBSON, E.R., GASKIN, J.M. & J. MANSELL (1989): Chlamydial infection in Puff Adders (*Bitis arietans*). J. Zoo Wildl. Med. 20 (3): 364–369.

JACOBSON, E.R., J.M. GASKIN, R. MELODY, E.C. GREINER & J. Allen (1986): Conjunctivitis, tracheitis and pneumonia associated with herpes-virus infection in a green sea turtle. J. Am. Vet. Med. Assoc. 189 (9): 1020–1023.

JACOBSON, E., J.M. GASKIN, D. PAGE, W.O. IVERSON & J.W. JOHNSON (1981): Illness associated with Paramyxo-like virus infection in a zoologic collection of snakes. J. Am. Vet. Med. Assoc. 179: 1227–1230.

JACOBSON, E.R., J.M. GASKIN & C.F. SIMPSON (1980b): Paramyxo-like virus infection in a rock rattlesnake. J. Am. Vet. Med. Assoc. 177: 796–799.

JACOBSON, E.R., J.M. GASKIN & H. WAHLQUIST (1982b): Herpesvirus-like infection in map turtls. J. Am. Vet. Med. Assoc. 181 (11): 1322–1324.

JACOBSON, E.R., J.M. GASKIN, S. WELLS, K. BOWLE & J. SCHUMACHER (1992a): Epizootic of ophidian paramyxovirus in a zoological collection: pathological, microbiological, and serological findings. J. Zoo Wildl. Med. 23 (3): 318–327.

JACOBSON, E.R. & M. HODGE (1980): Chronic cannulation technique allowing dailey blood sampling in Water snakes. Lab. Anim. Sci. 30 (2):249–251.

JACOBSON, E. R. & A. L. INGLING (1976): Pyloroduodenal resection in a Burmese Python. J. Am. Vet. Med. Assoc. 169 (9): 985–987.

JACOBSON, E.R. & G.V. KOLLIAS (1986): Adenovirus-like infection in a savannah monitor. J. Zoo. Anim. Med. 17 (4): 149–151.

JACOBSON, E.R., J.A POPP, R.P. SHIELDS & J.M. GASKIN (1979): Poxlike skin lesions in captive caimans. J. Am. Vet. Med. Assoc. 175 (9): 937–940.

JACOBSON, E.R., J. SCHUMACHER & M. GREEN (1992b): Field and clinical techniques for sampling and handling blood for hematologic and selected biochemical determinations in the desert tortoise, *Xerobates agassizii*. Copeia 1992 (1): 237–241.

JACOBSON, E.R., J. SCHUMACHER, S.R. TELFORD JR. E.C. GREINER, C.D. BUERGELT & C.H. GARDINER (1994a): Intranuclear coccidiosis in radiated tortoises (*Geochelone radiata*). J. Zoo Wildl. Med. 25 (1): 95–102.

JACOBSON, E.R., J.C. SEELY & M.N. NOVILLA (1980c): Lymphosarcoma associated with virus-like intranuclear inclusions in a California king snake (Colubridae, *Lampropeltis*). J. Nat. Cancer Inst. 65: 577–583.

JACOBSON, E. R. & S.R. TELDORD (1990): Clamydial and poxvirus infections of circulating monocytes of a flap-necked chameleon (*Chamaeleo dilepis*). J. Wildl. Dis. 26 (4): 572–577.

JACOBSON, E.R., T.J. WRONSKI, J. SCHUMACHER, C. REGGIARDO & K.H. BERRY (1994b): Cutaneous dyskeratosis in free-ranging desert tortoises, *Gopherus agassizii*, in the Colorado desert of southern California. J. Zoo Wildl. Med. 25 (1): 68–81.

JAKOB, W. & F. DATHE (1992): Cryptosporidiose bei Dionenattern (*Elaphe dione*). Verh.ber. Erkrg. Zootiere 34: 301–306.

JASMIN, A.M., J.M. CAROLL & J. BAUCOM (1968): Pulmonary aspergillosis of the American alligator (*Alligator mississippiensis*). Am. J. Vet. Clin. Path. 1: 173.

JES, H. (1986): Ein Beitrag zur Therapie der Amöbiasis bei Reptilien. Acta Zool. Path. Antverp. 79: 101–105.

JONES, D.M. (1977): The sedation and anesthesia of birds and reptiles. Vet. Rec. 101: 340.

JONES, D. (1978): J. Zool. London 184: 331.

JORDAN, R. D. & C. T. KYZAR (1978): Intra-abdominal removal of eggs from a gopher tortoise. Vet. Med. small Anim. Clin. 73: 1051–1054.

JUBB, T.F. (1992): A thiamine responsive nervous disease in Saltwater crocodiles (*Crocodylus porosus*). Vet. Rec. 131 (15): 347–348.

JULIAN, A.F. & P.J.K. DURHAM (1982): Adenoviral hepatitis in a female bearded dragon (*Amphibolurus barbatus*). New Zealand Vet. J. 30: 59–60.

JUNGNICKEL, J. (1986): Bemerkungen zur Problematik der Höckerbildung bei der Aufzucht von Schildkröten. Sauria 8 (1): 19–22.

KABISCH, K. (1989): Carapaxanomalien bei vier Jungtieren von *Testudo graeca ibera* Pallas 1814. Sauria 11 (1): 23–25.

KAPLAN, H. M. (1957): Septicemic Cutaneous Ulcerative Disease of Turtle. Proc. Anim. Care Panel 7: 273–277.

KAPLAN, H. M. (1969): Anesthesia in amphibians and reptiles. Fed. Proc. 21: 1541–1546.

KASPRZAK, W., W. GOLEC & E. HADAS (1989): Epizootics of reptilian amoebiasis at the Zoological Gardens of Poznan (Poland) – epidemiological and chemotaxonomic studies. Acta Protozool. 28 (3–4): 285–291.

KAUFMANN, A.F., J.C. FREELEY & W.E. DE WITT (1966): Salmonella excretion by turtles. Publ. Hlth. Rep. Wash. 82: 840–842.

KEYMER, I.F. (1974): Report of the pathologist 1971 and 1972. J. Zool. London 173: 62, 78.

KEYMER, I.F. (1976): Report of the pathologist. J. Zool. London 178: 470–471.

KHAIRE, A & N. KHAIRE (1984): Birth of a bicephalus snake. Hamadryad 9 (3): 7.

KLAUBER, L.M. (1956): Rattlesnakes. 2. Vol. Univ. California.

KLEIN, B.M. (1952): Die Borkengeschwulst der Eidechsen. Mikrokosmos 42: 49–52.

KLINGENBERG, R.J. (1993): Understanding reptile parasites. Lakeside, California (Advanced Vivarium Systems): 81 S.

KOCH, J. (1904): Demonstration einiger Geschwulste bei Tieren. Verh. Dtsch. Ges. Pathol. 7: 136–147.

KÖHLER, G. (1989a): Behandlung eines ventral im Rachen gelegenen Abszesses beim Grünen Leguan. Iguana Rundschreiben, Hanau, 2 (1): 18–19.

KÖHLER, G. (1989b): Zur Desinfektion in Terrarien. Iguana Rundschreiben, Hanau, 2 (2/3): 7.

KÖHLER, G. (1992a): Blasenstein bei einem Schwarzen Leguan, *Ctenosaura similis*. Iguana Rundschreiben, Hanau, 5 (10): 37–38.

KÖHLER, G. (1992b): Preventative medicine in iguanas. Iguana Times, Big Pine Key, FL, 1 (6): 14–15.

KÖHLER, G. (1992c): Artgerechte Ernährung und ernährungsbedingte Erkrankungen des Grünen Leguans, *Iguana iguana* (Linnaeus 1758). Sauria 14 (1): 3–8.

KÖHLER, G. (1993a): Die Amöbiasis der Reptilien – Hinweise zu Pathogenese, Diagnose und Therapie. Elaphe (N.F.) 1 (4): 15–17.

KÖHLER, G. (1993b): Der Grüne Leguan – Freilandbeobachtungen, Pflege, Zucht und Erkrankungen. Hanau (Verlag G. Köhler): 117 S.

KÖHLER, G. (1994): Anmerkungen zu „Operative Behandlung einer Legenot beim *Eublepharis macularius*" von J. KRÜGER (Elaphe N.F. 4/93). Elaphe (N.F.), Rheinbach 2 (1): 23–24.

KOPPLIN, R.P., R.S. TARR & C.N.M. IVERSON (1983): Serum profile of the iguanid lizard (*Dipsosaurus dorsalis*). J. Zoo. Anim. Med. 14: 30–32.

KRAMER, M. & M. GERWING (1991): The basics of sonography in reptiles. Proc. 4. Int. Symp. Path. Therap. Rept. Amph. Bad Nauheim: 135–138.

KRINTLER, K. (1988): Beobachtungen zum Problem der „Streichholzbeine" bei Dendrobatiden und Hyliden. Herpetofauna 10 (52): 30–31.

KUCH, U. & R. SCHNITZLER (1988): Ein Fall von Mißbildung bei einer *Boiga dendrophila melanota* (Boulenger 1898). Sauria 10 (4): 25–26.

KUCHLING, G. (1989): Assessment of ovarian follicles and oviductal eggs by ultra-sound scanning in life freshwater turtles, *Chelodina oblonga*. Herpetologica 45: 89–94.

KUTTIN, E.S., J. MÜLLER, W. MAY, F. ALBRECHT & M. SIGALAS (1977): Mykosen der Krokodile. Mykosen 21 (2): 39–48.

KWANTES, L.J. (1992): Surgical correction of cystic urolithiasis in an iguana. Can. Vet. J. 33 (11): 752–753.

LADDS, P.W., H. MANGUNWIRJO, D. SEBAYANG & P.W. DANIELS (1995): Diseases in young farmed crocodiles in Irian Jaya. Vet. Rec. 1995: 121–124.

LAMM, S.H., A. TAYLOR, J.E. GANGAROSA, JR., H.W. ANDERSON, W. YOUNG, M.H. CLARK & A.R. BRUCE (1972): Turtle-associated salmonellosis. 1. An estimation of the magnitude of the problem in the United States, 1970–1971. Am. J. Epidemiol. 95 (6): 511–517.

LANGE, H., W. HERBST, J. WIECHERT & T. SCHLIEßER (1989): Elektronenmikroskopischer Nachweis von Herpesviren bei einem massensterben von griechischen Landschildkröten (*T. hermanni*) und Vierzehenschildkröten (*Agrionemys horsfieldii*). Tierärztl. Prax. 17: 319–321.

LARSEN, R.E., C. BUERGELT, P.T. CARDEILHAC & E.R. JACOBSON (1983): Steatitis and fat necrosis in captive alligators. J. Am. Vet. Med. Assoc. 183 (11): 1202–1204.

LASHER, D. (1980): A bicephalic Crotalus horridus from Alabama. Herpetol. Rev. 11 : 89–90.

LAWRENCE, K. (1982): Vasectomy of a puff adder (*Bitis arietans*). Vet. Rec.: 542.

LAWRENCE, K. (1983): The use of antibiotics in reptiles: a review. J. small Anim. Pract. 24: 741–752.

LAWRENCE, K. (1984a): Drug dosages for chelonians. Vet. Rec. 1984: 150–151.

LAWRENCE, K. (1984b): Ivermectin as an ectoparasiticide in snakes. Vet. Rec. 1984: 441–442.

LAWRENCE, K. (1987): Post hibernational anorexia in captive Mediterranean tortoises (*T. graeca* and *T. hermanni*). Vet. Rec. 120: 87–90.

LAWRENCE, K. & C. HAWKEY (1986): Seasonal variations in haematological data from Mediterranean tortoises (*Testudo graeca* and *Testudo hermanni*) in captivity. Res. Vet. Sci. 40: 225–230.

LAWRENCE, K. & O.F. JACKSON (1982): Passage of ingesta in tortoises. Vet. rec. 111: 492–493.

LAWRENCE, K. & O.F. JACKSON (1983): Inappetant tortoises. Vet. Rec. 112: 487: 488.

LAWRENCE, K. & J.R. NEEDHAM (1985): Rhinitis in long term captive Mediterranean tortoises (*Testudo graeca* and *T. hermanni*). Vet. Rec. 117: 662–664.

LAWRENCE, K., P.W. MUGGLETON & J. R. NEEDHAM (1984): Preliminary study on the use of ceftazidime, a broad spectrum cephalosporin antibiotic, in snakes. Res. Vet. Sci. 36: 16–20.

LAWRENCE, K., G. H. PALMER & J. R. NEEDHAM (1986): Use of carbenicillin in two species of tortoise (*Testudo graeca* and *T. hermanni*). Res. Vet. Sci. 40: 413–415.

LEES, E. (1962): The incidence of helminth parasites in a particular frog population. Parasitology 52: 95–102.

LEHMANN, H. D. (1971): Erfahrungen mit Citarin und Concurat bei der Bekämpfung von Nematoden der Reptilien. Veterinärmed. Nachr. 1971: 477–483.

LETCHER, J. (1992): Intracelomic use of tricain methanesulfonate for anesthesia of Bullfrogs (*Rana catesbeiana*) and Leopard frogs (*Rana pipiens*). Zoo Biology 11: 243–251.

LILLYWHITE, H.B. & A.N. SMITS (1984): Lability of blood volume in snakes and its relation to activity and hypertension. J. Exp. Biol. 110: 267

LOPEZ, A. & J. BONS (1981): Studies on a case of papillomatosis in the eyed lizard *Lacerta lepida*. Brit. J. Herpetol. 6: 123–125.

LUCKE, B. & H. G. SCHLUMBERGER (1949): Neoplasia

in cold blooded vertebrates. Phisiologic Rev. 29: 91–126.

LUNGER, P.O. (1964): The isolation and morphology of the Lucke frog kidney tumor virus. J. Virol. 24: 138–145.

LUNGER, P.O. & H.F. CLARK (1979a): Morphogenesis of Fer-de-Lance Virus (FDLV) cultured at optimal (30 °C) cell growth temperature. J. Comp. Path. 89: 265–279.

LUNGER, P.O. & H.F. CLARK (1979b): Morphogenesis of Fer-de-Lance Virus (FDLV) cultured at sub- (23 °C) and supra (36 °C) optimal cell growth temperatures. Comp. Path. 89: 281–291.

LYNN, W.C. & M.C. ULLRICH (1950): Experimental production of shell abnormalities in turtles. Copeia 1950: 253–262.

MAAS, M.F.P.M. & R. GERRITSEN (1987): Surgical removal of eggs in an egg-bound albino corn snake (*Elaphe guttata guttata*), a case report. Litt. Serpentium Engl. ED. 7 (5): 206–214.

MACHOTKA, S.V. (1984): Neoplasia in reptiles In: HOFF, G., F.L. FRYE & E.R. JACOBSON (Hrsg.): Diseases of Amphibians and Reptiles. New York (Plenum): 519–580.

MADER, D.R., G.M. CONZELMANN & J. D. BAGGOT (1985): Effects of ambient temperature on the half-life and dorsage regime of Amikacin in the gopher snake. J. Am. Vet. Med. Assoc. 187 (11): 1134–1136.

MADER, D.R. & K. DEREMER (1993): Salmonellosis in Reptiles. The Vivarium 4 (4): 12–13, 22.

MADER, D.R., C.C. HORVATH & J. PAUL-MURPHY (1985): The hematocrit and serum profile of the Gopher snake (*Pituophis melanoleucas catenifer*). J. Zoo. Anim. Med. 16: 139–140.

MADER, D.E. (1992): Perinatology of pet reptiles. Seminars in Avian and Exotic Pet Medicine 1 (1): 40–49.

MADER, D.R. (1993a): Cryptosporidiosis in reptiles. J. Small Exotic Anim. Med. 2 (3): 141–142.

MADER, D.R. (1993b): Use of calcitonin in green iguanas, *Iguana iguana*, with metabolic bone disease. Bull. Assoc. Amph. Rept. Vet. 3 (1): 5.

MADER, D.R. & L. KERR (1986): Treatment of anonunion fracture of the tibia in a Chinese water dragon, including stimulation of osteogenesis with direct electric current. J. Am. Vet. Med. Assoc. 189 (9): 1141–1142.

MAIER-RITTERMANN, P.F. (1973): Emährung und Behandlung eines an Amoeben und Salmonellen erkrankten Grünen Leguans (*Iguana iguana*). Zool. Gart. N. F. 43: 144–147.

MAIXNER, J.M., E.C. RAMSAY & L.H. ARP (1987): Effect of feeding on plasma uric acid levels in captive reptiles. J. Zoo Anim. Med. 18 (2–3): 62–65.

MARCUS, L.C. (1981): Veterinary biology and medicine of captive amphibiens and reptiles. Philadelphia, Pennsylvania (Lea & Febiger): 68–78.

MARKS, S.K. & S.B. CITINO (1990): Hematology and serum chemistry of the Radiated tortoise (*Testudo radiata*). J. Zoo Wildl. Med. 21 (3): 342–344.

MATAVSKY, S. & T. MUTAFOVA (1987): Effects of Ivomec on some helminths and ectoparasites of hedgehogs, snakes and tortoises. Verh.-ber. 29th Int. Symp. Erkr. Zootiere: 367–368.

MAYEAUX, M.H. (1994): Symptoms of gas-bubble trauma in two species of turtles, *Chelydra serpentina* and *Apalone spinifera*. Herpetol. Rev. 25 (1): 19–20.

MCKINNEL, R.G. (1965): Incidence and histology of renal tumors of leopard frogs from the north central states. Ann. New York Acad. Sci. 126: 85–98.

MCKINNEL, R.G. (1967): Evidence for seasonal variation in incidence of renal adenocarcinoma in *Rana pipiens*. Proc. Minnesota Acad. Sci. 34: 173–175.

MCKINNEL, R.G. (1984): Lucke tumors of frogs. In: HOFF, G., F.L. FRYE & E.R. JACOBSON (Hrsg.): Diseases of Amphibians and Reptiles. New York (Plenum): 581–605.

MCNAMARA, T.S., R.A. COOK, J.L. BEHLER, L. AJELLO & A.A. PADHYE (1994): Cryptococcosis in a common Anaconda (*Eunectes murinus*). J. Zoo Wildl. Med. 25 (1): 128–132.

MEBS, D. (1965a): Zur Pathologie und Therapie einer bei Wasserschildkröten häufig auftretenden Augenerkrankung. Zool. Garten (N.F.) 31: 304–309.

MEBS, D. (1965b): Harnsteine bei Schildkröten. Salamandra 1: 47–49.

MEISTER, G. (1988): Terrariengeburt einer zweiköpfigen lebenden *Boa constrictor*. Aquarien Terrarien 35 (4): 137.

MEISTER, R. (1984): Beitrag zu den Erkrankungen der Riesenschildkröten. Verh.ber. Erkrg. Zootiere 26: 305–311.

METTLER, F, D. PALMER, A. RÜBEL & E. ISENBÜGEL (1982): Gehäuft auftretende Fälle von Parakeratose mit Epithelablösung der Haut bei Landschildkröten. Verh.ber. Erkrg. Zootiere 24: 245–248.

MIENIS, H. K. (1986): A bicephalic *Ptyodactylus hasselquisti* from Israel. Zoology Middle East 1: 90–92.

MIGAKI, G. & F. L. FRYE (1975): Mycotic granuloma in a tiger salamander. J. Wildl. Dis. 2: 525–528.

MIGAKI, G., E.R. JACOBSON & H.W. CASEY (1984): Fungals diseases in reptiles. In: HOFF, G., F.L. FRYE & E.R. JACOBSON (Hrsg.): Diseases of Amphibians and Reptiles. New York (Plenum): 183–204.

MILLER, W.W. (1986): Subspectacular abscess in a Burmese python. Auburn Vet. 41 (2): 19–21.

MILLICHAMP, N.J. (1988): Surgical techniques in reptiles. In: JACOBSON, E.R. & G.V. KOLLIAS (Hrsg.): Exotic Animals. New York (Churchill Livingston): 49–74.

MILLICHAMP, N.J., K. LAWRENCE, E.R. JACOBSON, O.F. JACKSON & D.A. BELL (1983): Egg retention in snakes. J. Amer. Vet. Med. Ass. 183: 1213–1218.

MONATH, T.P., C. CROPP, C. FRAZIER, F. MURPHY & S. WHITFIELDS (1979): Viruses isolated from reptiles: identification of three new members of the family Rhabdoviridae. Arch. Virol. 60: 1–12.

MONROE, J.H., G.P. SHIBLEY, G. SCHIDLOVSKY, T. NAKAI, A.F. HOWATSON, N.W. WIVEL & T.E. O'CONNOR (1968): Action of snake venom on Rauscher virus. J. Nat. Cancer Inst. 40: 135–140.

MONTAGUE, J.J. (1984): Abnormalities and injuries in New Guinea Freshwater Crocodiles (*Crocodylus novaeguineae*). J. Herpetol. 18 (2): 201–204.

MONTALI, R.J., M. BUSH & J.M. SMELLER (1979): The pathology of nephro-toxicity in snakes. Vet. Pathol. 16: 108–115.

MONTALI, R.J., E.E. SMITH, M. DAVENPORT & M. BUSH (1975): Dermatophilosis in Australian Bearded Lizards. J. Am. Vet. Med. Assoc. 167: 553.

MÜLLER, M., N. ZANGGER & T. DENZLER (1988): Iridovirus-Epidemie bei der Griechischen Landschildkröte (*Testudo hermanni hermanni*). Ver.-ber. Symp. Erkr. Zootiere 30: 271–274.

MÜLLER, M., W. SACHSSE & N. ZANGGER (1990): Herpesvirus-Epidemie bei der Griechischen (*Testudo hermanni*) und der Maurischen Landschildkröte (*Testudo graeca*) in der Schweiz. Schweiz. Arch. Tierheilk. 132: 199–203.

MUIR, W.W. & J.A.E. HUBBELL (1989): Handbook of veterinary anesthesia. St. Louis, Missouri (C.B. Mosby Co.).

MULDER, J.B., J.J. HAUSER & B.S. PERRY (1979): Surgical removal of retained eggs from a king snake (*Lampropeltis getulus*). J. Zoo Anim. Med. 10: 21–22.

NORTHWAY, R. B. (1969): Electroanesthesia of Green Iguanas (*Iguana iguana*). J. Am. Vet. Med. Assoc. 155: 1034.

NORTON, T. M., E. R. JACOBSON, R. CALIGIURI & G. V. KOLLIAS (1989): Medical management of a Galapagos tortoise (*Geochelone elephantopus*) with hypothyreoidism. J. Zool. Wildl. med. 20 (2): 212–216.

OLDHAM, J.C. & H.M. SMITH (1975): Laboratory anatomy of the *Iguana*. Dubuque, Iowa (WCB Publ.): 105 S.

OROSZ, S.E., R.L. TOAL, N.L. KOENEK & V.A. TEUBNER (1992): Follical aspiration for the treatment of pre-ovulatory egg binding in a green iguana. J. Small Exotic Anim. Med. 1 (4): 161–165.

PADGETT, T. M. (1987): Symmetrical twinning in *Chrysemys scripta scripta*. Catesbeiana 7 (2): 10.

PAGE, C.D. (1985): Soft tissue celiotomy in an Aldabra tortoise. J. Zoo. Anim. Med. 16: 113–114.

PAGE, C.D., M. MAUTINO, H. DERENDORF & W. MECHLINSKY (1991): Multiple-dose pharmacokinetics of ketokonazole administered orally to gopher tortoises (*Gopherus polyphemus*). J. Zoo Wildl. Med. 22 (2): 191–198.

PAGE, C.D., M. MAUTINO, J.R. MEYER & W. MECHLINSKY (1988): Preliminary pharmacokinetics of ketokonazole in gopher tortoises (*Gopherus polyphemus*). J. Vet. Pharmacol. Ther. 11 (4): 397–401.

PALLASKE, G. (1957): Magenmykose beim Alligator. Arch. exp. Vet. Med. 11: 30–34.

PALLASKE, G. (1961): Gefäßwandveränderungen bei D-Hypervitaminose eines Leguan. Berl. Münch. tierärztl. Wschr. 74: 132.

PALMER, D.G., A. RÜBEL, F. METTLER & L. VÖLKER (1984): Experimentell erzeugte Hautveränderungen bei Landschildkröten durch hohe Gaben von Vitamin A. Zbl. Vet. Med. A 31: 625–633.

PANDEY, G. S., N. INQUE, K. OSHIMA, K. OKADA, Y. CHIHAYA & Y. FUJIMOTO (1990): Pox virus infection in Nile crocodiles (*Crocodylus niloticus*). Res. Vet. Sci. 49 (2): 171–176.

PATTERSON, R.W. & A. SMITH (1979): Surgical intervention to relieve dystocia in a python. Veterinary Record 104: 551–552.

PARRY-HEFLYNN, R. (1993): The cause, symptoms, treatment and prevention of hypervitaminosis-A induced blepharitis in chelonians. Herptile 18 (2): 75–76.

PAUL-MURPHY, J., D.R. MADER, N. KOCK & F.L. FRYE (1987): Necrosis of esophageal and gastric mucosa in snakes given oral dioctyl sodium sulfosuccinate. Proc. Am. Assoc.Zoo Vet.: 474–477.

PAVALCO, P. (1986): Shell and scute anomalies in some midwestern turtles. Bull. Chicago Herpetol. Soc. 21 (1–2): 36–38.

PHELPS, R.L., R.E. GATTEN & A.T. MOSBERG (1992): A new method for obtaining electrocardiograms in unrestrained crocodilian reptiles. Lab. Anim. Sci. 42 (1): 73–75.

PHILLIPS, I.R. (1978): Fracture repair in a Bengal monitor lizard. British Vet. Zool. Soc. Newsletter 6: 26.

PHILLIPS, I.R. (1986): Reptiles encountered in practice: a survey of two hundred and forty cases. J. small Anim. Pract. 27: 807–824.

PLEUGER, C.A. (1950): Gastrotomy in a crocodile a case report. J. Am. Vet. Med. Assoc. 117: 297–299.

POTGIETER, L.N.D., R.E. SIGLER & R.G. RUSSELL (1987): Pneumonia in Ottoman vipers (*Vipera xanthena xanthena*) associated with a parainfluenza 2-like virus. J. Wildl. Dis. 23 (3): 355–360.

PREZANT, R.M., R. ISAZA & E.R. JACOBSON (1994): Plasma conentrations and disposition kinetics of enrofloxacin in gopher tortoises (*Gopherus polyphemus*) . J. Zoo Wildl. Med. 25 (1): 82–87.

PROSCHA, K. H. & H. D. LEHMANN (1970): Angeborene Mißbildungen in einem Wurf von *Sanzinia madascariensis*. Salamandra 6 : 108–114.

RAPHAEL, B.L., M.W. KLEMENS, P.MOEHLMAN, E. DIERENFELD, W.B. KARESH (1994a): Blood values in free-ranging pancake tortoises (*Malcochersus tornieri*). J. Zoo Wildl. Med. 25 (1): 63–67.

RAPHAEL, B.L., M. PAPICH & R.A. COOK (1994b): Pharmacokinetics of enrofloxacin after a single intramuscular injection in Indian star tortoises (*Geochelone elegans*) . J. Zoo Wildl. Med. 25 (1): 88–94.

RAPHAEL, B., C.H. CLARK & R. HUDSON (1985): Plasma concentrations of gentamicin in turtles. J. Zoo Anim. Med. 16: 138–139.

RAYNAUD, A. & M. ADRIAN (1976): Lésions cutanées a structure papillomatous associees a des virus chez le lézard vert (*Lacerta viridis*). C. R. Acad. Sci. D. 283: 845–847.

READ, A.,W. (1994): Treatment of Redleg in tadpoles of Pleurodeles. Herptile 19 (4): 173–174.

REBELL, H., A. RYWLING & H. HAINES (1975): A herpesvirus-like agent associated with skin lesions of green sea turtles in aquaculture. Am. J. Vet. Res. 36: 1221–1224.

RECHAV, Y., J. DAUTH, M.J. DREYER & L.J. FIELDEN (1993): Selected biochemical parameters in captive mountain tortoises (*Geochelone pardalis*). J. S. Afr. Vet. Ass. 64 (1): 35–36.

REDISCH, R.I. (1977): Management of leg fractures in the Iguana. Vet. Med. small Anim. Clin. 72: 1487.

REDISCH, R.I. (1978): Repair of a fractured femur in an Iguana. Vet. Med. small Anim. Clin. 73: 1547–1548.

REICHENBACH-KLINKE, H.-H. (1963): Krankheiten der Reptilien. Stuttgart (Gustav Fischer Verlag): 142 S..

REICHENBACH-KLINKE, H.-H. & E. ELKAN (1965): Principal diseases of lower vertebrates. Diseases of reptiles. London (Academic Press): 600 S.

REINHARD, W. (1940): *Angiostomum fuscovenosum* R., eine Nematode als Todesursache bei Schlangen. Wschr. Aquarien und Terrarienk. 37: 251–252.

RIFF, L.J. & G.G. JACKSON (1972): Laboratory and clinical conditions for gentamicin inactivation of gentamicin by carbenicillin. Lancet 1: 261.

RODRICK, J.C. & J.P. SUNDBERG (1980): Cesarean delivery in the snake. Vet. Med. / SAC 75: 1605–1608.

ROSENSTEIN, B.J., P. RUSSO & M.C. HINCHLIFFE (1965): A family outbreak of salmonellosis traced to a pet turtle. New Engl. J. Med. 272: 960–961.

ROSS, R.A. & G. MARZEC (1984): The bacterial diseases of reptiles. Stanford, California (Inst. Herpetol. Res.): 131 S.

ROSSKOPF, W.J. (1982): Normal hemogram and blood chemistry values for California desert tortoises. Vet. Med. small Anim. Med. 77: 85–87.

ROSSKOPF, W.J. (1986): Shell disease in turtles and tortoises. In: KIRK, R.W. (Hrsg.): Current Veterinary Therapy IX: 751–759.

ROSSKOPF, W. J. & E. HOWARD (1983): End stage kidney disease in a Californian Desert tortoise, *Gopherus agassizii*. Tortuga Gazette May 1983: 5–8.

ROSSKOPF, W.J., R.W. WOERPEL & S.R. YANOFF (1982): Normal hemogram and blood chemistry values for boa constrictors and pythons. Vet. Med. small Anim. Med. 77: 822–823.

ROST, D.R. & M.C. YOUNG (1984): Diagnosing white-muscle disease. Vet. Med. small Anim. Med. 79: 1286–1287.

ROSTAL, D.C., T.R. ROBECK, D.W. OWENS & D.C. KRAEMER (1990): Ultrasound imaging of ovaries and eggs in Kemp's Ridleys sea turtle (*Lepidochelys kempi*). J. Zoo Wildl. Med. 21 (1): 27–35.

RUBIN, L., A.A. BELLAIRS & S.V. BRYANT (1967): Congenital malformations in snakes. Brit. J. Herpetol. 4 : 12–13.

RUSSEL, W.C., D.L. EDWARDS, E.L. STAIR & D.C. HUBNER (1990): Corneal lipidosis, disseminated xanthomatosis, and hypercholesterolemia in Cuban tree frogs (*Osteopilus septentrionalis*). J. Zoo Wildl. Med. 21: 99–104.

RUSSO, E. A. (1979): Removal of a grannuloma from the mouth of a mugger crocodile. J. Am. Vet. Med. Assoc. 175 (9): 976–978.

RYAN, J. J. (1986): Malformation congenitale de la queue de la tortue de blanding. Bull. Soc. herpetol. Fr. No. 38: 1–5.

RYER, K.A. (1983): Urinary calculi in a green iguana. Vet. Med. Small. Anim. Clin. 78 (4): 607.

SAINSBURY, A.W. & C. GILI (1991): Ultrasonographic anatomy and scanning technique of the coelomic organs of the Bosc monitor (*Varanus exanthematicus*). J. Zoo Wildl. Med. 22 (4): 421–433.

SAMOUR, J.H., C.M. HAWKEY, S. PUGSLEY & D. BALL (1986): Clinical and pathological findings related to malnutrition and husbandry in captive giant tortoises (*Geochelone* species). Vet. Rec. 1986: 299–302.

SCHILDGER, B.-J. (1993): Isofluran-Narkose bei Reptilien. Prakt. Tierarzt 74, Sondernummer: 125–128.

SCHILDGER, B.-J. (1995): Endoskopische Untersuchungen des Urogenitaltraktes bei Reptilien. Verh.ber. Erkrg. Zootiere 37: 305–308.

SCHILDGER, B.-J., H. FRANK, T. GÖBEL & R. WEISS (1991a): Mycotic infections of the integument and inner organs in reptiles. Herpetopathologia 2 (1): 81–97.

SCHILDGER, B.-J., B. GEYER, M. KRAMER, H. TENHU & M. GERWING (1994): Vergleichende bildgebende Diagnostik der Leber bei Reptilien. Verh.ber. Erkrg. Zootiere 36: 151–158.

SCHILDGER, B.-J. & W. HÄFELI (1989): Chirurgische Therapie der Legenot bei Reptilien. Tierärztl. Prax. 17 (4): 420–425.

SCHILDGER, B.-J., W. HÄFELI, B. MATERN, K. MÜLLER & R. WICKER (1991b): Zur Anwendung bildgebender diagnostischer Verfahren bei Reptilien. Berl. Münch. Tierärztl. Wschr. 104: 20–26.

SCHILDGER, B.-J. & H. TENHU (1995): Beitrag zur Rötgenanatomie bei Echsen (Reptilia: Sauria) der Familien Varanidae und Iguanidae. Verh.ber. Erkrg. Zootiere 37: 335–340.

SCHILDGER, B. & R. WICKER (1987): Endoskopische Geschlechtsbestimmung bei *Trachydosaurus rugosus* (GRAY, 1827) (Sauria: Scincidae). Salamandra 23 (2/3): 97–105.

SCHILDGER, B.-J. & R. WICKER (1992a): Endoskopie bei Reptilien und Amphibien: Indikationen, Methoden, Befunde. Prakt. Tierarzt 73 (6): 516, 518, 523–526.

SCHILDGER, B.-J. & R. WICKER (1992b): Zur Induktion der Eiablage bei Eiverhalten bzw. Legenot der Land- und Wasserschildkröten. Tierärztl. Prax. 15 (4): 431–434.

SCHMIDT, R.E. (1984): Amphibian Chromomycosis. In: HOFF, G., F.L. FRYE & E.R. JACOBSON (Hrsg.): Diseases of Amphibians and Reptiles. New York (Plenum): 169–181.

SCHMIDT, R.E. & D.A. HARTFIEL (1977): Chromomycosis in amphibians: review and case report. J. Zoo Anim. Med. 8: 26–28.

SCHNABEL, R. (1954): Papillome an einer Smaragdeidechse (*Lacerta viridis*). Zool. Gart. 20: 270–278.

SCHUCHMANN, S. M. & D. O. N. TAYLOR (1970): Arteriosclerosis in an iguana (*Iguana iguana*). J. Am. Vet. Med. Assoc. 157: 614–616.

SCHULTE, R. (1980): Bemerkungen zu Froschkrankheiten, speziell bei Dendrobatiden. Herpetofauna 2 (5): 15–17.

SCHULTZ, H. (1975): Human infestation by *Ophionyssus natricis* snake mite. Brit. J. Dermatol. 93: 695–697.

SCHUMACHER, I.M., M.B. BROWN, E.R. JACOBSON, B.R. COLLINS & P.A. KLEIN (1993): Detection of antibodies to a pathogenic mycoplasma in desert tortoises (*Gopherus agassizii*) with upper respiratory tract disease. J. Clin. Microbiol. 31 (6): 1454–1460.

SCHUMACHER, J., E.R. JACOBSON, B.L. HOMER & J.M. GASKIN (1994): Inclusion body disease in boid snakes. J. Zoo Wildl. Med. 25 (4): 511–524.

SCHUMACHER, J., H.B. LILLYWHITE, W. NORMAN & E.R. JACOBSON (1992): The effects of ketamine on cardiopulmonary function in snakes. Am. Assoc. Zoo Vet. Ann. Proc. 1992: 173.

SCHUMACHER, J., E.R. JACOBSON, R. BURNS & R.R. TRAMONTIN (1993): Adenovirus-like infection in two Rosy boas (*Lichanura trivirgata*). J. Zoo Wildl. Med. 25 (3): 461–465.

SCHÜTTE, F. & M. SPIELER (1986): Zur Haltung und Zucht von *Osteocephalus verruciger* (Werner, 1901). Herpetofauna 8 (44): 19–24.

SIMMONS, G.C., N.D. SULLIVAN & P.E. GREEN (1972): Dermatophilosis in a lizard (*Amphibolurus barbatus*). Australien vet. J. 48 (8): 465–466.

SIMPSON, C.F., E.R. JACOBSON & J.M. GASKIN (1979): Herpesvirus-like infection of venom gland Siamese Cobras. J. Am. Vet. Med. Assoc. 175 (9): 941–943.

SIMS, J.C.F. (1980): Salmonella and terrapins: the danger surveyed. ASRA Journal Vol. 1 (3) 61–68.

SINHA, R.P., J.P. SOMAN, G.J. JHA, A. PRASAD, H.V.S. CHAUHAN & R.S. PRASAD (1988): An outbreak of *Escherichia coli* enteritis in crocodiles. Indian J. Anim. Sci. 58 (3): 338–340.

SMELLER, J.M., K. SLICKERS & M. BUSH (1978): Effect of feeding on plasma uric acid levels in snakes. Am. J. Vet. Res. 39 (9): 1556–1557.

SMITH, A.W., M.P. ANDERSON, D.E. SKILLING, J.E. BARLOUGH & P.K. ENSLEY (1986): First isolation of Calicivirus from reptiles and amphibians. Am. J. Vet. Res. 47: 1718–1721.

SMITS, A.N. & M.M. KOZUBOWSKI (1985): Partitioning of body fluids and cardiovascular responses to circulary hypovolemia in the turtle, *Pseudemys scripta elegans*. J. Exp. Biol. 116: 237.

SPEARE, R. (1990): A review of the diseases of the Cane toad, BUFO MARINUS, with comments on biological control. Aust. Wildl. Res. 17 (4): 387–410.

SPIEGEL, R.A., T.J. LANE, R.E. LARSEN & P.T. CARDEILHAC (1984): Diazepam and succinylcholine chloride for restraint of the American alligator. J. Am. Vet. Med. Assoc. 185 (11): 1335–1336.

SPÖRLE, H., T. GÖBEL & B. SCHILDGER (1991a): Blood levels of some antiinfectives in the Spurtailed tortoise (*Testudo hermanni*). Proc. 4. Int. Symp. Path. Therap. Rept. Amph. Bad Nauheim: 120–128.

SPÖRLE, H., M. KRAMER, T. GÖBEL & M. GERWING (1991b): Sonoanatomy of snakes. Proc. 4. Int. Symp. Path. Therap. Rept. Amph. Bad Nauheim: 139–143.

SPÖRLE, H., M. KRAMER, T. GÖBEL & M. GERWING (1991c): Clinical findings by sonography in reptiles. Proc. 4. Int. Symp. Path. Therap. Rept. Amph. Bad Nauheim: 144–149.

STEHBENS, W.E. & M.R.L. JONSTON (1966): The viral nature of *Pirhemocyton tarentolae*. J. Ultrastructure Res. 15: 543–554.

STEEHOUDER, T. (1989): Plastron malformation in growing tortoises. Lacerta 48 (3): 89–95.

STILL, J. & L. BERANEK (1984): Calcification in Green Iguana (*Iguana iguana*). Verh.ber. Int. Symp. Erkrg. Zootiere 26: 321–324.

STOLK, A. (1953): Hyperkeratosis and carcinoma planocellulare in the lizard *Lacerta agilis* L. (Preliminary note). Proc. Koninkl. Med. Akad. Wetenschr. Ser. C. 56: 157–163.

STOREY, K.B., D.G. MCDONALD, J.G. DUMAN & J.M. STOREY (1991): Blood chemistry and ice nucleating activity in hatchling painted turtles. Cryo. Lett. 12 (6): 351–358.

STOSKOPF, M. K., J. ARNOLD & M. MASON (1987): Aminoglycoside antibiotic levels in the aquatic salamander *Necturus necturus*. J. Zoo. Animal Med. 18 (2/3): 81–85.

STULL, P. A. & M. P. ANDERSON (1976): Stomatitis in a *Boa constrictor*. J. Am. Vet. Med. Assoc. 169 (9): 939–940.

SZABO, J. R. & K. MOORE (1984): Cryptosporidiosis in a snake. Vet. Med. / SAC 79: 96–98.

TAYLOR, M. (1992): Red leg disease of frogs. Thames and Chiltern Herpetol. Group Newsletter 128: 16.

TAYLOR, M. (1993): External parasites of reptiles: ticks, mites and flies. Thames and Chiltern Herpetol. Group Newsletter 136: 6–9.

TAYLOR, R.W. & E.R. JACOBSON (1982): Hematology and serum chemistry of the Gopher tortoise,

Gopherus polyphemus. Comp. Biochem. Physiol. 72A (2): 425–428.

TEARE, J. A. & M. BUSH (1983): Toxicity and efficacy of ivermectin in chelonians. J. Am. Vet. Med. Assoc. 183 (11): 1195–1197.

TELFORD, S.R. & E.R. JACOBSON (1993): Lizard erythrocytic virus in East African chameleons. J. Zoo Wildl. Dis. 29 (1): 57–63.

TEMPLE, R. & M.E. FOWLER (1986): Amphibians (Amphibia). In: FOWLER, M.E. (Hrsg.): Zoo and wild animal medicine. 2. Aufl.. Philadelphia, Pennsylvania (W.B. Saunders): 81–88.

TENHU, H. & B.-J. SCHILDGER (1995): Ultraschalluntersuchung des Grünen Leguans (*Iguana iguana*) (Sauria: Iguanidae). Verh.ber. Erkrg. Zootiere 37: 319–323.

TERPIN, K.M. & P. DODSON (1978): Observations on ketamine hydrochloride as an anethetic for alligators. Copeia 1978: 147–148.

TILLEY, M., S.J. UPTON & P.S. FREED (1990): A comparative study on the biology of *Crytosporidium serpentis* and *Crytosporidium parvum* (Apicomplexa: Crytosporidiidae). J. Zoo Anim. Med. 21 (4): 463–467.

TKAC, J. (1990): Paraphimosis of the copulation organ in a lizard. Veterinarstvi 40 (11): 515.

TREJOS, A. (1953): Chromoblastomicosis experimental en *Bufo marinus*. Rev. Biol. Trop. 1: 39–53.

TREVINO, G.S. (1972): Cephalosporiosis in three caimans. J. Wildl. Dis. 8: 384–388.

TRUTNAU, L. (1970): Ein Beitrag zur Behandlung erkrankter Krustenechsen (*Heloderma horridum* und *H. suspectum*). DATZ 23: 25 1–253.

TRUTNAU, L. (1994): Krokodile. Die Neue Brehm Bücherei Bd. 593, Magdeburg (Westharp Wiss.): 270 S.

TWEEDELL, K.S. (1967): Induced oncogenesis in developing frog kidney cells. Cancer Res. 27: 2042–2052.

TWEEDELL, K.S. (1969): Stimulated transmission of renal tumors in oocytes and embryos of *Rana pipiens*. In: MIZELL, M. (Hrsg.): Biology of Amphibian Tumors. New York (Springer-Verlag).

TYURIN, S. V. (1986): A record of scaleless specimen of sour-scaled carpet viper *Echis multisquamatus*. Tr. Zool. Inst. Akad. Nauk SSSR 157: 202.

ULBER, T. (1986): Ein Beitrag zur „Knickschwanz“-Problematik bei *Calotes* Cuvier, 1817. Sauria 8 (3): 21–22.

VAN DEVANDER, T.L. & M. SCHMIDT (1977): Caesarean section on a western gaboon viper. Int. Zoo Yb. 17: 140–142.

VEAZEY, R.S, T.B. STEWART & T.G. SNIDER III. (1994): Urethritis and nephritis in a Burmese python (*Python molurus bivittatus*) due to *Strongyloides* sp. infection. J. Zoo Wildl. Med. 25 (1): 119–122.

VETESI, F., M. DOBOS-KOVACS, J. UJHELYI, M. JANISCH & L. HORVATH (1981): Pockenartiger Ausschlag bei Kaimanen (*Caiman sclerops*). Verh.ber. Int. Symp. Erkrg. Zootiere 23: 359–364.

VIRCHOW, R. (1878): Ein großer Blasen- (Kloaken?)Stein von einer Meeresschildkröte. Virchows Archiv 73: 629–630.

VOSBURGH, K.M., P.S. BRADY & D.E. ULLREY (1982): Ascorbic acid requirements of Garter snakes: Plains (*Thamnophis radix*) and Eastern (*T. sirtalis sirtalis*). J. Zoo Anim. Med. 13: 38–42.

WALKER, J.B. & J.D. BEZUIDENHOUT (1973): Treatment of tick-infested tortoises. J. south Afr. vet. Ass. 44 (4): 381.

WALL, F. (1905): Double-headed snakes. J. Bombay Nat. Hist. Soc. 16 : 386–388.

WALLACH, J.D. (1966): Hypervitaminosis D in Green Iguanas. J. Am. Vet. Med. Assoc. 149 (4): 912–914.

WALLACH, J.D. (1969): Medical care of reptiles. J. Am. Vet. Med. Assoc. 155: 1017.

WALLACH, J.D. (1970): Nutritional diseases of exotic animals. J. Am. Vet. Med. Assoc. 157: 583–599.

WALLACH, J.D. (1974): Anesthesia of reptiles. In: KIRK, R. W. (Hrsg.): Current Veterinary Therapy V. Philadelphia, (W. B. Saunders Co.): 638–640.

WALLACH, J.D. (1977): Ulcerative shell disease in turtles: identification, prophylaxis, and treatment. Int. Zoo Yb. 17: 170–171.

WALLACH, J.D. & C. HOESSLE (1967): Visceral gout in captive reptiles. J. Amer. Vet. Med. Assoc. 151: 897–899.

WALLACH, J.D. & C. HOESSLE (1968a): Steatitis in captive Crocodilians. J. Am. Vet. Med. Assoc. 153: 845–847.

WALLACH, J.D. & C. HOESSLE (1968b): Fibrous Osteodystrophia in Green Iguanas. J. Am. Vet. Med. Assoc. 153: 863.

WALLACH, J.D. & C. HOESSLE (1970): M-99 as an immobilizing agent in poikilothermes. Vet Med / small Anim. Clin. 65: 163–167.

WARWICK, C. (1985): Euthanasia of reptiles. J. Am. Vet. Med. Assoc. 187: 1081.

WEBB, G.J.W. & S. MANOLIS (1983): *Crocodylus johnstoni* in the Mckinley River area, Northern Territory. VII. Abnormalities and injuries. Aust. Wildl. Res. 10: 407–420.

WEBB, G.J.W. & H. MESSEL (1977): Abnormalities and injuries in the estuarine crocodile, *Crocodylus porosus*. Aust. Wildl. Res. 4: 311–319.

WEBER, A. (1973): Über einen Behandlungsversuch bei latent mit Salmonellen infizierten Schildkröten. Kleintier-Praxis 18: 48–50.

WEICHMANN (1989): Extreme Höcker auf einem Panzer einer Landschildkröte. DATZ 42 (10): 585.

WERMUTH, H. (1971): Eine totalalbinotische Landschildkröte (*Testudo hermanni*). D. Aquar. Terrar. Z. 24 : 276.

WERNER, D.I. & T.J. MILLER (1984): Artificial nests for female green iguanas. Herpetol. Rev. 15 (2): 57–58.

WESER, R. (1988a): Ein neuer Weg zur Trächtigkeitsuntersuchung bei Schildkröten. Sauria 10 (1): 11–12.

WESER, R. (1988b): Zur Höckerbildung bei der Aufzucht von Landschildkröten. Sauria 10 (3): 23–25.

WILLES, R. A. (1932): A monstrous twin embryo in a lizard, *Tiliqua scincoides*. J. Anat. 66 : 189–201.

WILLIAMS, D.L. & B.R. WHITAKER (1994): The amphibian eye – a clinical review. J. Zoo Wildl. Med. 25 (1): 18–28.

WILLIAMS, F. E., M. FREEMAN & E. KENNEDY (1954): The bacterial flora of the mouths of Australian venomous snakes in captivity. Med. J. Aust. 2: 190–193.

WINGFIELD, W.E. & C.A. RAWLINGS (1983): Kleintierchirurgie. Berlin & Hamburg (Verlag P. Parey): 190 S.

WISSMAN, M.A. & B. PARSONS (1993): Dermatophytosis of green iguanas (*Iguana iguana*) J. Small Exotic Anim. Med. 2 (3): 133–136.

WOOD, J.R., F.E. WOOD, K.H. CRITCHLEY, D.E. WILDT & M. BUSH (1983): Laparoscopy of the green sea turtle, *Chelonia mydas*. Br. J. Herpetol. 6: 323–327.

WRIGHT, K.M. & S. SKEBA (1992): Hematology and plasma chemistries of captive prehensile-tailed skinks (*Corucia zebrata*) . J. Zoo Wildl. Med. 23 (4): 429–432.

YORKE, W. & P.A. MAPLESTONE (1926): The nematode parasites of vertebrates. Philadelphia (Blakiston).

YOUNG, R. & H.M. KAPLAN (1960): Anesthesia of turtles with chlorpromazine and sodium pentobarbital. Proc. Anim. Care Panel 10: 57–62.

YOUNGPRAPAKORN, P., L. OUSAVAPLANGCHAI & S. KANCHANAPANGKA (1994): A color atlas of diseases of the crocodile. Thailand (Style Creative House Co.): 76 S.

ZANGGER, N., M. MÜLLER & O. PAGAN (1991): Virale Dermatitis bei der Maurischen (*Testudo graeca*) und der Griechischen (*Testudo hermanni*) Landschildkröte in der Schweiz. Proc. 4. Int. Symp. Path. Therap. Rept. Amph. Bad Nauheim: 25–29.

ZEIGEL, R.F. & H.F. CLARK (1969): Electron microscopic observations on a „C"-type virus in cell cultures derived from a tumor-bearing viper. J. Nat. Cancer Inst. 43: 1097–1102.

ZEIGEL, R. F. & H. F. CLARK (1972): Electron microscopic observations of a new Herpes-type virus isolated from *Iguana iguana* and propagated in reptilan cells in vitro. Infect. and Immun. 5: 570–582.

ZEMAN, W.V., F.G. FALCO & J.J. FALCO (1967): Repair of the Carapace of a box turtle using a polyester resin. Lab. Anim. Care. 17: 424–425.

ZSCHIESCHE, W., A. KONATANTINOR, R. IPPEN & Z. MLADENOV (1988): Lymphoid leukemia with presence of type C virus particles in a four lined chicken snake (*Elaphe obsoleta quadrivittata*). Erkrg. Zootiere 30: 275–278.

ZWART, P. (1963): Studies on renal pathology in reptiles. Proufschrift Rijksuniversiteit Utrecht: 118 S.

ZWART, P. (1964): Studies on renal pathology in reptiles. Pathol. Vet. 1: 542–566.

ZWART, P. (1968): Parasitäre und mykotische Lungenaffektionen bei Reptilien. Verh.ber. Int. Symp. Erkrg. Zootiere 10: 45–48.

ZWART, P. (1985a): Amphibien. In: GABRISCH, K. & P. ZWART (Hrsg.): Krankheiten der Heimtiere. Hannover (Schlütersche Verlagsanstalt): 351–362.

ZWART, P. (1985b): Erkrankungen der Harnblase. In: IPPEN, R., H.-D. SCHRÖDER & K. ELZE (Hrsg.): Handbuch der Zootierkrankheiten. Band 1. Reptilien. (Akademie-Verlag), Berlin S. 181–183.

ZWART, P., G.H.A. BORST, & E.H.A. TRUYENS, (1979): Hexamitiasis bei Schildkröten. Verh.ber. Int. Symp. Erkrankungen d. Zootiere 17: 317–319.

ZWART, P., H. CLASSEN, M.J.L. KIK, L. LAMBRECHTS, S. LEUNISSE, C. VAN RIEL & J. MENNES (1991): Survey of amphibian diseases. Proc. 4. Int. Symp. Path. Therap. Rept. Amph. Bad Nauheim: 323–327.

ZWART, P. & J. JANSEN (1969): Treatment of lungworm in snakes with tetramisole. Vet. Rec. 84: 374.

ZWART, P. & E. LAGERWEIJ (1971): Prämedikation und Narkose bei Strumpfbandnattern (*Thamnophis sirtalis*). Verh.ber. Int. Symp. Erkrg. Zootier 13: 237–240.

ZWART, P., B.W.A. LANGERWERF, H. CLAESSEN, J.J.C. LEUNISSE, J. MENNES, C. VAN RIEL, L., LAMBRECHTO & M.J.L. KIK (1992a): Health aspects in breeding and rearing insectivorous lizards from moderate climatic conditions. Zool. Gart. 62 (1): 46–52.

ZWART, P. & G. REINJNGOUD (1970): Multiple Abszeßbildungen bei Eidechsen. Verh.ber. Int. Symp. Zootiere 12: 237–238.

ZWART, P. & A. TRUYENS (1975): Hexamitosis in tortoises. Vet. Parasitol. 1: 175–183.

ZWART, P., J.E. VAN DIJK & E.F. JANSEN (1992b): Pathomorphology of calcium metabolism in reptiles. Verh.-ber. Symp. Erkr. Zootiere 34: 267–271.

ZWART, P. & C.C. VAN DE WATERING (1969): Disturbance of bone formation in the Common iguana (*Iguana iguana* L.): Pathology and etiology. Acta Zoologica et Pathologica Antverpiensia 48: 333–356.

Bildquellen

Frank, W., Hohenheim (Nachlaß): Abb. Nr. 3, 4, 13, 16, 17, 19, 20, 21, 22, 24, 25, 27, 28, 29, 35, 36, 37, 38, 40, 41, 61, 62, 63, 77, 78, 80, 82, 85, 86, 88, 91, 92, 93, 94, 95, 96, 97, 99, 100, 102, 107, 110, 111, 115, 127, 133, 134, 138, 140, 142, 146, 149, 156, 159, 160, 162, 164, 166, 167, 169, 170, 171, 176, 177.

Frye, F. L., Davis: Abb. Nr. 136, 137, 144, 145, 155.

Glaw, F., Köln: Abb. Nr. 141.

Göbel, T., Berlin: Abb. Nr. 52, 53, 54, 55, 56, 57.

Jacobson, E. R., Gainesville: Abb. Nr. 79, 157, 172, 173.

Köhler, G., Frankfurt: Abb. Nr. 1, 2, 5, 6, 7, 8, 9, 12, 14, 15, 18, 23, 26, 34, 39, 42, 43, 44, 45, 46, 58, 59, 60, 64, 65, 66, 67, 68, 69, 70, 71, 72, 73, 74, 76, 78, 81, 83, 84, 87, 89, 90, 98, 101, 103, 104, 105, 106, 108, 109, 112, 113, 114, 118, 119, 120, 121, 122, 123, 124, 125, 126, 128, 129, 130, 131, 132, 135, 139, 147, 148, 150, 151, 152, 153, 154, 158, 161, 163, 165, 168, 174, 175.

Modry, D., Brno: Abb. Nr. 10, 11, 30, 31, 32, 33, 75, 116, 117.

Schildger, B., Frankfurt: Abb. Nr. 47, 48, 49, 50, 51.

Vetesi, F., Budapest: Abb. Nr. 143.

Glossar

Abszeß: mit Eiter gefüllter Hohlraum, der durch Einschmelzung von Gewebe entstanden ist
adult: geschlechtsreif, erwachsen
akarizid: gegen Zecken und Milben wirksam
Anamnese: Aufnahme des Vorberichts und der Krankengeschichte
Anorexie: Nahrungsverweigerung
Antibiose: Behandlung mit Antibiotika
Antibiotikum: Medikament gegen Bakterien
antimikrobiell: gegen Mikroorganismen wirksam
Antimykotikum: Medikament gegen Pilze
Antiseptikum: Medikament gegen Mikroorganismen
Applikation: Verabreichen (von Medikamenten)
aquatil: im Wasser lebend
Arthritis: Gelenkentzündung
Atrium: Vorkammer des Herzens
Auskultation: Untersuchung mit dem Stethoskop
Autoinfektion: Infektion ohne Einschaltung eines Zwischenwirtes oder freilebender Stadien

Bradykardie: Verlangsamung der Herzfrequenz

Carapax: Rückenpanzer der Schildkröten
caudal: am Schwanz, den Schwanz betreffend
Colon: Hauptabschnitt des Dickdarms
Conidiophoren: Fruchtkörper von Pilzen
cranial: zum Kopf hin, nach vorn
cranio-caudal: vom Kopf Richtung Schwanz
caudal: zum Schwanz hin, nach hinten
Cystotomie: chirurgische Eröffnung der Analblase

Darmmykose: Pilzerkrankung des Darmes
Dekapitation: Abtrennen des Kopfes
Dermatomykose: Hautpilzerkrankung
disseminiert: im Körper „verstreut"
dorsal: am Rücken
dorso-ventral: vom Rücken Richtung Bauch
Duodenum: Abschnitt des Dünndarms

EDTA: Antikoagulans, Wirkstoff zur Hemmung der Blutgerinnung
ELISA: serologischer Test zum Nachweis von Antikörpern gegen einen bestimmten Erreger
Enterotomie: chirurgische Eröffnung des Darmes
epiperitoneal: über dem Bauchfell
Erythrozyten: Rote Blutkörperchen
Exsikkose: Austrocknung, Dehydratation
extrarenale Elektrolytausscheidung: von den Nieren unabhängige Salzausscheidung

Faszie: Bindegewebsschicht
Femoralporen: artspezifisch angeordnete Drüsenöffnungen an der Unterseite der Oberschenkel
Fissur: Riß
Fraktur: Knochen- oder Panzerbruch

Gangrän: brandiges Geschwür
Gastrotomie: chirurgische Eröffnung des Magens
gemischtzellige Infiltration: Einwanderung von verschiedenen Entzündungszellen
Geschlechtsdimorphismus: unterschiedliches Aussehen von geschlechtsreifen Männchen und Weibchen
Gicht: Ablagerung von harnsauren Salzen (Uraten) in Geweben
Gingivitis: Entzündung des Zahnfleisches

Hämatokrit: prozentualer Anteil der Blutkörperchen am Gesamtblut
Hämoglobin: Farbstoff der Roten Blutkörperchen
Hämolyse: Zerfall der Roten Blutkörperchen

Hemipenes: paariges Kopulationsorgan der Echsen und Schlangen (Einzahl: Hemipenis)
Hepatopathie: Lebererkrankung
herbivor: pflanzenfressend
Histologie: mikroskopische Untersuchung von Geweben nach deren Fixierung und Anfärbung
Hypoxie: Sauerstoffmangel

i.m.: intramuskulär, in den Muskel injizieren
initial: zu Beginn, anfangs
Inkubation: Erbrüten von Eiern, Zeitigung
Intoxikation: Vergiftung
intranukleär: im Zellkern gelegen
intravasal: in ein Blutgefäß
intrazytoplasmatisch: in der Zellflüssigkeit (Zytoplasma) gelegen
i.p.: intraperitoneal, in die Leibeshöhle injizieren

juvenil: jugendlich, noch nicht geschlechtsreif

Kachexie: starke Abmagerung
kg KG: Kilogramm Körpergewicht
kloakal: in die Kloake
Kloake: Endabschnitt des Darmkanals, in den die Ausführungsgänge der Genital- und Exkretionsorgane einmünden
konfluierend: zusammenfließend
KRL: Kopf-Rumpf-Länge, Entfernung Schnauzenspitze bis Kloake
kaudal: zum Schwanz hin, nach hinten

lateral: an der Seite, seitlich
latero-lateral: von der einen Seite Richtung der anderen
Letaltemperatur: Temperatur, die für den Organismus tödlich ist
Leukozyten: Weiße Blutkörperchen

Makrophagen: eine bestimmte Gruppe von Weißen Blutkörperchen, die in der Lage sind, Bakterien und andere Fremdkörper aufzunehmen und zu verdauen
median: in der Mitte
Metamorphose: Gestaltwandel; Periode der Umwandlung einer Larve zum adulten Stadium
Metaplasie: Umwandlung in minderwertiges Gewebe
Mischkultur: mehrere Arten (von Bakterien) in einer Kultur
Monokultur: eine einzige Art (von Bakterien) in einer Kultur
Mortalität: Sterblichkeit
Muskelrelaxans: Medikament, das zur Muskelentspannung führt
Mykose: Pilzerkrankung

Nekrose: Zelltod, Gewebsuntergang
Neoplasie: Tumor, Geschwulst, Neubildung
Nierenperfusion: Hindurchfließen von Flüssigkeit durch die Nieren mit Ausscheidung von Harn

Ösophagus: Speiseröhre
olfaktorisch: geruchlich, mit Hilfe des Geruchssinnes
Ödem: Flüssigkeitsansammlung im Gewebe
opportunistische Infektion: Infektion, die nur nach einer Vorschädigung oder einer Schwächung des Immunsystems auftritt
Osteosynthese: chirurgisches Behandeln von Knochenbrüchen
Ovar: Eierstock
Ovariektomie: das chirurgische Entfernen der Eierstöcke
ovopar: eierlegend
ovovivipar: die Eier bis zur Schlupfreife im Mutterleib bewahrend; die Jungtiere schlüpfen zum Zeitpung der Geburt aus den Eiern
Ovulation: Eisprung
Oxytocin: wehenförderndes Hormon

Pankreas: Bauchspeicheldrüse

paramedian: seitlich von der Mittellinie
Paramunitätsinducer: Medikament, das unspezifisch die Abwehrkräfte gegen Virusinfektionen erhöht
parenteral: unter Umgehung des Magen-Darm-Kanals
pathogen: krankmachend, eine Erkrankung hervorrufend
pathologisch: krankhaft
Perikarditis: Herzbeutelentzündung
Peritoneum: Bauchfell
Peritonitis: Bauchfellentzündung
pharmakokinetische Untersuchungen: wissenschaftliche Studien, die die Verteilung, den Abbau und die Ausscheidung von Medikamenten bzw. deren Wirkstoffen untersuchen
Pheromon: hormonartiger Stoff, der in bestimmten Drüsen gebildet wird und in die Umgebung abgegeben wird. Er löst bei Artgenossen bestimmte Antwortreaktionen aus
physiologisch: den normalen gesunden Verhältnissen entsprechend
Plasmazellen: eine bestimmte Art von Weißen Blutkörperchen, die in der Lage sind, Antikörper zu produzieren
Plastron: Bauchpanzer der Schildkröten
Pleuroperitonealhöhle: Von Brust- bzw. Bauchfell ausgekleidete einheitliche Leibeshöhle
Pneumonie: Lungenentzündung
p.o.: per os, oral, ins Maul geben
poikilotherm: wechselwarm
posthibernal: nach dem Winterschlaf
post mortem: nach dem Tode
Prädisposition: besonders ausgeprägte Anfälligkeit für bestimmte Krankheiten
prophylaktisch: vorbeugend, ohne daß bereits Krankheitssymptome erkennbar sind
Purine: aus den Nukleinsäuren des Zellkerns entstandene Verbindungen
Pylorus: Pförtner, Magenausgang
Resistenztest: Antibiogramm, Empfindlichkeitsprüfung von Bakterienkulturen gegenüber Antibiotika
rezent: heute noch lebend, nicht ausgestorben

s.c.: subkutan, unter die Haut injizieren
Sedation: medikamentöse Ruhigstellung
Sekret: Absonderung von Drüsen mit Ausführungsgang
semiadult: halberwachsen
Sepsis: „Blutvergiftung", Allgemeininfektion mit eitererzeugenden Bakterien
Septikämie: Vorhandensein von Bakterien im Blut
Sphagnum: Torfmoos
Steatitis: Fettgewebsentzündung
steril: keimfrei
Stomatitis: Entzündung der Mundschleimhaut
sympatrisch: zusammen vorkommend
systemische Antibiose: Gabe von Antibiotika mit dem Ziel, daß diese mit dem Blut im Körper verteilt werden

therapeutischer Wirkstoffspiegel: Konzentration eines Medikaments im Blut, die den gewünschten Effekt (z. B. antibakterielle Aktivität) erzielt
Trachealabstrich: Abstrich von der Luftröhrenöffnung zur parasitologischen, bakteriologischen, mykologischen oder virologischen Untersuchung
Tumor: Geschwulst, Neubildung, Neoplasie

ubiquitär: überall verbreitet

ventral: am Bauch
Ventrikel: Hauptkammer des Herzens
Virostatikum: Medikament zur Behandlung von Viruserkrankungen

Herpetologische Vereinigungen und Arbeitsgemeinschaften

Deutsche Gesellschaft für Herpetologie und Terrarienkunde (DGHT)
Geschäftsstelle: DGHT-Geschäftsstelle,
Postfach 1421, D-53351 Rheinbach

Arbeitsgemeinschaft Anuren in der DGHT
c/o Dr. Jürgen Beutelschiess,
Fritz-Schnelbögl-Str. 9, D-91220 Schnaittach

Arbeitsgemeinschaft Chamäleons in der DGHT
c/o Wolfgang Schmidt, Isenacker 4,
59494 Soest

Arbeitsgemeinschaft Lacertiden in der DGHT
c/o Wolfgang Bischoff, Museum A. Koenig,
Adenauerallee 150–164, D-53113 Bonn

Arbeitsgemeinschaft für Leguane IGUANA in der DGHT
c/o Dr. Gunther Köhler, Im Mittelfeld 27,
D-63075 Offenbach

Arbeitsgemeinschaft Reptilienkrankheiten in der DGHT
c/o Ingo Pauler, Im Sandgarten 4,
D-67157 Wachenheim

Arbeitsgemeinschaft Schildkröten und Panzerechsen in der DGHT
c/o Rainer Engert, Waldgartenstr. 1,
68642 Bürstadt

Arbeitsgemeinschaft Urodela in der DGHT
c/o Dr. Jürgen Fleck, Pfarrer-Hufnagel-Str. 23,
D-63454 Hanau

Arbeitsgemeinschaft Warane und Krustenechsen
c/o Prof. Dr. Hans-Georg Horn,
Hasslinghauser Str. 51, D-45549 Sprockhövel

Herpetologische terraristische Vereinigung Österreich
c/o Erich Brabenetz, Portheimg. 1 RH 75,
A-1220 Wien

Fachgruppe Terraristik im O.Ö.-Landesverband für Vivaristik und Ökologie
c/o Alexander Greckhamer, Siebenbürgerstr. 36,
A-4600 Wels

Österreichische Gesellschaft für Herpetologie
c/o Dr. Heinz Grillitsch, Burgring 7,
A-1014 Wien

Terrariengemeinschaft Berlin (TGB)
c/o Wolfgang Großmann, Wulfila-Ufer 33,
12015 Berlin

Institute, die sich mit den Erkrankungen der Reptilien und Amphibien befassen

GeVo Diagnostik
Jakobstr. 65, D-70794 Filderstadt

Institut für Geflügelkrankheiten der Justus-Liebig-Universität
Frankfurter Str. 87, D-35392 Gießen

Institut für medizinische Parasitologie der Universität Bonn
Postfach 1825, Sigmund-Freud-Str. 25,
D-53127 Bonn

Institut für Zoo- und Wildtierforschung
Alfred-Kowalke-Str. 17, D-10315 Berlin

Institut für Zoologie, Fischereibiologie und Fischkrankheiten der tierärztlichen Fakultät der Universität München
Kaulbachstr. 37, D-80539 München

Klinik und Polyklinik für kleine Haustiere der Freien Universität Berlin
Oertzenweg 19b, D-14163 Berlin 37

Staatliches Tierärztliches Untersuchungsamt Heidelberg
Czernyring 22a/b, D-69115 Heidelberg

Staatliches Veterinäruntersuchungsamt Detmold
Westerfeldstr. 1, D-32758 Detmold

Tiergesundheitsamt Hannover
Vahrenstr. 133, D-30165 Hannover

Register

Symptome und mögliche Ursachen

Symptome	Mögliche Ursachen
Verändertes Verhalten	
Apathie	Unterkühlung, Allgemeinerkrankungen, Stoffwechselerkrankungen.
Futterverweigerung	Ruheperiode, posthibernales Anorexiesyndrom, Endstadium der Trächtigkeit, nicht adäquates Futter, zu kühle Haltung, Streß, alle schweren Erkrankungen.
Atmen mit geöffnetem Maul	Überhitzung, Erkältung, Lungenentzündung, Deformierung des Maules.
Veränderungen am Körper und den Organen	
Körpergestalt und -oberfläche	
Weichteilschwellungen	Vitamin-A-Mangel, Nierenerkrankungen, Hypothyreose (Kropfbildung) Herz-Kreislauf-Erkrankungen, Parasitosen, Gasblasenkrankheit.
Umschriebene Schwellungen unter der Haut	Abszesse, Blutergüsse, Tumoren, Parasitenstadien, Ödeme.
Angeschwollene Gliedmaßen	Knochenbrüche, Gelenkstauchungen, Gelenkluxationen, Gelenkentzündungen, fibröse Osteodystrophie, Tumoren, Abszesse.
Deformierung des Skeletts	Rachitis, fibröse Osteodystrophie, Osteomalazie, fibröse Displasie, Knochenbrüche, Knochen- und Gelenkentzündungen.
Höckerbildung des Panzers bei Schildkröten	Stoffwechselerkrankung, ungünstiges Kalzium: Phosphor-Verhältnis in der Nahrung.
Absterben und Eintrocknen von Zehen und Schwanzspitzen	Verletzungen, Häutungsreste, mykotische und bakterielle Prozesse, Stoffwechselerkrankungen (Gicht, Artheriosklerose).
Umfangsvermehrung des Körpers in der Magenregion	Hypertrophe Gastritis, Cryptosporidiose, Tumoren, Abszesse, Fremdkörper.
Umfangsvermehrung des Hinterleibes	Verfettung, Blähung, Verstopfung, Trächtigkeit, Follikelretention, Tumoren, Abszesse, Bauchwassersucht (Aszites), Blasensteine, Darmentzündungen, Amöbiasis.
Haut	
Fahles, stumpfes Schuppenkleid	Infektiöse Allgemeinerkrankungen, Parasitosen, Stoffwechselerkrankungen.
Bläschenbildung	Bläschen-Krankheit, subkutane Parasitenstadien.
Hautgeschwüre	Durchgebrochene Abszesse, Pocken (Krokodile), subkutane Parasitenstadien.
Panzernekrosen	Bakterielle und mykotische Prozesse.
Rotfärbungen der Schuppen und Schuppenzwischenhäute	Septikämie, Vergiftung.
Kleine, rote Punkte auf und zwischen den Schuppen	Milbenbefall.
Weiße Punkte auf der Haut	Milbenbefall (Milbenkot).
Nässende Hautwunden	Verbrennungen, infizierte Wunden, Hypervitaminose A, Hautmykosen, Chromomykose (Frösche), Molchpest, Red-Leg-Disease (Amphibien).
Borkige Krusten	Hautpilz, Papillom.
Häutungsstörungen	Zu trockene Haltung, Vitamin-A-Mangel, Ektoparasiten, fehlende rauhe Gegenstände, Allgemeinerkrankungen.